中國物流管理
案例與實訓

夏文匯 主編

財經錢線

前　言

從管理學視角來看，傳統的企業組織認為，管理者的主要職責就是控制別人，去調配物料資源；而學習型組織認為，管理者的主要職責就是調動別人、授權別人，通過激勵措施去配置物料資源。彼得·聖吉（Peter M. Senge）指出，企業應成為一個學習型組織，並提出了建立學習型組織的四條標準：一是人們能不能不斷檢驗自己的經驗；二是人們有沒有生產知識；三是大家能否分享在組織中學習到的知識；四是組織中的學習是否和組織中的目標息息相關。所以，物流企業或企業物流是否建立了學習型組織，物流管理者對其物流營運及其管理的標準和經驗又該如何制定和分享，勢必考慮從調動員工或授權員工的職責共同去分析研究物流業務活動，尤其要總結研究物流及物流管理的案例活動，幫助我們最大限度地實現物流組織目標，分享物流組織的成功，總結失敗的經驗和教訓。每一位物流管理者都應高度重視現代企業物流管理的案例活動，並要求具備實訓能力的基本素養。況且，我們正處於一個充滿變革的時代。著名管理大師彼得·德魯克（Peter Drucker）曾講過：很多人相信，技術上的創新能夠引發變革。但是事實並非如此，成功的創新總是在變革已經發生之後才出現，並充分地發掘變革。他的論述可以用一個實際的例子來說明：並非因為有了互聯網才出現了信息經濟時代，而恰恰是人們對信息經濟的需求變革引導了信息技術的創新，而這種創新又反過來滿足了人們對信息產業和經濟結構調整的需求。

物流經理人（Chief Logistics Officer，CLO）的職業生涯與從事的管理工作同樣如此。現在，人們對「職業生涯」的理解和在觀念上的更新均發生了較大的變化，這種變化並非由任何一種職業生涯規劃的理念或技術所引起。變化來自於外界，來自於整個社會和經濟環境。在這種背景下，人們需要做的是：首先適應各種轉變，其次才是在理念和技術上有所創新。因此，我們在編寫《物流管理案例與實訓》一書的過程中努力運用理論與實際相結合的方法，案例採編的手法立足於現場調查、數據分析、第一手資料和第二手資料整理、加工和背景分析提煉相結合的方法。其指導思想是：盡可能吸取本土化物流經濟活動中所累積的物流管理思想和理論的精華，試圖通過物流管理案例的分析來系統介紹物流管理的基本概念、原理和研究方法。我們在書中將物流管理案例歸納為研究型案例和描述型案例，內容涉及物流管理的理論體系和物流職能活動。本書編寫的特色是：既注意了國內外

前言

經濟發展時代物流管理理論的系統思想,又充分體現了物流管理學科、專業的相關研究成果;既注意科學研究的思維方式,又滿足提高教學能力和教學質量的需要。同時,探討了產業經濟、知識經濟、信息經濟多元化條件下物流管理學科專業教學、科研可能面臨的案例研究與教學創新。

本書可作為管理學、經濟學、工學等學科領域中物流管理、物流工程、市場行銷、工商管理等研究生、大學生和高職高專類專業學生的教材,也可作為企業生產經營、商貿流通領域和經濟管理部門的管理者提升業務素質的學習指南。編寫大綱的審定得到理論界和實業界專家、教授們的熱情指教。在每章的撰寫過程中,參考、吸收、運用了國內外學者們的研究成果,都以參考文獻的形式列於各個章節之後。本書大力倡導教學成果、學術思想的推廣。衷心感謝出版社為本書的出版付出的辛勤、幫助。也衷心感謝何玉影、賈典琰、段帥、葛娜娜等為本書編寫所做的基礎性工作。

物流管理案例的開發與採集需要投入大量的人力、財力和物力,案例素材來源於彰顯品牌企業、公司和組織群體的新聞報導,媒體發布的各種信息和知識產權保護環境下的案例評析,其闡述的基本概念、原理和分析方法,完全是為了教學、科研和服務社會。本書學習借鑑了全國工商管理碩士(MBA)教育指導委員會和同行學者對管理案例的基本要求和教學理念,管理教學案例的本質必須以事實為依據,體現出真實性。與創作小說不同,案例在主題內容和情節上可以不虛構,但名稱與數據出於保密的需要可以加以掩飾,必要時對素材可以刪減合併,但基本事實應來自管理實際。管理案例基本上應是對事實的客觀性記錄,案例事件的描述不得帶有撰寫者的主觀分析與評論。因為教學的目的是要使學生深入其境,深入體會,把學生帶到一種真實的管理環境中去。況且開發一本相應的成熟的案例教材也是非常困難的事。我們也一直在思考,如何將管理學、經濟學科的科研成果反哺於教學中,充分發揮科研反哺教學的作用。在與出版社商議確定了出版本書的意向後,雖然團隊成員們平時的教學、科研任務較重,我們也傾其所能編寫好本書。但因為多種原因,書中難免會有差錯,敬請廣大讀者批評指正。

本書由夏文匯任主編,牛玉君、蔡寧敬副任主編,全書編寫大綱

前　言

的制定、修改和統稿由夏文匯負責。代應、馮偉參與編寫。參與各章編寫的具體分工如下：

第 1 章：物流管理案例教學與研究基本概述（夏文匯、何玉影）；

第 2 章：打造長江上游現代物流樞紐城市——以重慶為例（馮偉）；

第 3 章：重慶市家電回收的再製造供應鏈逆向物流管理案例（夏文匯、賈典琰）；

第 4 章：重慶兩路寸灘保稅港區物流裝卸搬運案例（夏文匯、賈典琰）；

第 5 章：E 國公司網上商城的電子商務與物流抉擇案例（牛玉君）；

第 6 章：陝西通匯汽車物流有限公司「精益一體化物流」案例（牛玉君）；

第 7 章：重慶建設雅馬哈摩托車有限公司推進銷售物流策略案例（蔡寧敬）；

第 8 章：重慶市 A 區物流園區規劃與建設案例（代應）；

第 9 章：區域性物流中心戰略規劃——以重慶為例（夏文匯）；

第 10 章：災害性事件應急物流管理案例（夏文匯、葛娜娜）；

第 11 章：基於災害性事件的應急物流保障機制案例（夏文匯、葛娜娜）；

第 12 章：基於低碳經濟的鋼鐵企業生產物流配送模型案例（夏文匯）。

夏文匯

目 錄

第 1 章 物流管理案例教學與研究基本概述 …………………… (1)

    1.1 物流管理案例教學法的內涵與特徵 ……………………… (1)
    1.2 物流管理案例教學與研究的意義和價值 ………………… (7)
    1.3 物流管理案例教學與研究存在的問題及對策 …………… (9)
    1.4 物流管理案例教學與研究的發展趨勢 …………………… (20)

第 2 章 打造長江上游現代物流樞紐城市——以重慶為例 …… (24)

    2.1 案例引言 …………………………………………………… (24)
    2.2 重慶市物流業發展的總體現狀 …………………………… (25)
    2.3 重慶打造物流樞紐城市的條件 …………………………… (27)
    2.4 案例評析：需要討論的幾個主要問題 …………………… (30)

第 3 章 重慶市家電回收的再製造供應鏈逆向物流管理案例 … (36)

    3.1 案例引言 …………………………………………………… (36)
    3.2 案例內容的文獻回顧及其相關定義 ……………………… (37)
    3.3 再製造供應鏈逆向物流流程設計 ………………………… (38)
    3.4 重慶市家電、汽車回收逆向物流實例 …………………… (40)
    3.5 案例評析：供應鏈需求管理流程營運 …………………… (44)

第 4 章 重慶兩路寸灘保稅港區物流裝卸搬運案例 …………… (49)

    4.1 基本背景 …………………………………………………… (49)
    4.2 案例評析：物料裝卸搬運方案設計 ……………………… (56)
    4.3 裝卸搬運網絡模型 ………………………………………… (61)
    4.4 案例知識點：建立自動化物料裝卸搬運系統 …………… (66)

第 5 章 E 國公司網上商城的電子商務與物流抉擇案例 ……… (70)

    5.1 E 國公司網上商城概況 …………………………………… (70)
    5.2 E 國公司推出「e 國公司一小時」服務承諾 …………… (71)
    5.3 E 國公司的信息流與客戶訂單的處理流程 ……………… (71)
    5.4 合作夥伴關係的建立：奇訊快遞公司 …………………… (74)
    5.5 案例評析 …………………………………………………… (79)

目　錄

第 6 章　陝西通匯汽車物流有限公司「精益一體化物流」案例……（87）

6.1　公司概況……（87）
6.2　通匯公司與面向服務對象的協同發展……（88）
6.3　通匯公司的物流運作……（89）
6.4　案例評析……（95）

第 7 章　重慶建設雅馬哈摩托車有限公司推進銷售物流策略案例……（105）

7.1　公司概況……（105）
7.2　行業背景……（106）
7.3　公司創新行銷工作思路……（108）
7.4　案例評析……（109）
7.5　提出 POS 系統銷售改進策略……（114）

第 8 章　重慶市 A 區物流園區規劃與建設案例……（120）

8.1　背景分析……（120）
8.2　A 區物流園區功能規劃與設計……（123）
8.3　案例評析……（131）

第 9 章　區域性物流中心戰略規劃——以重慶為例……（132）

9.1　前言……（132）
9.2　區域性物流中心在區域經濟建設中的地位……（133）
9.3　重慶市建設區域性物流中心的作用和條件……（136）
9.4　案例評析……（139）
9.5　實訓討論題……（144）

第 10 章　災害性事件應急物流管理案例……（148）

10.1　從 2008 年「5/12 汶川大地震」審視中國應急物流管理……（148）

目　錄

　　10.2　國內外研究狀況和意義 …………………………………（149）
　　10.3　應急物流理論基礎 ………………………………………（153）
　　10.4　案例評析 …………………………………………………（154）

第 11 章　基於災害性事件的應急物流保障機制案例 …………（163）
　　11.1　災害性事件應急物流的問題及原因 ……………………（163）
　　11.2　災害性事件應急物流系統的作業環節 …………………（165）
　　11.3　案例評析：災害性事件應急物流保障機制的建立
　　　　　……………………………………………………………（168）

第 12 章　基於低碳經濟的鋼鐵企業生產物流配送模型案例 …（174）
　　12.1　案例引言 …………………………………………………（174）
　　12.2　案例研究中的文獻回顧 …………………………………（175）
　　12.3　低碳經濟與中國鋼鐵工業節能 …………………………（176）
　　12.4　物流配送路徑的優化方法 ………………………………（178）
　　12.5　案例評析：物流配送模型設計 …………………………（185）

第1章
物流管理案例教學與研究基本概述

1.1 物流管理案例教學法的內涵與特徵

1.1.1 案例教學法與物流管理案例教學法的含義

1.1.1.1 對管理案例的解讀

若從學術角度專門追溯案例概念的產生則已經很難找出準確的來源了。因此關於什麼叫「案例」，並對此下一個準確的定義，眾說紛紜，國內外似乎迄今為止尚無一個權威的、普遍接受、完整而嚴格的定義。英文「Case」可譯為「個案」、「個例」、「事例」、「案例」等，用在軍事上是「戰例」，在法學上稱「判例」，在管理學上常用的英語表達「Business Case」譯為「管理案例」，「Case Study」譯為「案例研究」。

從管理學教育與案例研究的角度出發，我們對管理案例提出以下簡明的定義：

所謂管理案例就是為了明確教學目的與用途，圍繞著一定的管理問題而對某一真實的管理情景所作的客觀描述。即採用文字、聲像、視頻等媒介撰編形成的一段或者一個真實的管理情景。管理案例分析據此提出一定的理論依據與分析，並給出案例分析的邏輯路徑。在這個簡明的定義中包含了管理案例四個核心特徵：

（1）案例名稱，以不帶暗示性的中性標題為宜（企業名/企業名 + 主題）。以事實為依據，體現出真實性，提供企業的真實名稱，如需隱去可另附說明。選題要有一定的典型性和代表性，能夠反應某地區、某行業或更大範圍的經營管理問題。管理教學案例的本質必須以事實為依據，體現出真實性。與創作小說不同，案例在主題內容和情節上不得虛構，名稱與數據出於保密的需要應加以掩飾，必要時對素材可以刪減合併，但基本事實應來自管理實際。管理案例基本上應是對事實的客觀性記錄，不得帶有撰寫者的分析與評論。因為其目的是要使學生身臨其境，被帶到一種真實的管理環境中去。

（2）圍繞教學目的與用途，提出相應的管理問題。管理案例中應包含一個或數個管理問題。這些問題可能是待解決的，也可能是已經解決的。因為案例教學的目的是啟發學生分析討論並學會如何解決管理問題，在這個基於管理事實的演練過程中需要有典型的、適於討論的管理問題作為案例教學的線索和支持。而且這些管理問題沒有唯一的最佳解，也就沒有標準答案。需要學生們在案例討論中提出各自的問題解決思

路和方案。

（3）相關背景介紹應清晰。相關背景包括：行業背景、公司歷史沿革、財務狀況、主要人物、事件等相關背景，內容翔實，能有效輔助案例課堂討論。分析管理案例要有明確的教學目的：案例準備用於什麼課程的哪些章節，學生驗證、實訓和運用什麼概念、理論和工具，想讓學生通過分析與討論，掌握和提高哪些知識和技能，對此事先都要做到心中有數。[1]

（4）應提出關鍵要點。提出案例分析中的關鍵所在、案例教學中的關鍵知識點、能力點等，並制訂建議的課堂計劃。

1.1.1.2 管理案例基本結構及相關要求

學習借鑑全國工商管理碩士（MBA）教育指導委員會和同行學者對管理案例的基本要求和教學理念，提出管理案例基本結構及相關要求如下：

案例正文的基本結構及相關要求。

（1）案例名稱：以不帶暗示性的中性標題為宜（企業名/企業名＋主題）。

要求：提供企業真實名稱，如需隱去另附說明。選題要有一定的典型性和代表性，能夠反應某地區、某行業或更大範圍的經營管理問題。

（2）首頁註釋：作者姓名、工作單位、案例真實性等。

版權說明，註明案例只用於教學目的，不對企業的經營管理做出任何評判等。

（3）內容提要及關鍵詞。

要求：內容提要介紹案例內容，不作評論分析，300字以內。關鍵詞3～5個。

（4）引言/開門見山/點題。

要求：點明時間、地點、決策者、關鍵問題等信息，文字盡量簡練。

（5）相關背景介紹。

要求：行業背景、公司歷史沿革、財務狀況、主要人物、事件等相關背景，內容翔實充實，能有效輔助案例課堂討論分析。

（6）主題內容：大中型案例宜分節，並有節標題。

要求：陳述客觀事實、不出現作者的評論分析，決策點突出，所述內容及相關數據具備完整性和一致性。節標題可分為一級標題（1），二級標題（1.1）……

（7）結尾。

根據需要，結尾可以有不同的寫法，比較通行的寫法有三種：一是對正文的概括總結；二是提出決策問題引發讀者思考；三是自然淡出。

（8）腳註、圖表、附錄等。

腳註按 GB/T 7714－2005 的要求標註；

圖表要有標題（中英文），有編號；

附錄，有助於理解正文的相關資料、數據可作為附錄列出。

（9）與中文相對應的英文案例名稱、作者姓名、工作單位、摘要、關鍵詞。

要求：英文摘要150～200個英文單詞，英文題目和摘要符合科技英文書寫規範。

案例使用說明的基本結構。

（1）教學目的與用途：適用的課程、對象、教學目標。

（2）啟發思考題：提示學生的思考方向，2～5題為宜。

（3）分析思路：給出案例分析的邏輯路徑。

（4）理論依據與分析：分析該案例所需要的相關理論以及具體分析，包括財務分析的計算結果等。

（5）背景信息：案例進展程度等其他案例未提及的背景信息。

（6）關鍵要點：案例分析中的關鍵所在，案例教學中的關鍵知識點、能力點等。

（7）建議的課堂計劃：案例教學過程中的時間安排、黑板板書布置、學生背景瞭解、小組的分組及分組討論內容、案例的開場白和結束總結及如何就該案例進行組織引導提出建議。

（8）案例的後續進展。

（9）相關附件（圖表等）。

（10）其他教學支持材料（可選項）。

說明：①計算機支持。列出支持這一案例的計算機程序和軟件包，它們的可行性以及如何在教學中使用它們的建議或說明。②視聽輔助手段支持。能與案例一起使用的電影、錄像帶、幻燈片、剪報、樣品和其他材料。③Excel 計算表格。

1.1.1.3 案例教學法的含義

案例教學法是在學生掌握了有關基本知識和分析技術的基礎上，在教師的精心策劃和指導下，根據教學目的和教學內容的要求，運用典型案例將學生帶入特定事件的模擬現場進行案例分析，通過學生的獨立思考或集體協作，進一步提高其識別、分析和解決某一具體問題的能力的教學方法。

它不僅強調教師的「教」（引導），更強調學生的「學」（研討），要求教師和學生的角色都要有相當大程度的轉變。它不僅僅是一種教學方法，更是一種教育思想和觀念的更新，豐富了課堂教學的內涵，使教學充滿活力。[2]

1.1.1.4 案例教學法與傳統教學法的本質區別

傳統教學傳授知識的方式使用的是演繹推理，其邏輯起點是概念和理論，然後用實例和問題來論證，教師授課輔之以閱讀、音像、練習和習題等有效方法傳遞技術、原則和理論。在管理學的教學中授課的意義受到了一定的限制，因為對於閱歷較淺，尚處於成長期的學生來說，有關決策的技術、原則和理論只是他們應該掌握的知識的一部分。案例教學法摒棄了傳統的以教師為中心、學生被動接受的授課方式，因而在提升思維能力方面比傳統的教學法更加有效。

案例教學通過對具體事件的分析來促進學生對理論知識的把握和運用，最突出的優點是學生在學習過程中扮演了更為積極主動的角色。這種方式從歸納的角度而不是從演繹的角度展開某一專題的學習，學習過程中讓學生高度投入事先安排好的一系列精巧設計的案例討論之中，從而達到預期的教學效果。

1.1.1.5 對物流管理案例教學法的理解

現代物流在中國的發展方興未艾。現代物流學是物流類專業一門非常重要的綜合性學科，系統研究供應鏈環境下物流管理的理論知識與應用，旨在讓學生通過系統學習掌握物流管理的相關知識與技能。所以，在教學中運用案例教學法可使學生舉一反三，有效地將理論知識與實踐知識融會貫通，在有效的時間內培養學生的基本素質和專業技能。

目前全球對企業物流（Business Logistics）的理解及定義中，以美國物流管理協會（Council of Logistics Management，USA）的定義最為完整、簡要，並為全世界各行業及

協會所參考及引用。以下是美國物流管理協會1998年給出的物流定義：

「Logistics is that part of the supply chain process that plans, implements, and controls the efficient, effective flow and storage of goods, services and related information from the point of origin to the point of consumption in order to meet customers requirements.」

譯為中文即：「物流是供應鏈程序的一部分，針對物品、服務及相關信息的溝通與儲存，從起源點到消費點進行有效率及有效果的規劃、執行與控制，以達成客戶的要求。」

上述定義包含有幾點重要的內涵：①現代物流是一個以客戶為核心的程序管理工作，主要目標是充分利用企業與所屬供應鏈的資源，使物能有效流通來滿足客戶需求；②現代物流的管理對象是客戶所需物品、服務以及相關信息，因此將涉及客戶服務、運輸、倉儲、流通信息處理等作業管理；③現代物流涉及企業戰略與策略的規劃、執行與控制。

實際上，物流並不是「物」和「流」的一個簡單組合，物流的內涵，並不是講實物的基本運動規律，也不是從哲學意義上研究物體運動的永恆性。從物流價值的科學發現而言，現代物流運動所創造的幾種價值表現在：[3]

（1）時間價值。「物」從供給者到需要者之間有一段時間差，由於改變這一時間差創造的價值，叫做「時間價值」。

（2）場所價值。「物」從供給者到需求者之間有一段空間差。供給者和需求者之間往往處於不同的場所，由於改變這一場所的差別創造的價值叫做「場所價值」。物流創造場所價值是由現代社會產業結構、社會分工所決定的，其主要原因是供給和需求之間的空間差，商品在不同地理位置有不同的價值，通過物流將商品由低價值區轉到高價值區，便可獲得價值差，即「場所價值」。

（3）加工附加價值。即：在產品原有價值的基礎上，通過生產過程中的有效勞動新創造的價值。在創造加工附加價值方面，物流不是主要責任者，其所創造的價值也不能與時間價值和場所價值比擬，但這是現代物流有別於傳統物流的重要方面，也更是有別於簡單力學運動的重要方面。

因此，物流管理就是指為有效實現物流活動的某種預定目標，完成物流活動的既定任務而運用計劃、組織、指揮、協調控制等職能的綜合性活動。

所謂物流管理案例就是為了明確物流管理教學目的與用途，圍繞著一定的物流管理問題而對某一真實的物流情景所作的客觀描述。即採用文字、聲像等媒介編撰形成的一段或者一個真實的物流管理情景。對物流管理案例分析而言，可以提出一定的理論依據與分析，並給出案例分析的邏輯路徑。

物流管理案例教學法就是在物流管理學科領域的教學中，為了更好地完成物流學科的教學任務，教師圍繞一定的物流管理問題而對某一真實的物流情景所作的客觀描述。它採用典型的物流案例，在案例分析過程中引導學生對物流管理學科知識作深入、系統地理解，使其身臨其境，培養學生發現問題、分析問題和解決問題的能力。

1.1.2　物流管理案例教學與研究的目的

1.1.2.1　物流案例教學與研究依託於物流學科發展

現代物流是一個實行供應鏈管理的過程，與傳統物流相比，現代物流是對貨物原材料、半成品、產成品、物流服務及相關信息，從起源地到用戶有效率、有效益的流

動和儲存，並為之計劃、執行與控制以滿足社會與顧客需求的活動過程。在這一活動過程中，根據實際需要，將運輸、儲存、裝卸、包裝、搬運、流通加工、配送、信息處理等基本功能實現有機的結合。物流要素涉及面廣，包括鐵路運輸、公路運輸、內河及海上運輸、航空運輸、管道運輸等多種運輸方式。涉及郵政運輸業、倉儲業、流通加工業、包裝業、物流信息業等多個行業。在不同條件下，可以並存多個可行的解決方案。在物流管理案例的教學與研究過程中，通過對案例資料的收集、分析和總結，能夠進一步加深對物流和物流管理理論知識和應用方法的理解，使理論能夠及時有效地聯繫和指導社會實踐。

1.1.2.2　物流案例教學與研究可以激發學生學習物流專業知識的興趣，提高課堂教學效果

物流案例教學是一種參與型的學習方法，對調動學生的學習積極性、創造性，培養學生提出問題、分析問題、解決問題的能力具有積極的作用。隨著物流產業等新興產業的發展，傳統的以知識累積為中心的教育教學和研究模式已經無法再適應時代發展的需要，在這種情況下，教育的中心思想必須由知識的系統累積轉變為開發學生的智力潛能，尤其是開發其智力的核心———大腦思維能力。物流案例教學與研究作為一種行之有效的、務實且有明確目的、以行動為導向的訓練方法，有助於提高學生綜合素質。

1.1.2.3　物流案例教學與研究有利於培養和形成學生的創造性思維

物流案例教學與研究注重引導學生通過案例的分析、推導，運用理論知識較好地解決實際問題，在這個過程中學生要學會收集各方面的資料並對已有的資料作多方面的分析，促使學生的思維不斷深化，並在力圖對一個問題尋找多種解答的過程中培養和形成創造性思維。案例教學是一種動態的、開放的教學方式。在案例教學中，學生被設計成自身處在特定的情境中，在信息不對稱的條件下對複雜多變的形勢獨立做出判斷和決策，在此過程中鍛煉自我綜合運用理論知識、經驗分析和解決問題的能力。

1.1.2.4　物流案例教學與研究有利於培育團隊意識

學會學習是學習型社會對人們能力的基本要求。物流案例教學與研究告訴學生「答案不止一個」，答案是開放的、發展的，沒有統一的標準答案而只有參考答案。在案例教學與研究中，教師通過有意識的引導，讓學生自己查閱資料，通過個體獨立或群體合作的方式做出分析和判斷，積極尋找多種答案，這樣經過反覆多次的演練和積澱後，就會掌握自主學習的方法，使之善於學習。同時，物流案例教學的過程通常要經過小組、大組合作思維的撞擊。在合作中互相溝通，在溝通中增進合作，在這個過程中培養學生的團隊意識，教會學生相互溝通、尊重他人、關心他人，同時也增強了他們說服別人以及傾聽別人建議的能力。

1.1.3　物流管理案例教學與研究的特徵

20世紀80年代中期以後，隨著人們對物流管理認識的提高，現代社會的經濟環境、產業結構和科學技術迅猛發展，物流理論和實踐開始向縱深推進。在理論上，人們越來越清楚地認識到物流與經營、生產緊密相連，它已成為支撐企業競爭力的三大支柱之一。1985年，威廉姆·哈里斯（Harris William D.）和斯托克·吉姆斯（James R. Stock）在密西根州立大學發表了題目為《市場行銷與物流的再結合——歷史與未

來的展望》的演講，他們指出從歷史上看，物流近代化的標誌之一是商物的分離，但是隨著 1965 年以西蒙（Simon Leonard S.）為代表的顧客服務研究的興起，在近 20 年的顧客服務研究中，人們逐漸從理論和實證上認識到現代物流活動對於創造需求具有相當大的促進作用。因此，在這一認識條件下，如果再像原來那樣在制定行銷組合特別是產品、價格、促銷戰略過程中，仍然將物流排除在外，顯然已不適應時代的發展。因此，非常有必要強調行銷與物流的再結合。這一理論對現代物流的本質給予了高度總結，也推動了物流顧客服務戰略以及供應鏈管理戰略的研究。

從物流實踐來看，20 世紀 80 年代後期電子計算機技術、信息科學和物流軟件的發展日益加快，更加推動了現代物流實踐的發展，這其中的代表是電子數據交換（Electronic Data Interchange，EDI）的運用與專家系統的利用。EDI 使計算機之間不需要任何書面信息媒介或人力的介入，是一種構造化、標準化的信息傳遞方法。這種信息傳遞不僅提高了傳遞效率和信息的正確性，而且帶來了交易方式的變革，為物流縱深化發展帶來了契機。此外，專家系統的推廣也為物流管理提高了整體效果。現代物流為了保障效率和效果，一方面通過商場電子收款（Point Of Sale，POS）系統、條形碼、EDI 等收集、傳遞信息，另一方面利用專家系統使物流戰略決策實現最優化，從而共同實現商品附加價值。

因此，物流管理案例教學與研究具有以下特點：

（1）物流再認識觀念的確立。在物流管理理論上，隨著物料需求計劃（MRP）、製造資源計劃（MRPⅡ）、MRPⅢ（MRPⅡ和 JIT 的有機結合）、配送需求計劃（DRP）、配送資源計劃（DRPⅡ）、看板制以及準時生產方式等先進管理方法的開發和在物流管理中的運用，使人們逐漸認識到需要從流通生產的全過程來把握物流管理，而計算機等現代科技的發展，為物流全面管理提供了物質基礎和手段。1984 年哥拉罕姆·西爾曼（Graham Scharmann）在《哈佛商業評論》上發表了題為《物流再認識》一文，指出現代物流對市場行銷、生產和財務活動具有重大影響，因此，物流應該在戰略意義上得到企業高層管理人員的充分重視。最具有歷史意義的是 1985 年美國物流管理協會正式將名稱從 National Council of Physical Distribution Management 改為 National Council of Logistics Management，這標誌著現代物流觀念的確立以及對物流戰略管理的統一化。其後，在實業界得到廣泛推廣和應用。

（2）物流案例理論性與實踐性強。表現在兩個方面：①物流管理案例本身就來源於客觀的物流管理實踐；②強調現代物流管理理論在實踐中的運用，要將物流管理的理論和方法與實際物流管理問題的個別性、典型性適當結合。現代物流管理案例包含著一個或數個物流現象和物流管理問題，其側重點是介紹真實的物流管理實際情況。案例學習中要求學生對實際中需要解決的物流管理問題去觀察分析，運用學過的相關理論提出自己認為合適的解決方法，培養學生用動態、發展的眼光全面地思考問題，並且使其接近和熟悉實際的物流和物流管理環境。

（3）學科交叉性強。物流管理案例教學與研究是一門綜合性的應用科學，綜合運用了運籌學、技術工程學、系統工程、計算機和網絡、經濟學、管理學等學科的方法和技術成果，其所研究的對象會受許多不確定因素的影響。現代物流管理案例也就具有一定的綜合性。物流案例教學與研究一方面通過案例研究讓學生對所學的現代物流管理學基本理論知識、基本技能有深刻的領會和理解；另一方面培養學生獨立綜合地分

析問題、解決問題的能力，特別對自學能力、協作能力、邏輯判斷能力、分析和感悟能力等是一次良好的業務實戰訓練。[4]

1.2 物流管理案例教學與研究的意義和價值

1.2.1 物流管理案例教學與研究的意義

1.2.1.1 物流人才的培養目標需要實施案例教學

高校物流專業教育是面向物流產業一線，以培養既懂物流專業理論知識，又掌握物流基本技能的職業型、技能型、應用型人才為目標。而物流管理學科的綜合性、實踐性和操作性，物流管理人才培養的跨行業性、創新性、創業性等特點以及案例教學本身的特徵，決定了物流案例教學與研究能夠成為培養新型物流人才的有效途徑和方法。

1.2.1.2 物流案例教學能使學生學習由被動接受變為主動學習

物流案例教學法是一種運用典型案例，將真實生活引入學習之中的一種「情景式教學與研究方法」，使學習者像實際從業人員那樣思考和行動。因此，在案例研究中，學生是關注的中心，在論題選擇和討論方式上教師與學生共享控制權，而且教師經常作為輔助人員或者資源提供者居於次要地位。教師比學生知道的東西多，但教師的授課並不是絕對權威性的，學生應對自己的學識負責。教師與學生之間在學習中應雙向互動，並交流討論。這種理論與實踐相結合的教學原則，突破了原有的那種「空中樓閣式」、「填鴨式」的教學方式，通過這種方式，學習者已由消極被動狀態轉變為積極主動狀態，學生的學習熱情被激發，求知慾望也變得越來越強烈。

1.2.1.3 案例教學與研究能提高學生綜合運用知識的能力

案例教學注重通過引導學生對案例的閱讀、分析、推導、總結，運用所學知識解決實際問題。在這個過程中，學生要學會收集各方面的資料信息，學會對已有的資料作多方的分析，促使思維活動不斷深入，在探究對一個問題尋找多種解答的過程中培養和形成創造性思維。這一過程加強了學生對各種理論知識的運用，提高和培養學生的評論性、分析性、推理性的思維和概括能力、辯論能力以及說服力方面的能力和自信心，能夠使參與者認知經驗、共享經驗，能夠促進學生擴大社會認知面以及解決一些社會問題的願望和能力。[5]

1.2.2 案例教學與研究對物流管理學科的價值

案例教學與研究是物流管理專業教育中一種不可替代的重要方法。借助於真實的特定管理情景，讓學生通過自己對案例的閱讀和分析以及在群體中的共同討論，促使學生進入特定的管理情景和管理過程，建立真實的管理感受和擬定解決實際問題的方案，從而更有效地培養學生的實際管理能力，並從中獲得豐富的行業信息、背景、實務與經驗，培養學生較為實際的物流專業操作能力，樹立物流管理權變論的理念。在物流管理案例教學中有利於培養創新創業型人才，有利於培養高素質的應用型管理人才。其價值體現如下：

1.2.2.1 描述企業物流管理情景現場，模擬實戰性更強

美國著名管理學家德魯克說過，學會決策是有效管理者必須具備的一種本領。決

策籌劃是一個事關組織生死存亡的戰略問題。學生學習物流管理就是要學到這種決策能力。物流管理決策的本領是通過學習管理的科學知識和在實踐中磨煉出來的。由於各種條件的限制，學生不可能經常到物流企業或一些實際部門參觀實習，即使去實踐也不可能接觸許多管理情景。因為管理實踐具有無限性，它與管理者接觸實踐的有限性是一對很難有效協調的矛盾。而實踐環節的缺乏卻可能通過課堂案例教學來彌補。比如通過具體案例，讓學生進入被描述的企業管理情景現場，模擬管理角色，以企業當事人的身分探尋企業成敗得失的經驗教訓，為企業成長出謀劃策。通過這些教學與研究方法，運用已學的知識幫助企業解決問題，無疑能促進學生管理能力的提高。在模擬角色中，一些無法解決的問題又會促使學生積極主動地去學習新知識。對於學生來說，知識將掌握得更牢固、運用會更靈活。

1.2.2.2 豐富和完善物流管理教學內容

適當的課堂講授方法用以傳授知識是必要的，但這種方法使學生掌握的知識是一種靜止、被動的知識。通過教學要提高學生的知識水準，更要提高其運用知識、駕馭、豐富和發展知識的能力。這種能力只有通過親身實踐、親身感受、勤於思考來培養。日本學者川上井光說：「知識，百科全書可以替代，可是新思想、新方法、新方案，卻是任何東西都替代不了的。」同樣的道理，工商管理理論是可以學得的，花若干時間進行系統學習就可以了，但實踐經驗是難得的，需要付出高昂的學習成本。案例分析能夠節約親身實踐的學習成本，同時又能夠取得實踐經驗。因此，運用案例教學法教學與研究，可以收到傳統教學所達不到的效果。

1.2.2.3 鍛煉學生的思維能力、開發學生的智能

人的智能結構有邏輯思維能力、直觀認知能力、記憶認知能力、想像創造能力和決斷能力組成。其中，邏輯思維能力十分重要，是人智能要素中最基本的一種能力。而創造能力的發展，決策能力的提高，無不依賴於思維能力的發展。教育家普捷洛夫說過：思維永遠是由問題開始的。思維由問題而產生，管理案例總是帶著一系列問題的，學生經過思索，把原來不懂的弄懂了，原來認識不全面、不深刻的，經過思考對其加深了認識。案例教學側重於培養學生「舉一反三」、「觸類旁通」的應變能力，讓他們學習一種分析問題、解決問題的思路。運用案例教學法就能培養、鍛煉、提高學生這種邏輯思維的能力，把學生的智能開發出來。

1.2.2.4 提高教師「教」的質量，啓發、誘導性強

開展物流案例教學需要讓學生進入案例現場，充當案例情景中的主角。教師把課堂講臺讓出來，教師不再做講解員，讓學生充分發表觀點，表面上看教師的擔子是輕了，但在案例教學中，教師要選擇和組織案例教學方式和案例教學材料，引導學生展開案例討論，創造一個比較理想的教學環境。此時，教師的「教」的特殊作用主要不是在講授，而是啓發、誘導。要想提高案例教學的質量，就必須提高教師在案例教學中「教」的質量。要做到這一點，教師首先必須做好教學準備工作，包括選擇一個恰當的案例，通過反覆鑽研案例材料擬定討論題或思考題，確立案例教學的組織形式，主持典型案例分析討論，根據討論情況進行必要的小結等。要完成好這些工作，教師不僅要懂得物流管理理論，還要懂得物流企業的管理實際，掌握決策本領，更要講究教學方法。所以，不是教師的擔子輕了，難度小了，而是擔子更重了，壓力更大了。因此，在某種程度上，採用案例教學法對教師提高教學質量有積極的促進作用。[6]

1.3 物流管理案例教學與研究存在的問題及對策

1.3.1 案例教學現狀調查分析

1.3.1.1 對北京大學光華學院案例教學的問卷調查

為瞭解案例教學對不同背景學生的影響以及學生對案例教學的認識差異程度，在對 MBA 學生進行大規模問卷調查前，先對北京大學光華管理學院的部分 EMBA、MBA 學生、研究生和本科生分別進行了問卷調查。問卷發放情況及主要指標數據如表 1-1 所示。

表 1-1　EMAB、MBA 學生、研究生和本科生對案例教學認識的差異對比表　　單位：%

樣本	有效樣本數（份）	案例教學重要性 很重要	其中，非常重要	期望案例教學占總課時比重在 30 以上
EMAB	45	100	71.2	98
MBA	165	98	68.6	92
研究生	71	100	54.3	83
本科生	44	100	58.0	82

資料來源：何志毅．中國管理案例教學現狀調查與分析［J］．經濟與管理研究，2002（6）．

表 1-1 是對各層次學生對案例教學認識的差異對比，通過對比可以看到，EMBA 學員、MBA 與研究生、本科生對案例教學的認識和需求基本一致，並沒有出現「研究生、本科生重理論，MBA、EMBA 重案例」的顯著差異，如果把研究生與本科生歸為一組，從後兩列數據可以看出實踐經驗與對案例期望程度呈正相關關係。因此，以上調查數據基本上可以描述中國工商管理高等教育不同層次的學生對案例教學的認識和需求。

1.3.1.2 對北京大學、清華大學、中國人民大學 MBA、EMBA 學生的問卷調查

表 1-2　　關於案例教學的問卷調查樣本分佈情況表　　單位：份

	樣本	問卷發放日期	發放問卷	回收問卷	有效問卷
北大	EMBA	2002-01-20	50	45	45
	MBA 學員	2001-03-21—26	270	242	236
	企業家學員	2002-04-21	30	25	25
清華	MBA 學員	2002-09-18	80	55	53
	MBA 學員	2002-09-27	100	61	53
人大	MBA 學員	2002-09-17	40	29	27
	MBA 學員	2002-09-27	100	86	84
復旦	MBA 學員	2002-10-20	100	75	71
廈大	MBA 學員	2002-12-07—14	200	187	185
交大	MBA 學員	2002-10-07—18	130	121	117
合計			1,100	926	896

資料來源：何志毅．中國管理案例教學現狀調查與分析［J］．經濟與管理研究，2002（6）．

為進一步瞭解案例教學在中國工商管理教育中的發展狀況，北京大學管理案例研究中心分別對北京大學光華管理學院（簡稱北大）、清華大學經管學院（簡稱清華）、中國人民大學工商管理學院（簡稱人大）、復旦大學管理學院（簡稱復旦）、廈門大學管理學院（簡稱廈大）和上海交通大學管理學院（簡稱交大）的部分 MBA 學生、EMBA 學生（含企業家培訓班學員）進行了關於案例教學的問卷調查，回收有效問卷 896 份。問卷發放情況如表1-2所示。

　　此次問卷調查的目的主要是希望瞭解學員對案例教學重要性的認識、對案例教學所佔比例的期望、案例教學實際所佔比例、對目前案例教學效果的評價和對案例題材的需求特點，現將相關分析表述如下：

　　（1）案例教學的重要性。97.2%的學生認為案例教學很重要，其中70.6%的學生認為非常重要。從問卷調查結果來看，各校 MBA 學生對案例教學重要性的認識無明顯差異（見表1-3）。表1-3表明各校學生對案例教學重要性的認識程度。

表1-3　　　　　　各校學生對案例教學重要性的認識表　　　　　　單位:%

樣本	樣本數(份)	非常重要	很重要	一般	不重要	無關
北大	306	68.7	29.3	2.0	0.0	0.0
清華	106	70.0	30.0	0.0	0.0	0.0
人大	111	63.0	32.0	5.0	0.0	0.0
復旦	71	63.4	32.4	1.4	1.4	1.4
廈大	185	75.1	20.5	3.9	0.5	0.0
交大	117	80.3	17.1	2.6	0.0	0.0
總體	896	70.6	26.6	2.5	0.2	0.1

資料來源：何志毅．中國管理案例教學現狀調查與分析［J］．經濟與管理研究，2002（6）．

　　（2）對案例教學效果的評價。只有20%的學生對案例教學效果感到滿意，80%的學生感到不夠滿意（各校學生的評價見表1-4）。從問卷反饋的信息來看，造成學生對案例教學不夠滿意的原因主要集中在案例質量、教授點評、學生準備和課堂組織方面（見圖1-1）。學生對案例質量的意見主要在於案例過於陳舊、缺乏代表性、與課程連接不緊密等問題。對於使用國外案例，則存在與中國市場情況不符以及案例翻譯不準確等問題，案例本土化較差。

表1-4　　　　　　各校學生對案例教學效果的評價表　　　　　　單位:%

	案例教學效果					
	樣本(份)	很差	不好	一般	很好	非常好	滿意度合計
北大	306	1.0	13.0	55.0	29.0	2.0	31.0
清華	106	1.0	17.0	69.0	12.0	1.0	13.0
人大	111	0.0	23.0	64.0	11.0	2.0	13.0
復旦	71	7.0	16.9	64.8	8.5	2.8	11.3
廈大	185	5.9	11.4	71.4	10.8	0.5	11.4

表 1-4（續）

	樣本(份)	很差	不好	一般	很好	非常好	滿意度合計
交大	117	0.0	6.0	70.9	23.1	0.0	23.1
總體	896	2.2	13.8	64.0	18.6	1.4	20.0

資料來源：何志毅. 中國管理案例教學現狀調查與分析［J］. 經濟與管理研究，2002（6）.

（3）案例在教學中所占比重，期望值與實際值的比較。92%的學生認為案例教學應占授課時間的30%以上，其中43.1%的人認為應占50%～70%，4.7%的人認為占70%以上。實際上，只有28.2%的學生感到案例教學時間已經達到30%，如圖1-2所示。

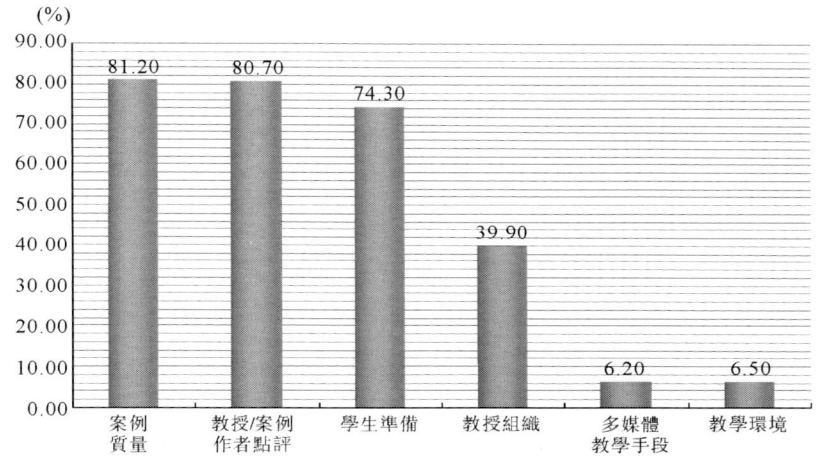

圖 1-1　影響案例教學效果因素圖

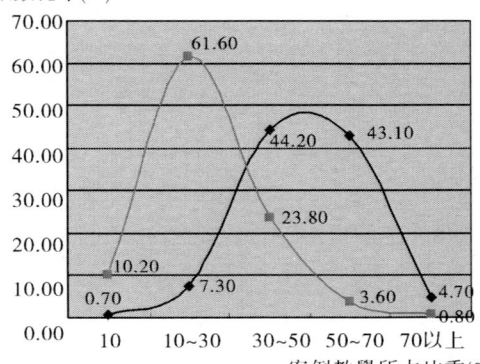

圖 1-2　學生期望的案例教學比例與實際比例對比圖

資料來源：何志毅. 中國管理案例教學現狀調查與分析［J］. 經濟與管理研究，2002（6）.

學生對案例教學所占比重的看法見表1-5。

表1-5　　各校學生對案例教學效果的評價　期望案例教學比重表　　　　單位:%

樣本	樣本數	10以下	10~30	30~50	50~70	70以上	30以上合計
北大	306	1.0	10.0	43.0	46.0	0.0	89.0
清華	106	0.0	2.0	45.0	43.0	10.0	98.0
人大	111	2.0	6.0	53.0	36.0	3.0	92.0
復旦	71	1.4	4.2	46.5	40.9	7.0	94.4
廈大	185	0.0	9.2	44.8	36.8	9.2	90.8
交大	117	0.0	5.1	35.9	53.8	5.2	94.9
總體	896	0.7	7.3	44.2	43.1	4.7	92.0

實際案例教學比重表　　　　單位:%

樣本(份)	樣本數	10以下	10~30	30~50	50~70	70以上	30以上合計
北大	306	13.0	65.0	17.0	3.0	2.0	22.0
清華	106	17.0	62.0	19.0	2.0	0.0	21.0
人大	111	2.0	75.0	18.0	1.0	0.0	19.0
復旦	71	9.9	53.5	31.0	5.6	0.0	36.6
廈大	185	9.2	65.3	23.3	1.7	0.5	25.5
交大	117	2.6	38.5	47.9	11.0	0.0	58.9
總體	896	10.2	61.6	23.8	3.6	0.8	28.2

資料來源:何志毅.中國管理案例教學現狀調查與分析[J].經濟與管理研究,2002(6).

1.3.1.3　對教師的問卷調查

為瞭解教師對案例教學的重要性、合理比重等問題的認識程度和案例教學的實施狀況,對北大的部分教師進行了問卷調查。共發放問卷52份,回收問卷45份,有效問卷38份。調查結果如下:

(1) 案例教學的重要性。59%的老師認為非常重要,36%的老師認為比較重要,只有5%的老師認為一般,而沒有老師認為不重要或者不相關。

(2) 對案例教學效果的評價。16%的老師認為案例教學的效果非常好,63%的老師認為很好,21%的教師認為效果一般,沒有教師認為案例教學效果不好或者很差。

(3) 案例在教學中所占比重,期望與實際的比較。教師認為已經普遍在教學中運用案例教學,95%的教師期望案例教學占其授課時間的10%~50%;20%的教師期望案例教學時間占授課時間的50%以上,但實際中沒有老師能夠做到;60%的教師期望案例教學時間占授課時間30%~50%,但實際中只有50%的老師這樣做了。對比教師組與學生組的調查結果可以看出,雖然教師們同樣意識到案例教學在管理教育中的重要性,但在對案例教學效果的評價和案例教學占課程時間比重的指標上,教師與學生的差異非常顯著。首先表現在教師與學生對案例教學效果評價不一,教師普遍認為案例教學效果良好,而學生則感覺不是十分滿意。其次,教師認為在教學中使用案例所占比重期望與實際雖有差異,但差異卻不如學生所感覺的差異那麼大(見表1-6)。

表1-6　　　　　教師與學生對案例教學主要指標的認識差異對比表　　　　　單位:%

樣本	有效樣本數（份）	案例教學重要性		案例教學效果	案例教學比重	
		很重要	其中，非常重要	滿意	期望比重	實際比重
教師	38	95.0	59.0	79.0	40	30
MBA	896	97.2	70.6	20.0	50	20

資料來源：何志毅．中國管理案例教學現狀調查與分析［J］．經濟與管理研究，2002（6）．

1.3.1.4 綜合分析結論

案例教學的調查分析數據和反饋的意見進一步證實了案例教學在中國工商管理教育中的重要性，並在一定程度上反應出目前商學院案例教學中存在的不足之處。

根據全國 MBA 教育指導委員會的報告，截至 2002 年 3 月底，全國共收集案例 10,850 個，本土化率 30%，一屆 MBA 學生平均使用案例 98 個。但上述六所商學院的調查數據顯示，學生在學習過程中對案例教學的需求遠遠沒有得到滿足。目前，許多院校教師對案例教學的理解還局限於舉例、做習題的水準，根本談不上真正的案例教學。其教學方法在很大程度上還依賴於以單向講授為主的形式，缺乏教師與學生之間的互動。用於教學的案例在很大程度上還依賴於國外商學院的案例，案例本土化水準還比較低。[7]

1.3.2　物流管理案例教學與研究實施步驟

1.3.2.1　物流管理案例教學與研究實施步驟

（1）把握教學過程中的知識點。在講課之前，教師必須全面瞭解案例的主題（如企業物流管理或物流企業管理）。教師不僅要對案例本身十分熟悉，而且還要瞭解其相關內容，如什麼時候開始討論，對學生討論、分析、提問以及建議採取的措施都要準備好備選方案。還必須考慮在介紹與討論案例時出現的其他備選方案。例如，在如何決定選擇第三方物流（Third Party Logistics，TPL）時，其知識點在於讓學生知道選擇第三方物流要考慮的幾個因素，主要包括：成本因素、特長以及服務水準。其中首先要考慮的是成本因素，可以通過對公司自營物流和第三方物流（可以是 2~3 家公司）案例數據比較，比較其運輸費、保管費、配送費、裝卸費、包裝費、流通加工費、信息處理費以及各自的物流成本合計，判斷其方案的優劣。再通過第三方物流企業的資源和特長以及其服務水準，按「成本優先、綜合考慮；以彼之長，為己所用」的原則選擇。

（2）收集真實的、典型的案例。收集真實、典型的案例是現代物流學教學的難點。筆者為此結合現代物流案例教學的特點進行了一些初步嘗試。主要通過以下幾個渠道和方法收集相關案例資料：

①從企業或科研單位獲取有關信息。比如收集牛奶、面粉、食品等製造性企業的加工工藝物流流程圖，庫管企業的立體倉庫效果圖，運輸企業服務半徑運輸方式立體圖，進出口貿易企業的國際物流批量績效圖等。

②從對外公布的財務統計類報表獲取相關信息。比如瞭解相關企業的財務數據、庫存量和原材料、銷售數據、市場計劃以及設備的使用年限和物理設置等自然因素。可借用圖表說明或闡明重要的觀點，提高學生的興趣。

③查閱期刊、書籍資料，收集相關信息。如查閱《現代物流報》、《物流技術》、《物流科技》、《中國流通經濟》、《管理世界》、《中國管理科學》、《現代物流管理案例與實訓》、《南開管理評論》、《經濟研究》等。

④通過媒體收集資料。從中央電視臺12頻道（法制在線）、上海東方衛視的物流節目、四川衛視的物流節目和各種廣告媒體等收集有關案例資料。

⑤可從專業網站或企業網站上收集案例。如登錄：物流網、全國物流信息網、物流在線、中國物流裝備網等網站收集案例資料。

(3) 分析案例。分析案例其目的是通過分析提高學生的思維能力、決策能力和應變能力。通過使用案例為學生提供大量的相關數據，把實際與措施聯繫，讓學生決定「2W＋H」效果，即Why——為什麼做，When——何時做，How——怎麼做，重在培養和提高學生的參與意識，使他們能夠理解為什麼需要介入到其過程中去，對其成果和自身的學習（包括學習內容與學習過程）負責，有了參與的經歷和經驗，他們就增強了使用新技術的自信。

根據不同的案例，可採用以下方式分析案例：多媒體教學（比如用幻燈課件演示製造性企業生產工藝物流流程、運輸工具、立體倉庫、貨架等）、觀後感（以所看的現場或節目為案例）、讀後感（閱讀案例）、體會（以掛圖設計講述的內容為案例）、討論等方式。

在課堂分析和討論的過程中，教師更多的是作為主持人而不是授課人，教學活動主要是在學生自我思考、熱烈討論的氛圍中完成。教師要引導、啓迪並且讓學生就他們的觀點暢所欲言。教師要認真傾聽，善於引導，不要輕易否定學生講解的意見，但可以及時對正確獨到的見解給予充分肯定。對於有爭議的問題不必在意是否有一個統一的答案，重在通過討論某過程讓學生提出解決問題的理由、依據、邏輯推理和判斷。同時，通過這種辯論，使學生能掌握有關理論，使學生以物流活動管理者或決策者的身分參與案例的分析和討論，以調動學生的積極性和創造性，鍛煉其分析問題的能力和決策的能力。教師還可以要求學生把事先準備的物流方面的案例分析材料向全班同學進行宣講，其間應提醒學生對課堂尚未討論到的案例進行分析，並且宣講的結果可以記入學生的平時成績中。

(4) 總結。老師在討論結束後，一般應對學生的分析觀點匯總作一個簡短的點評和總結，及時肯定在討論過程中的閃光點。對不夠深入、不夠確切的主要問題，加以分析並重新講解，幫助學生加強記憶，把握要旨。在講解過程中，還要結合教學大綱突出教學重點。當然，這不一定是現代物流管理教學真正的最優方案，也不一定是標準答案，畢竟「思維無定勢」，要根據具體情況具體分析。[8]

1.3.2.2 在實施案例教學與研究中應該注意的問題

物流管理案例教學與研究因其在教學中注重學生對問題的探索、歸納、推理，因而較傳統教學方法更能順應素質教育的要求。然而我們也必須清醒地認識到，任何一種教學方法只有進行科學的應用才能最大限度地發揮其優勢，而要科學的運用該案例教學法，就必須注意以下幾個方面：

(1) 教學中應循序漸進。物流管理案例教學與研究其能否成功的要素之一是學生素質的高低，而不少教師在專業課教學中不敢大膽採用此法，正是擔心學生素質差而使得教學中師生無法配合。要解決這一問題，就必須注重教學中的循序漸進，即教師

在低年級教學中根據教學內容適當地和學生一起分析案例並進一步訓練他們學會如何分析問題。經過反覆訓練，待學生分析問題的能力提高後教師便可放開手腳讓學生來獨立完成案例分析的全過程。教師切不可因為對學生的能力缺乏信心而將案例教學仍停留在自己進行案例分析宣講的老套路上，這就違背了案例教學與研究的初衷。

（2）教學方式應靈活多樣。案例教學與研究有多種教學方式可供選擇，具體採用哪種方式一定要根據教學目標、學生已有的經驗和學習任務的不同來確定，不要採用單一方式從而影響其教學效果。

（3）應遵循啓發引導的原則。在採用案例教學與研究時，一定要讓學生提出自己的或者是案例小組的見解，讓他們自己去分析解決問題。教師的主要責任在於啓發引導學生去獨立思考。學生觀點不一致，甚至偏激都是正常的，遇到這種情況教師要設法引導學生通過辯論去逐步達成共識。[9]

1.3.3 物流管理案例教學與研究中存在的問題及對策

1.3.3.1 物流管理案例教學與研究中存在的問題

（1）物流案例自身建設的問題。

一個好的物流案例背後需要一整套支持系統：第一，物流案例要有明確的教學目的，要與一個或數個物流管理基本理論點對應；第二，企業數據豐富真實，行業背景齊全，且與物流案例中的角色和情景相關；第三，物流案例使用者需要經過深入的討論才能得到答案。並且，實戰型物流案例及其背景分析要能得到企業的授權，才可以廣泛的使用和傳播。

①綜合比較國內外物流案例及其適用範圍。由於東西方文化差異和產業經濟、物流發展水準與現代企業制度的截然不同，在中國使用歐美案例進行課堂教學存在相當多的問題。目前國內大多數案例教學都是引進哈佛案例。以下對中國學生較歡迎的國外物流案例和企業實踐案例作簡要的探討：

即物流案例企業多為具有很高的知名度的大型跨國公司。如聯邦快遞（Fedex）、荷蘭 TNT 快遞公司（TNT）、聯合包裹服務公司（UPS）、中外運敦豪（DHL）和馬斯基、中外運、中海運等。國際企業正面臨全球經濟一體化發展，這些有關跨國投資、國際物流企業管理、跨文化物流資源管理、國際物流商法等方面的案例中所蘊含的先進物流管理理念和物流管理模式是非常值得中國企業物流管理者借鑑的，是中國企業迎接未來物流國際化挑戰所必須學習的。但對於中國大多數高等教育物流類專業學生來說，國外物流案例是很難引人進入角色的。尤其是國外中小型物流業務活動的企業案例，學生既不瞭解企業所在的物流經營外部環境，也無從查找企業物流活動的相關資料，分析起來常常有無從下手的感覺。外國人寫的中國企業物流業務案例也存在同樣的問題，外國物流學者寫的物流案例對中國學生來說有「隔靴搔癢」的感覺。哈佛商學院寫的中國海爾物流和聯想物流的實戰型案例並沒有得到中國企業領導人和學生們的好評。因為中國企業的物流情景和物流戰略格局是外國學者所不熟悉的，中國人所關心的問題與外國人的關注點也不同。中國正處於社會主義市場經濟建設的關鍵時期，這種由計劃經濟向市場經濟轉型期的內涵十分豐富，諸多經濟格局和市場競爭態勢是外國沒有的。與國外尤其是歐美國家數百年的市場經濟發展歷史相比，中國的市場機制還不健全，市場環境還很不成熟，多種經濟成分並存的企業常常在現代企業制度、

公司治理結構和經營理念等方面需要加強培育與建設。而國外的企業以及物流業務在成熟的市場環境中成長，在這些方面已有共識，其問題更多集中在物流流程和物流戰術層面。而中國目前的物流企業文化、流通產業體制和物流系統複雜的經營環境仍不夠成熟，這些卻是影響中國企業物流發展的決定因素。

②缺乏高質量的中國本土物流企業或企業物流管理案例。由於中國物流管理專業教育興起的時間不長，好的本土企業物流管理案例的累積不多。同時，這種好的本土企業物流案例的採編還面臨著較多的困難。物流企業或企業物流管理案例方面的搜集、整理與分析相對於現代企業管理的深化、物流管理教育迅速發展的需要來說，存在著相當大的滯後性。主要表現在以下幾個方面：

首先，企業本土化案例開發經費不足。現代企業物流管理案例的採編需要大量資金的投入。企業物流案例開發費用主要包括交通、食宿及差旅費、市場調研、指導和編撰、創意、寫作人員的勞務費。由於物流管理案例採編對專業人員素質要求較高，因此專業人工成本相當高。一般情況下，企業物流管理案例的作者都是具有一定物流管理理論素養和實踐經驗的學者、物流雙導師（理論+實踐）、CLO（物流總監）、企業家或MBA學生，這批人的勞務報酬價格在中國人才市場上比較高。而且，一個優秀的物流案例需要反覆修改，由於企業物流案例的專業性特別強，花費的時間也是相當長的，這也導致企業物流案例採編成本的上升。據北大案例中心前幾年測算（以2003年價格測算），一個優秀企業案例的成本至少在1萬元人民幣左右。清華大學案例中心向全國招標的付費標準是按1千字1千元支付，即一個長度在1萬字左右的案例需要支付作者1萬元人民幣。而這樣的案例開發成本是中國絕大多數商學院所無法承受的。

其次，企業物流業務數據難以採集。物流管理案例的寫作一定要得到現代企業物流經營活動主體的配合，才能保證物流案例的真實性。一般情況下，企業需要提供關於市場、生產、銷售、物流、財務、人員配置、組織結構等數據，還要接受相關調研人員的訪談。但是在國內，真正願意公開自己真實情況、接受客觀案例寫作的企業數量還不多。企業常常是出於宣傳的考慮才接受案例採編。由於企業對專業化物流管理案例理解的錯位，一些物流企業把物流管理案例採編當成了做軟廣告的一種促銷手段，不願意透露企業物流管理中存在的矛盾和問題。有的物流企業對物流管理案例的採編根本不信任也沒有引起足夠的重視，即使有物流業務數據的掩飾手段，企業也不願意透露其相關的商業數據，這使得目前物流管理或企業物流業務活動編輯的案例看起來缺乏鮮活力。

最後，在管理學門類中，根本就沒有建立覆蓋物流管理學科專業的案例庫。由於缺乏物流類專業案例開發和提供機構，不僅導致物流管理案例的覆蓋性和系統性較差，而且由於物流管理案例應用程度不高，案例得不到物流教學和市場檢驗，使案例不能得到及時的更新，易失去時效性和應用性。並且，國內目前使用的企業物流或物流企業案例許多是直接採用報刊等新聞媒體或傳記文學描述的內容，缺乏對企業物流管理、物流系統、物流體制和物流管理模式等過程的專業性審視和洞察，從原始材料的選樣就已經偏離或基本偏離企業物流管理的視覺，更難以進行深入的物流專業化系統分析與設計。

（2）中國高校商學院涉及物流案例教學與研究的定位不同。中國高等教育的商學院主要分為綜合性大學、理工科類院校、財經類院校商學院三種類型，在層次上存在

比較大的差異，這就導致各商學院的定位不同，辦學特色迥異。就涉及物流類案例教學與研究的定位而言，研究型大學的商學院以培養研究生為主，以較多的研究成果領先，且其研究成果影響較大。教學研究型大學的商學院本科生與研究生比例基本持平，研究成果有一定影響。教學型大學的商學院或商科類院校則以培養本科生為主。相對來說，研究型大學的商學院對於案例教學的重視程度往往不如研究教學並重型大學的商學院，研究型大學的商學院對案例庫建設的資金投入往往很有限，教師多將時間和精力花在學術研究和論文的撰寫上，而不是用於物流類專業案例編寫和對物流管理案例教學法的學習和提高。

另外，從各個大學的商學院綜合實力來看，實力較差的商學院即使認識到物流管理案例教學的重要性，也沒有能力建設其案例庫和強化教師重視物流案例採編和提高物流管理案例教學水準。而實力較強的商學院，則往往由於學院的固有優勢而缺乏對物流管理案例教學重要性的認識，從而對物流管理案例教學的重視和推動都遠遠不夠，導致物流管理案例庫的建設在高校物流類專業的教學與研究中未得到全面普及。

（3）物流類專業師資的案例教學研究水準。一個好的從事物流管理學科專業教學研究的老師不但要對物流理論有深入的研究，還要具備一定的企業物流經驗或敏銳的企業物流管理視覺，比如經常深入企業做物流市場調研與預測，做企業物流諮詢與分析或者擔任物流企業獨立董事等。而且，教師講授物流管理案例內容時要能成為一個很好的課堂組織者，調動學生進行充分的思考和討論，把學生腦中的想法和創意「激發」出來。但是，由於國內物流管理教育興起的時間不長，師資隊伍仍然習慣於傳統的「照本宣科」式的授課模式，要真正適應物流專業案例教學方式還需要時間。國內教師不熟悉物流案例教學方法，從客觀上看有兩個方面的原因：一方面是由於物流管理案例在中國尚處於起步階段，所有的物流學科及其相關專業的研究學者都在摸索中前進，沒有形成完整的物流管理案例研究理論體系和培訓體系；另一方面是由於大部分講授物流管理專業課程的教師缺乏企業物流實踐操作經驗，對物流企業內部和外部物流管理運作的理解仍然限於書本知識，因此也很難有效地運用案例教學模式。

國內師資在物流案例教學方面存在教師對物流管理案例採編和案例教學方面的參與度不夠的問題。物流管理案例教學的調查結果顯示，學生期望的案例教學比例和課程實際使用比例存在顯著差距。同時，教師參與度不夠造成案例的代表性、針對性不強，與課程連接不緊密。教師參與度不夠的原因主要是教師在主觀上應用物流管理案例教學法的動力不足。導致教師動力不足的原因主要有以下三個方面：

首先，由於編寫的物流管理案例及其物流案例研究報告的科研成果性意義不太顯著，對職稱評定的學術性界定意見不統一，教師更願意花時間去做學術研究和發表論文而不是過多參與物流專業性案例採編。其次，目前國內物流管理教育學界對教師的考核激勵體系還不健全，對課堂案例教學的重視程度不一，教師上課質量的好壞與收入、職稱關係不大。最後，教師是否參與本學科專業的管理案例採編及其教學的質量與各個商學院所倡導的辦學思想也有一定關係。

（4）學生對物流管理案例本身的興趣程度。學生在物流管理學科專業的基本素養、對物流案例的熟悉程度和課堂參與度是影響物流管理案例教學課堂效果的重要因素。由於中國幾十年的傳統教育方式，使很多學生養成了被動接受知識的學習習慣，對案例學習研究方法比較陌生甚至接受難度較大。在物流管理專業學習的學生大多不知道

如何進行案例的課前準備，在小組和課堂討論中表現得消極被動，一些學生課前沒有花足夠的時間閱讀分析案例資料和學習相關理論，在課堂上無法很好地參與到討論中去，或者不習慣當眾發表自己的見解，這些都導致案例教學效果不佳。[10]

1.3.3.2 具體對策

（1）完善物流管理專業案例研究體系，整合物流系統功能。在物流案例教學過程中，物流管理專業課程體系和理論與實踐教學環節都應體現。樹立現代教育思想，即以學生為中心，圍繞學生求學和就業的需要，培養學生的主體意識以及多方面的知識、能力和素質。物流管理學本身就是一門專業性、系統性強的學科，通過向學生講授現代物流管理的基本原理、物流理念、物流管理的職能及其在具體實踐中的應用，把物流學科理論的學習融入對經濟活動實踐的研究和認識之中。因此，緊密聯繫實際，把引進物流管理案例的教學與研究方法加以系統化，使物流管理案例研究的各個環節相輔相成。

（2）提出物流案例教學與研究啓迪思維的過程。在用物流案例討論之前要提前確定討論的核心主題，對物流管理案例教學目標、案例中的難點和重點等進行分析，對案例進行反覆揣摩，確認哪些信息至關重要？解決物流問題的方法有哪些？什麼樣的物流決策最適宜？應制訂怎樣的物流實施計劃？什麼時候將計劃付諸行動以及如何行動？如何進行整體評價？預測學生對物流案例可能的反應，如他們會怎樣看待物流案例中提出的具體問題？是否會提出一些物流管理思想和觀點？對於他們的反應你將如何應答？此外還應包括學生的結論或主張為什麼存在差異的分析。根據以上分析，制訂課堂討論計劃，包括怎樣開始討論，如何組織案例教學與研究，遵循怎樣的邏輯程序進行，如何對物流管理業務分析過程進行控制以及如何編寫專業性、規範性的案例討論教案等。

（3）明確物流管理案例開發與設計中的主題性。在物流管理案例教學與研究之前，要求學生主動瞭解案例背景知識，熟悉案例討論流程以及事先對物流案例中的問題提前進行思考並能提出問題和相應的解決方案，以便在課堂上開展物流案例分析的時候能有序地參與。物流管理案例教學與研究以自學為主，讓學生成為課堂教學與研究的主體，當然也會有相當多的學生可能會無所適從。所以，必須通過教師的引導，讓他們知道怎樣學習案例，怎樣為物流案例課題做準備，為解決這些問題應掌握哪些物流專業知識，以便學生認準自己的角色，找準位置，積極參與其中。

在物流案例開發與設計中，針對一些研究過程中出現的物流系統環節脫節的問題，建議在開展案例討論之前就告知學生案例分析的每一個步驟，嚴格按步驟進行，並且這些步驟應與教師的案例討論教案一致。在案例研究中，當案例偏離主題或即將與前一研究環節脫節時，教師有必要提醒學生案例研究的主題是什麼，引導學生按照案例討論程序進行。在物流案例的總結環節中必須注重學生的信息反饋，分析學生在教學過程中是否解決了物流案例中反應的所有問題，解決問題的種種可能性及障礙是否被學生充分預見到了，物流管理案例提出的教學目的是否已達到，案例選擇是否恰當以及哪些方面仍需改進，以便為後續的課堂教學提供借鑑，使物流案例教學教案不斷充實和提高。

（4）選擇符合物流管理不同層級需求的案例。物流管理案例教學與研究的本質在於以學生為主體，對物流案例背景、問題及其解決方案進行設計、分析、討論，所以對

案例的選擇非常重要。物流管理案例的選擇有其本質要求。由於案例分析的主角是學生，他們缺乏對社會環境的瞭解，故案例選擇更要慎重。一個好的案例能引發學生的興趣和激烈的辯論，能引導學生對案例的深入分析和探討。

首先，精心選擇國內典型的企業物流案例和國外有價值的物流管理案例。結合中國流通體制改革和物流管理運行機制過程中出現的各種成功經驗和典型事例，精心選擇與中國國情相符的物流管理案例，只有從物流運行的實際出發的案例才能更好地分析中國企業物流管理及發展中可能出現的問題。國外如美國、日本等物流管理研究的案例對中國案例教學也有重要的借鑑作用，在選擇國外物流管理案例研究的時候，應當使所選案例既與理論知識相吻合，又能在中國現實實踐環境中找到類似的參考模式。

其次，物流管理案例研究要與學生掌握的專業知識能力相適應。學生是案例教學的主角，物流管理案例教學中學生主要是依靠自己掌握的知識結構去分析問題、解決問題。因此，與學生掌握的知識結構體系相適應的案例有助於提高學生學習的積極性，使其更好地參與到物流管理案例教學與研究的環節當中。

教師們在開發物流管理專業課程的案例教學方面投入的精力與業績產出效果常常不明顯。如果沒有健全的激勵措施，願意嘗試案例教學與研究的教師的積極性並不會高，這也是物流管理專業案例推廣中採用案例教學的比例偏少的深層原因。因此，有必要通過建立完善的案例教學評價體系，鼓勵和調動教師在增強物流管理實踐的基礎上，主動創造和學習新型的物流案例與實踐教學方式。另外，在對學生的激勵方面，教師可以實施考核制度來激勵學生對物流案例進行討論、交流，提高學生學習的積極性。明確物流管理案例教學的宗旨不是傳授「最終真理」，而是通過具體的物流案例的討論激發學生的創造潛能。物流管理專業教學的重點不在於能不能得出正確的答案，而在於能否培養學生在分析案例過程中明辨是非，熟練掌握物流基本知識，從而達到較好的案例教學效果。在其過程中教師應引導學生發揮主觀能動性，以實戰性物流案例中的「身分」去觀察與思考案例中的問題，針對物流案例提供的資料充分思考，並分組對物流案例進行討論和交流，有利於學生發現自己在案例分析時的不足，有利於培養學生全面看問題的意識，也有利於培養學生的團隊意識。學生通過對物流管理案例的研究、探討，廣泛地接觸了物流企業經營管理的業務範疇，學到了物流管理學的基本知識，培養了分析和判斷問題的能力以及運用所學知識處理現實中具體而又複雜問題的能力。

最後，物流管理案例應有時效性，要適應各種不同因素的環境變化。物流管理學開發的案例一般是來自於對企業物流管理實踐的總結。由於這些物流案例都是為了解決某一具體的企業物流實際問題而從實踐中採集來的，雖然其表達的物流管理原理和要領或許是正確的，但是這些物流案例很容易隨著時間、企業發展規模和物流體制變革的推移而過時。只有所選擇的案例具有時效性，與業界同步，才能使學生更好地理解和掌握物流管理案例的精髓。此外，很多學校已建立自己的物流與供應鏈管理案例庫，案例庫的建設與管理加強了學校與社會間的溝通和交流，同時也為案例教學提供了大量的素材。為了保證案例具有時效性，學校物流與供應鏈管理案例庫的開發與管理必須緊跟時代的步伐，定期搜集當今最熱點的和最具研究價值的物流管理案例，經常更新案例庫中的資料。同時還可以針對企業物流發展水準和實際的需求搜集某一物流

研究領域具有代表性特徵的物流案例，特別是涉及一些國外新型產業發展物流案例的搜集，對中國物流管理學科專業的建設與發展具有很好的推動作用。

（5）教師應選擇形式多樣的物流案例教學模式。盡可能利用物流系統規劃實驗室，採用多媒體教學，使教學生動形象，也符合現代物流案例教學的特點，即圖文並茂，形象互動。教師在教學中可選擇有突出代表性的物流案例，讓學生通過現代化網絡視頻觀看並分析討論。組織學生開展物流系統模塊的案例討論教學，這種教學組織方法是把每次教學的時間分為前後兩部分，前一部分教學講解本案例涉及的基本理論知識和基本概念，為後面案例教學打下理論基礎。後部分用於物流案例的分析和討論，教師在課前將案例材料發給學生讓其做好課前準備，如以 PPT 形式的討論材料等，可以作為課後教師檢查作業、評定學生成績的依據。另外，教師指導案例討論的方式可以分為「硬指導型」和「軟指導型」。「硬指導型」主要針對較複雜的物流案例，教師在課堂討論時已經給學生提供一個分析問題的基本框架，然後發動學生從案例中逐一完成內容的分析和填充，其目的在於對某類問題進行更深入的思考，也可以使學生調整視角，從而更全面關注案例中其他方面的問題。「軟指導型」則不用提供基本框架，更多地督促學生採用不同形式的參與方式，使學生都有展示觀點的機會，由他們提出解決問題的方案或方法，並傾聽瞭解其他人的不同觀點。對於前者的提問方式主要有：「本案例中問題的癥結在哪裡？」或「你認為案例中管理者下一步應該做什麼？」對於後者的提問方式是：「對於這個案例，談談你的看法」或「如果你是案例中的決策者，你將會怎麼做？」討論的開展有賴於學生的積極參與，而學生積極參與又有賴於教師指導下的民主、自由和活潑的課堂氣氛。具體採用哪種討論方式，教師應依據所討論案例的性質和課堂需要而定。通過典型示範引導、逼真的模擬訓練過程，拓展了學生的思維，又能培養其創新精神，進一步提高學生思考和解決問題的能力。[11]

1.4　物流管理案例教學與研究的發展趨勢

雖然目前物流管理案例教學與研究在中國的發展還面臨著一些問題，無論是物流案例教學與研究的比重，還是物流案例教學與研究的質量，都無法滿足日益增長的物流管理專業教育的需求，但是中國物流管理教育的發展僅 10 年左右，無論從世界物流管理教育的發展歷史，還是從中國目前物流管理教育市場不斷增長的需求來看，當前物流管理案例教學與研究的發展前景都將是十分廣闊的。而物流管理專業作為當今工商管理學科的重要組成部分之一，其發展前景也是值得期待的。

從物流實踐來看，20 世紀 80 年代後期隨著信息技術、電子商務和物流軟件的發展日益加快，進而更加推動了現代物流實踐的發展，這其中的代表是 EDI 的運用與專家系統的利用。EDI 是計算機之間不需要任何書面信息媒介或人力的介入，是一種構造化、標準化的信息傳遞方法。這種信息傳遞不僅提高了傳遞效率和信息的正確性，而且帶來了交易方式的變革，為物流向縱深化發展帶來了契機。此外，電子商務與現代物流、專家決策支持系統和物流信息化的推廣也為物流管理提高了整體效果，現代物流為了保障效率和效果，一方面通過 POS 系統、條形碼、Internet、EDI 等收集、傳遞信息，另一方面利用專家信息系統使物流戰略決策實現最優化，從而共同實現商品附

加價值。

1.4.1 國外實踐證明，物流管理案例開發有著廣闊的發展前景

從國外物流管理教育發展歷史來看，物流管理案例教學與研究極大地促進了物流學科專業教育的發展，同時其自身也在不斷完善和發展。開展物流管理案例教育是物流管理專業常態性的綜合運用理論與實踐相結合的主導形式。物流管理本科專業培養目標就是培養具備管理、經濟、電子商務及物流管理方面的知識和能力，具備紮實的人文數理知識基礎、較高經濟管理理論水準、較強的外語和計算機應用能力，掌握現代管理理論和方法，受過物流管理系統教育訓練，能在企事業單位及政府部門從事物流管理及教學和科研工作方向的應用型高級專門人才。其案例教學的本質是理論與實踐相結合的互動式教學。物流案例教學的優點就是在真實的情況下，幫助激發學生們的主動行為，讓學生們從被動地吸收物流專業知識的角色中擺脫出來，從而幫助學生學會獨立思考和培養果斷決策的能力。從20世紀50年代開始，物流管理案例教學與研究就已經遍及世界各國，影響深遠。

1.4.2 物流管理案例研究涉及的物流作業目標

企業物流的作業目標與企業的總體目標是相一致的，在設計和運行企業物流時，必須實現企業的物流作業目標。

1.4.2.1 快速反應

快速反應是關係到一個企業能否及時滿足顧客的服務需求的能力。信息技術的提高為企業創造了在最短的時間內完成物流作業並盡快交付的條件。快速反應的能力把作業的重點從預測轉移到以裝運和裝運方式對顧客的要求作出反應上來。例如使用電話、傳真、電子商務訂貨以減少訂單處理的時間；使用信息系統，快速制訂配車計劃從而及時完成配送作業等。

1.4.2.2 最小變異

變異是指破壞物流系統表現的任何想像不到的事件。它可以產生於任何一個領域的物流作業，如顧客收到訂貨的期望時間延遲、製造中發生意想不到的損壞以及貨物到達顧客所在地時發現受損或者把貨物交付到不正確的地點等。所有這一切都使物流作業時間遭到破壞。物流系統的所有作業領域都可能出現潛在的變異。減少變異直接關係到企業的內部物流作業和外部物流作業的順利完成。在充分發揮信息作用的前提下，採取積極的物流控制手段可以把這些風險減少到最低限度，可以提高物流的生產率。因此，整個物流的基本目標是要使變異減少到最低限度。

1.4.2.3 最低庫存

最低庫存的目標涉及企業資金負擔和物資週轉速度問題。企業物流系統中，在保證供應的前提下提高週轉率，就意味著庫存占用的資金得到了有效的利用。因此，保持最低庫存的目標是把庫存減少到和顧客服務目標相一致的最低水準，以實現最低的物流總成本。「零庫存」是企業物流的理想目標。伴隨著「零庫存」目標的接近與實現，物流作業的其他缺陷也會顯露出來。所以企業物流設計必須把資金占用和庫存週轉速度當成重點來控制和管理。

1.4.2.4 物流質量

企業物流目標是要尋求持續、不斷地提高物流質量。全面質量管理要求企業物流無論是對產品質量，還是對物流服務質量都要做得更好。如果一個產品變得有缺陷，或者對各種服務承諾沒有履行，那麼物流費用就會增加。因為物流費用一旦支出，便無法收回，甚至還要重新支出。物流本身必須執行所需要的質量標準，包括流轉質量和業務質量標準。如對物流數量、質量、時間、地點的正確性評價。隨著物流全球化、信息技術、物流自動化水準的提高，物流管理所面臨的是「零缺陷」的高要求，這種企業物流在質量上的挑戰強化了物流的作業目標。

1.4.2.5 產品生命週期不同階段的物流目標

產品生命週期由引入、成長、成熟和衰退四個階段組成。面對產品不同的生命同期，物流應採取怎樣的對策呢？

在新產品引入階段，要有高度的產品可得性和物流的靈活性。在制訂新產品的物流支持計劃時，必須要充分考慮到顧客隨時可以獲得產品的及時性和企業迅速而準確的供貨能力。在此關鍵期間，如果存貨短缺或配送不穩定，就有可能抵消物流戰略所取得的成果。因此，此階段物流費用是較高的。

在產品生命週期的成長階段，產品取得了一定程度的市場認可，銷售量驟增，物流活動的重點從不惜代價提供所需服務轉變為平衡的服務和成本績效。處於成長週期的企業具有最大的機會去設計物流作業並獲取物流利潤；此階段銷售利潤渠道是按不斷增長的銷量來出售產品。只要顧客願意照價付款，幾乎任何水準的物流服務都可以實現。

成熟期階段具有激烈競爭的特點，物流活動會變得具有高度的競爭性，而競爭對手之間會調整自己的基本服務承諾，以提供獨特的服務，來獲得顧客的青睞。為了能在產品週期的承受階段調整多重銷售渠道，許多企業採用建立配送倉庫網絡的方法，以滿足來自不同渠道的各種服務需求。在這種多渠道的物流條件下，遞送任何一個地點的產品流量都比較小，並需要為特殊顧客提供特殊服務。可見，成熟階段的競爭狀況增加了物流活動的複雜性和作業要求的靈活性。

當一種產品進入完全衰退階段時，企業所面臨的抉擇是在低價出售產品或繼續有限配送等可選擇方案之間進行平衡。於是企業一方面將物流活動定位於繼續相應的遞送活動，另一方面要最大限度地降低物流風險。兩者中，後者相對顯得更重要。

1.4.3 中國物流管理教育的巨大市場需求，將推動物流管理案例的發展

20世紀90年代以來，隨著中國工商管理教育，特別是MBA教育的蓬勃興起以及以哈佛商學院為代表的歐美商學院對中國管理教育市場的培育開發，案例教學在中國受到高度關注。國內的許多院校教師和學者在學習和熟悉國外案例教學方法的基礎上，結合中國國情，對案例的編寫和教學方法均進行了有益的探索和改進。一部分商學院開始致力於中國本土案例庫的建設，各種類型的管理教育機構諸如：商學院、培訓公司、出版社紛紛推出案例教學班，案例培訓講座，積極探討案例教學模式，市場上也隨處可見各種形式的案例參考書籍。

1.4.4 加強案例庫的建設將有力促進物流管理案例教學的發展

隨著學員和教師對案例教學的認識不斷提高，商學院對案例教學的重視程度加大，中國自己的案例庫將成為物流管理案例教學的重要推動力量。世界上有三個較具規模的案例庫：哈佛案例庫、加拿大毅偉商學院案例庫和歐洲案例交流中心。這三個案例庫，尤其是哈佛案例庫，在英文工商管理教育領域已經形成一統天下的局面，健全的法律制度也使其有穩定的收入得以持續建設案例庫。案例庫建設對物流案例教學的推動作用在美國等管理教育發展比較早的國家已得到了很好的印證。案例庫建設的必要性和特殊性已經受到國內各高校的重視，一些本土案例庫已經初具規模。與國外一流案例庫相比，目前中國商學院案例庫建設還剛剛起步，好的本土案例的累積還遠遠不夠，相關物流管理專業的案例庫更是鳳毛麟角。但我們相信，由於中國管理教育市場的巨大需求和中國高等教育具有的良好潛質學生群體，將會迅速推動國家教育部門和商學院對案例教學的重視和投入，調動教師的積極性，克服資金不足、企業不理解等困難，建設中國的管理案例庫，採編中國本土企業物流管理案例，從而推動中國案例教學的開展，促進中國管理教育的進步，進而推進物流管理專業的蓬勃發展。[12]

參考文獻

[1]、[6] 傅永剛，王淑娟. 管理教育中的案例教學法 [M]. 大連：大連理工大學出版社，2008.

[2] 顧央青. 案例教學法在高職物流專業教學教學中的應用 [J]. 中國電力教育，2009（135）.

[3] 夏文匯. 現代物流管理（第2版）[M]. 重慶：重慶大學出版社，2008.

[4]、[8] 陳建軍. 案例教學在現代物流教學上的應用 [J]. 攀枝花學院學報，2006（10）.

[5] 黃衛國. 物流管理專業案例教學探討 [J]. 教學方法，2009（1）.

[7]、[10]、[12] 何志毅. 中國管理案例教學現狀調查與分析 [J]. 經濟與管理研究，2002（6）.

[9] 李憲印. 案例教學法及其在管理學教學中的應用 [J]. 教學研究，2005（31）.

[11] 李浩，唐珊珊. 高校「管理學」案例教學中的問題與對策 [J]. 航海教育研究，2009（2）.

第 2 章
打造長江上游現代物流樞紐城市——以重慶為例

2.1 案例引言

　　1997 年重慶直轄十多年來，特別是中央實施西部大開發戰略以來，重慶建設長江上游金融中心、商貿中心、科教文化資訊中心、交通通信樞紐以及高新技術產業基地的步伐加快，重慶已在商貿流通、製造、金融等方面成為區域性的中心，重慶經濟迅猛發展，城市面貌日新月異。2007 年，胡錦濤總書記對重慶發展作出了「314」總體戰略部署（見章後名詞解釋），明確提出重慶是中國重要的中心城市，加快把重慶建設成為長江上游地區的經濟中心、西部地區重要增長極、建設城鄉統籌的直轄市，引領和帶動長江上游及西部地區特別是西南廣大內陸地區的協調發展，是新時期重慶肩負的重大歷史使命。2008 年 7 月 20 日，「宜居重慶、暢通重慶、森林重慶、平安重慶、健康重慶」即「五個重慶」，作為重慶發展的新目標、新追求，首次在中共重慶市委員會第三屆三次全會上濃墨重彩地提出，成為重慶的重大戰略決策。2009 年 3 月 10 日，國務院發佈了《物流業調整和振興規劃》，這是中國第一個物流業專項規劃，把物流業列入十大重點產業調整振興規劃，實際上也就成為一攬子計劃的一個組成部分，是發揮物流業基礎性作用、落實宏觀經濟政策的重要手段。《物流業調整和振興規劃》確定了 21 個全國性物流節點城市和 17 個區域性物流節點城市，其中把重慶列為全國性物流節點城市，對於促進重慶市物流業的發展起到極大的推動作用。2009 年 9 月 14 日，重慶市政府第 49 次常務會議通過了《重慶市人民政府認真貫徹國家物流業調整和振興規劃的實施意見》，要以「一江兩翼三洋」（見章後名詞解釋）國際物流大通道戰略為主線，建設多層級物流基礎設施網絡，培育壯大物流企業，促進重慶物流業調整和振興，建設「三基地四港區」國家級綜合物流樞紐平臺、西部地區外貿物流高地、西部地區多式聯運主樞紐和西部地區綜合物流服務基地。

　　根據國家對重慶市發展的要求，重慶正致力於打造內陸開放型高地，重慶將在 2020 年前建設成為長江上游的經濟中心和綜合交通樞紐，並成為全國重點發展的九大物流區域性中心城市和全國性物流節點城市。地處內陸的重慶如何才能打造成為中國西部現代物流中心、成為中國的物流領先城市？重慶離現代物流樞紐城市還有多遠？以下僅作簡要介紹：

2.2 重慶市物流業發展的總體現狀

現代物流業在重慶正步入快速、健康和全面發展的新時期,對重慶優化資源配置、降低綜合營運成本、吸引投資興業、提高重慶城市綜合競爭力和創新能力、提升重慶國際化水準起到了重要的促進和保障作用。

2.2.1 物流業成為經濟的重要增長點

2006 年,重慶實現物流增加值 252 億元,占全市 GDP 的 7.2%;重慶市 2007 年 GDP 總值 4,111.82 億元,物流產值占 GDP 總值的 6.8%,為 279.6 億元人民幣;2009 年重慶 GDP 增速達到 14.9%,總額超過 5,856 億元;預計未來十年,物流增值將年均增長 18.3%,到 2020 年占全市 GDP 的 13.5%,達 2,700 億元。截至 2006 年統計資料顯示,重慶市約有 500 餘家註冊的物流企業。按經營主業劃分:綜合服務型物流企業占 45.8%,運輸型物流企業占 20.8%,倉儲型物流企業占 33.4%;按第一、第二和第三方物流劃分:第一、第二方物流占 58.3%,第三方物流占 41.6%。民營物流企業也出現了較快的增長勢頭。

2.2.2 商貿流通總體發展勢頭較好

重慶市商貿流通總體發展勢頭較好。與前幾年相比,連鎖經營的企業規模快速擴張,以連鎖經營為主要標誌的現代流通發展態勢較好。據 2006 年 1~9 月份的統計資料顯示,全市限額以上批發零售企業實現商品銷售總額 951.4 億元,增長 16%,占全市商品銷售總額的 43%,市商委重點聯繫的 10 大流通企業實現銷售總額 465.25 億元,同比增長 21%。全市大型流通企業成為推動商貿流通產業發展的主導力量。全市排名前十位的大型連鎖企業同比增長在 30% 以上,占連鎖企業銷售總額的比重在 80% 以上。

2.2.3 國內外知名物流企業快速增長,本地物流企業實力不濟

重慶作為老工業基地和裝備製造業基地,是西部迎接產業梯度轉移的「橋頭堡」,重慶龐大的製造業體系和外向型經濟格局為重慶物流業的發展奠定了堅實的產業基礎。以水、空兩港為「龍頭」的物流發展迅速,東部製造企業的西遷,國際知名企業紛紛落戶重慶,繁榮了本地製造業,也營造了巨大的物流需求市場,吸引了中國遠洋、中國海洋、中鐵快運、中國集裝箱、中國倉儲、香港招商局物流、香港東方海外、美國普洛斯、美國聯合包裹、荷蘭馬士基、新加坡東方海皇、韓國韓進等國內外知名物流企業搶灘重慶。

目前重慶現有物流企業 800 多家,規模小,物流服務的準確性與及時性差,物流的社會化、市場化程度也較低,物流市場低水準供應能力過剩與高水準供應能力不足相矛盾,其真正意義上的外資第三方物流企業基本屬於空白,國有大型物流企業還處在發展階段,外資、國有、民營物流企業三足鼎立之勢還未形成,本地物流企業總體呈現弱、小、散的格局。在機會面前,外資物流企業搶灘重慶物流市場,規模化、效益化決定了現代物流企業的單位營運成本及核心競爭能力,而重慶本地物流企業服務

項目少、系統化、標準化、專業化、一體化的現代物流體系還沒有形成，不少可口的「蛋糕」只能讓給國外物流巨頭，明顯處於實力不濟的尷尬境地。

2.2.4 區域物流節點城市地位基本確立

物流需求主體由產業物流、商貿物流和中轉物流組成。重慶直轄以來經濟快速發展，交通等各種軟硬件條件也得到了巨大改善，交通銜接便利，物流營運環境通暢，經濟活動頻繁，區域物流活躍，專業化、特色化、網絡化的大型連鎖零售商業體系、專業市場和批發中心十分發達，區域物流及市域配送物流體系逐步完善。國際著名商家和物流企業，如沃爾瑪、家樂福等公司在重慶市建立專業化、社會化大型配送中心、採購中心、購物中心，形成現代化的配送服務體系，確定了重慶區域物流節點城市的地位。

2.2.5 工業園區、物流園區建設順利推進，園區產業集聚效應日益明顯

按照「統一規劃、統籌安排、整體佈局、重點推進、功能合理、政策配套」的原則，重慶市規劃建設三十個特色工業園區、三個樞紐性物流園區和八大綜合物流基地，通過園區的集聚效應和有關政策扶持，培育了一批重點物流企業，國內外知名企業紛紛在園區投資興業，物流園區的產業集聚效應日益凸顯。

大力發展和建設物流園區對促進經濟增長、實現流通產業現代化轉變具有重要意義。重慶現代物流的發展趨勢將是以大型綜合物流園區或物流基地、物流中心為主樞紐，以一大批中小物流企業為子節點的物流網絡體系，形成高效、快捷、優質、安全、優化的社會物流總供應鏈。

2.2.6 物流產業配套政策體系、物流公共信息平臺建設亟待完善

完善物流產業配套政策體系、搭建物流公共信息平臺、整合物流業各子系統、實現信息資源共享、加快信息化建設、開展航運連接、貿易申報和所有權登記（Title Registry）等服務是加快重慶市物流業調整與振興的重要途徑，對提高供應鏈管理效率具有重要作用，對於重慶建設西部地區物流中心、國際貿易大通道和長江上游現代物流樞紐城市具有十分重要的意義。重慶尚未形成自上而下、統一規範的物流信息平臺發展格局，物流信息平臺建設處於自發和無序狀態，亟須解決統一標準、預留接口等問題；重慶市政府正積極吸納各方經驗和智慧，全力推進物流產業配套政策體系、物流公共信息平臺建設規劃研究工作。

新加坡是國際物流重要節點，物流信息化水準處於國際領先地位，新加坡勁升邏輯是新加坡物流信息服務的主要供應商，在電子政務、口岸物流與電子通關、供應鏈管理、電子貿易等領域擁有領先全球的技術和業績。2009年8月25日，新加坡勁升邏輯有限公司專程來重慶市發展改革委研討物流公共信息平臺建設，勁升邏輯表示將密切關注重慶發展，積極為重慶物流公共信息平臺規劃建設提供諮詢服務，希望在此基礎上與重慶開展進一步合作。

2.2.7 物流技術、物流人才相對匱乏

物流人才培育是一個系統工程，涉及政府部門、大專院校、企業和社會培訓機構

等，是一個包括學歷教育、職業資格教育、在職培訓在內的多層次人才培養體系。物流人才供需嚴重失衡，物流技術與設備水準低下的狀況與現代物流業對技術的高要求相矛盾，低層次傳統物流人才過剩與高層次現代物流人才緊缺相矛盾，物流研究相對落後和物流專業人才短缺，導致物流人才不能及時注入新鮮血液，已經構成中國物流產業發展的巨大障礙。

相比較而言，地處內陸西部的重慶，在吸引資源和人才方面有著客觀的相對區位劣勢：重慶雖然擁有 1,000 多家科研機構、34 所高等院校、60 多萬科技人員，科技教育力量相對雄厚，人才相對富集，但沒有像中科院分支機構這樣的大院大所，沒有「叫板」科技的大資本，從事物流專項研究的機構還很少，企業層面的研究和投入更微乎其微。物流教育水準不高，主要表現在缺乏規範的物流人才培育途徑，與物流相關的大學本科教育雖有開展，研究生教育也已起步，但多數只注重理論基礎；物流職業教育則更加貧乏，職業培訓及上崗資格培訓沒能普遍、有效地開展，企業的短期培訓仍然是目前物流培訓的主要方式。

2.2.8　面臨周邊城市，港口快速崛起的威脅

重慶市地理區位獨特、優勢明顯，但港口航道也易受洪水、枯水和堵塞的影響；沿江鐵路和省際高速公路大通道的建設，完善了重慶建設長江上游現代物流樞紐城市的交通網絡，但同時也散失了重慶的相當部分客貨資源。綜合分析重慶周邊城市港口的發展現狀，重慶建設現代物流樞紐城市面臨著瀘州港將在川渝集裝箱運輸領域占據一席之地、宜昌港可能成為長江三峽航運多式聯運中轉中心、成都即將建成亞洲最大的鐵路集裝箱中心站等諸多威脅。

2.3　重慶打造物流樞紐城市的條件

2.3.1　現代物流與物流樞紐城市的基本概念

2.3.1.1　現代物流的概念與特徵

物流業縱貫商品生產、流通和消費各個環節，橫跨國民經濟各個產業，是衡量一個國家現代化水準與綜合國力的重要標誌。現代物流運用信息技術和供應鏈管理手段對分散的運輸、儲存、裝卸、搬運、包裝、流通加工、配送、信息處理等基本功能進行系統整合和優化，實施一體化、專業化運作，達到降低成本、提高效率、優化服務的目的。

現代物流業是經濟全球化、信息網絡化、製造業精益化、流通業連鎖化及居民消費個性化的必然產物，現代物流是一種先進的組織方式和管理技術，是企業在降低物資消耗、提高勞動生產率以外的「第三利潤源泉」，在國民經濟和社會發展中發揮著重要的作用。現代物流業具有物流過程一體化、物流技術專業化、物流管理信息化、物流服務社會化、物流活動國際化等特徵。

2.3.1.2　現代物流樞紐城市的形成條件及特點

（1）交通運輸條件要流暢。發達的交通運輸網絡和便捷的交通運輸條件是建設物流樞紐城市的基礎，決定了該城市是一個地區或國家綜合交通運輸網絡的重要交通樞

紐城市。

（2）經濟區位優勢要明顯。物流樞紐城市除了具有良好的地理區位外，還應該有強大的經濟實力和廣闊的經濟腹地，這決定了該城市是否是一個地區或國家的重要經濟中心城市。

（3）綜合服務體系要完善。建設物流樞紐城市離不開發達的信息、金融、代理、保險、仲裁、理賠等行業的支持，必須保證大規模物流、信息流和資金流能及時轉換，決定了該城市是一個地區或國家的重要金融中心或服務業中心。

（4）物流發展環境要協調。物流產業作為一個跨區域、跨行業、跨部門的基礎服務性產業，具有強大的經濟滲透作用，而現代物流的發展程度已經成為衡量一個地區產業化水準、城市化水準以及綜合競爭力的重要標誌，決定了建設物流樞紐、持續物流產業科學化發展離不開政府的積極支持、政策引導、配套服務和完善的法規體系。

（5）物流專業人才要培育。物流行業涉及採購、倉儲、運輸、包裝、配送、行銷、財務、管理、電子商務等，建設物流樞紐城市，物流業規模要大、水準要高，決定了該城市是一個地區或國家物流網絡中的重要節點，需要大量的綜合性物流人才。

現代物流樞紐城市是一個地區或國家的經濟中心、金融中心、物資集散中心，以其強大的綜合實力和博大的區域影響，在現代物流業發展、國民經濟與社會進步中具有舉足輕重的地位和作用，扮演著一個地區或國家領跑者的角色。

2.3.2 重慶建設現代物流樞紐城市的可行性條件

重慶市具有能夠提供綜合性、專業化、社會化、現代的物流服務體系的現實可行性條件，面臨著建設現代物流樞紐城市的極佳機遇。

2.3.2.1 獨特的自然地理條件

重慶區位優勢明顯，位於中國西南部，地處中國版圖的幾何中心，是承東啓西、南北溝通的結合部，也是撬動中國東、中、西三大經濟地帶的戰略支點；重慶市是中國西部最具投資潛力的特大城市，是中國政府實行西部大開發的重點開發地區。作為西部地區重要增長極、長江上游經濟中心城市和西部綜合交通樞紐，重慶可依託長江「黃金水道」，大力發展港口物流；依託各類口岸，大力發展口岸物流；依託水陸空立體化交通網絡，具備大力發展多式聯運的先天條件。

重慶市已經確立了現代物流發展的「383」戰略，即依託寸灘港建設以長江航運物流及多式聯運功能為核心的寸灘物流園，依託重慶鐵路集裝箱中心站建設以鐵路集裝箱運輸及多式聯運為核心的鐵路物流園以及空港物流園三大樞紐型物流園區。大力推進萬州、涪陵、長壽、大渡口—九龍坡、江津、永川、合川、黔江—秀山八大綜合型物流基地。打造物流網絡、物流信息、物流市場三大平臺。重慶市通過積極發展和創新多式聯運方式，擴大對外集疏運能力，可逐步重組東西部物質流動通道、可重構西部地區貨物出海通道、可整合泛亞通道的支線貨源，最終發展成為西部地區乃至全國重要的多式聯運中心。

2.3.2.2 堅實的物流基礎

重慶是中國西部唯一集水陸空運輸方式為一體的交通樞紐，橫貫中國大陸東西和縱穿南北的幾條鐵路幹線、高速公路幹線在重慶交匯，10,000噸級船隊可由長江溯江至重慶港，重慶江北國際機場是國家重點發展的幹線機場，重慶是中國西部電網的負

荷中心之一，煤炭、天然氣產量大，能源供應的保障程度高。

重慶高度重視交通運輸網絡的建設，通過交通基礎設施的大力投入，重慶市水陸空立體交通優勢得以充分顯現，基礎設施功能基本完備，各大型運輸節點的物流服務功能也正在完善，長江上游與西部地區的重要交通樞紐地位已經確立。重慶作為全國五大鐵路樞紐之一，將有9條鐵路融入全國鐵路網，重慶的物流園區可通過發達的鐵路網延伸到中國的各個角落，集裝箱運輸更能直達香港；而作為全國十大機場之一的江北機場，已開通130多條國內外航線，2010年旅客吞吐量為2,000萬人次、貨物吞吐量為30萬噸的西部空港口岸。作為長江上游最大港口，三峽工程竣工後，重慶可利用黃金水道直接通江達海，國際性深水碼頭已破土動工，今後萬噸級輪船可在重慶和上海之間實現直航。管道運輸方面，蘭渝輸油管道和漢渝輸氣管道已建成，緬—昆—渝油氣管道正在建設之中。

發達的交通運輸網絡是現代物流的最核心功能要素之一，根據重慶市「十一五」交通規劃，未來將形成「一樞紐十一干線一專線七支線」鐵路路網、「二環八射」高速公路網、萬噸船隊通行能力的長江黃金航道及港口群、國際一級口岸機場等立體交通格局。

2.3.2.3　創造巨大的物流需求

重慶作為老工業基地，不僅有發達的工業體系，還有廣闊的市場前景，作為西南最大的貿易口岸，其輻射面涵蓋西南、西北和華中十多個省區、近300個縣市。重慶市以其卓越的區位優勢，必將逐漸融入全球化產業分工鏈中，國內外大型企業將不斷落戶重慶，隨之而來的原材料、備品、配件的採購和產品銷售的範圍越來越大，產業鏈和供應鏈的延長，將對物流發展提出新的要求，物流需求將進一步增加，這為重慶市的物流發展帶來了新的活力和機遇。

重慶經濟持續快速增長，商貿流通業發展迅速，進出口貿易不斷擴大，建成了一批初具規模、在全國有較高知名度的批發市場，為現代物流業的發展提供了良好的環境條件。在經濟全球化和網絡經濟快速發展的推動下，重慶對傳統的交易方式也進行了創新，出現了網上交易、直達供貨和連鎖經營的新型交易方式，為現代物流業的發展提供了廣闊的市場空間。同時，全球範圍內的產業結構調整帶動了國際產業轉移，重慶市也正在充分利用全球產業結構調整的戰略機遇，承接國際產業轉移，利用國外的資金、技術和市場加速發展。承接國際產業轉移除了需要良好的工業基礎和投資載體以及具備產業配套優勢外，亟須建設完善的物流服務系統與之相適應。

近年來重慶市吸收外資持續高速增長，外源型經濟發展明顯加快，工業經濟規模迅速擴大，物流量大幅增長，加上腹地巨大的物流需求，物流業正在成為重慶市經濟社會發展的重要支撐和外商投資的熱點。美國通用、日本三菱、法國雷諾及國內的海爾、普天等知名企業紛紛入住重慶。自2004年以來，中國八大物流中心之一的西南物流中心已正式落戶重慶（共占地1,500餘畝，投資10億元，2010年建成，年貨物發送3億噸的單體口岸）。2006年，全球最大的「物流地產開發商」——美國普洛斯公司投資6,000萬美元，在經開區建立普洛斯重慶國際物流園。美國最大的百貨零售物流公司——新澤西公司，投資2億美元建立了「新型物流倉儲和貨運配送中心」。2009—2010年，惠普公司筆記本電腦生產基地、全球結算中心、國際物流配送中心在重慶大學城紛紛落成。依託外資打造出了重慶大學城西永物流高地。

2.3.2.4 案例評析：廣闊的經濟腹地

在西部大開發的背景下，穩健的增長態勢，決定了重慶物流產業在西部地區的巨大發展潛質。「西南片區」在能源、市場、教育、科技、對外貿易等方面都有優勢互補的區域合作資本，具有廣闊的經濟腹地。通過擴大開放、深化改革、加強聯合等措施推動「西南片區」成為中國內陸發展的增長極，聯手拓展可獲得更多的政策空間與發展空間，力爭實現交通、流通、融通等「三通」，培育萬億級戰略產業鏈，可為大西南物流業的發展提供充足的貨源。此外，憑藉重慶優越的區位優勢條件，通過發展多式聯運、拓展市場，借助寸灘保稅區的輻射影響，把物流業的腹地從西南進一步擴大到中部、東部乃至全國各地。

2.3.2.5 強大的經濟支持能力

重慶是中國老工業基地之一，工業基礎雄厚，門類齊全，綜合配套能力強，正著力壯大汽車摩托車、化工醫藥、建築建材、食品、旅遊五大支柱產業，加快發展以資訊工程、生物工程、環保工程為代表的高新技術產業。重慶應著力整合資源，在新的發展要求下探索能夠吸引並打造引領製造業和高新科技的領先產業的對策，在此基礎上大力發展為製造業服務的科技服務業，為打造產業的新競爭優勢和全球領先企業創造出更多的盈利空間和發展機會。

重慶國內生產總值、進出口貿易額、財政收入等多項經濟指標持續高速增長，走上了一條外向型、高速度、高效益、低通脹的良性發展道路。重慶經濟實力的增強，經濟增長速度的加快，必然會給重慶的物流運輸業派生或創造出更大的物流運輸需求。從綜合經濟實力來看，重慶市有能力為發展現代物流提供先進的物流裝備和配套服務，有能力支持現代物流樞紐城市的建設。

2.4 案例評析：需要討論的幾個主要問題

2.4.1 角色扮演

重慶市政府在行使好平衡、調節市場經濟運行中的各方利益，推動區域經濟合作，給企業發展創造寬鬆優質環境的政府職能的基礎上，在如何加強自主創新，從外延擴張轉向內涵提升、從以投資驅動為主轉向以創新驅動為主的跨越式發展階段轉型這一過程中應該扮演怎樣的角色？

2.4.1.1 服務型政府角色：繼續推進體制改革、政府管理創新，努力建設服務型政府

（1）在增加政府科技投入和融資物流產業基金的同時，繼續探索內陸城市的開放型發展模式，通過創新投入方式更有效地動員全社會的投入，通過科技創新促進重慶「蝶變」，讓創新驅動真正成為重慶經濟社會發展的根本戰略、政府決策的根本出發點和全社會的共識。

（2）政府要將物流產業發展與重慶的整體戰略規劃、基礎設施、投資及環保等工作有機結合起來，成立一個跨部門的權威組織來確保物流戰略的完整性和實施的連貫性。在做大做強優勢產業和培育物流領先企業的同時，政府要大力支持、鼓勵發展第三方物流，提倡打破行業、企業界限的物流聯合。

2.4.1.2 機制創新角色：積極探索，規劃重慶物流業合作的新途徑與新機制

（1）利用西部大開發的契機，創新區域物流發展模式，通過物流企業優勢互補，合作提供包括運輸、倉儲、裝卸、加工、包裝、配送及相關信息處理服務和有關諮詢業務、國內貨運代理業務在內的各項物流業務，共同探索、打造以「西三角」為腹地的供應鏈基地。

（2）完善物流協調機制，鼓勵社會企業參與重慶物流園區投資、開發、管理與營運；創新港口物流經營模式，重點加強以港口為依託的集裝箱運輸與臨港增值服務，打造長江上游航運中心；創新區港聯動模式，重點加強以機場為供應連結點的航空物流協作，大力推進內陸保稅區的建設與高效營運。

（3）重點開拓各類批發市場、採購中心、工業園區等與物流園區的物流合作新領域，為園區物流、商流、信息流提供支持服務的各類信息行業、貨運代理業、傳統物流服務業、第三方物流服務的現代物流行業等增值配套行業。

2.4.1.3 市場推廣角色：完善物流政策體系，開拓物流新業務

（1）鼓勵重慶物流企業以重慶為中心向全國輻射，大力開展多式聯運，推動重慶貨運腹地向中東部延伸。以國際化視野拓展物流業務，大力引進「航母型」物流企業來渝合作發展，做大國際貨代市場，做強一批骨幹型第三方物流企業，大力培育重慶物流品牌，促進重慶物流業的提升和整合。

（2）出抬港口產業體系發展政策，重點培育臨港工業、港口服務業和離岸業務，強化港口的產業功能，學習借鑑知名物流企業在管理模式、經營理念、作業技術規範以及物流標準化、市場信息、物流技術與應用等方面的先進經驗和成熟做法，提升重慶物流企業管理效率，改善物流作業流程，推進重慶港向長江上游最大的內河主樞紐港、效益型港口升級。

（3）積極培育高附加值的港口產業，從國內中轉服務和國際中轉服務兩個方面增加中轉箱量，加速推動港口功能向綜合物流節點轉型，建立多層次的物流價值增值服務體系，建立與外資製造業和加工貿易業相聯繫的供應鏈，實現一體化供應鏈管理運作，提高重慶物流企業的競爭力。

2.4.1.4 平臺建設角色：加快高水準的物流基礎設施建設，構建現代物流樞紐平臺

（1）綜合考慮重慶特殊的自然地理條件與投資收益的效率，物流基礎設施建設應遵循：①鐵路求快。在重點建設主要干線網絡過程中，要將鐵路速度的提升和適當規劃建設符合國家發展戰略和安全戰略的路網當成重點目標，優化、增強具有鐵路網絡的營運效率，降低低效鐵路和新建鐵路的建設成本。②公路求多。推進公路網絡建設，建成以國際港口、國際機場、大型客貨場站和口岸為樞紐，以高速公路、干線公路為骨架，以普通公路為網絡，輻射國內的現代公路網體系。③航空求效。提高航空港口的營運效率和品牌效應，做大做強江北國際機場，為重慶物流業發展提供迅捷的載體，發揮空港在現代物流業中的重要作用。④水運求量。充分發揮三峽成庫後重慶長江黃金水道的優勢，追求效益最大化，科學規劃、佈局並建設優質精良的水運港口。⑤管道求精。利用國家「西氣東輸」的戰略機遇，科學地做好重慶管線的相關建設規劃，為發揮現代物流功能提供能源保障。⑥軌道要早。重慶市軌道交通包括輕軌、地鐵、城際鐵路三種形態，根據規劃的「九線一環」軌道線網，應加快啓動並建設，為方便

市民生活、帶動經濟增長而增磚添瓦。通過完善上述高水準物流基準設施建設，基本實現人暢其流、貨暢其流、訊暢其流。

（2）加快物流信息網建設，整合政府、企業、海關聯檢部門等各種資源，打造以現代綜合交通體系為主的物流運輸平臺，以信息網絡技術為主的物流信息平臺，以引導、協調、規範、扶持為主的物流政策平臺。重慶應充分借鑑新加坡、中國香港等國家或地區的成功經驗，由政府強力推動物流公共信息平臺建設規劃，盡快實現物流數據的無障礙轉接傳輸，做到保護存量、共享增量；在中、遠期實現物流信息共享、一網服務、一次辦結、全程監管，逐步開展國外海關、航運連接、貿易申報等服務；建立和完善相關的法規、制度，為網絡交易、網絡結算提供法律保障，達成物流產業的良性循環，形成依託重慶、面向全國、對外輻射的物流經營服務網絡，使重慶現代物流產業成為區域核心競爭力的重要組成部分。

2.4.1.5　人才培育角色：加快推動物流業向供應鏈升級，實施人才戰略，加快物流人才的培育

物流產業是一個人才和技術密集型的業態，物流業的發展需要一批既懂物流理論又熟悉物流運作技術的專業人才。為了實現重慶市物流經濟發展規劃，解決重慶市物流人才缺乏的問題，盡快培育物流人才已成為重慶市發展物流經濟過程中的一項緊迫任務。為此，應根據重慶市的發展特點以及不同層次所需人才狀況，由政府和行業管理部門提出物流人力資源發展計劃，通過不同的渠道，採取不同的方式，引進和培育發展物流所需的人才。

（1）加快在職人員的培訓。對於生產與流通企業、物流企業的在職人員，應採取「引進來，送出去」的方式進行培養。首先，可以引進國內外知名物流專家和學者來重慶市，對政府部門管理人員和企業高層管理者進行物流管理與戰略決策等方面的培訓。其次，依託院校、仲介機構或行業協會，在生產與流通企業和物流企業中選擇一批有一定專業知識、有相關行業管理經驗、年富力強、敬業精神好的管理人員和技術人員。通過短期培訓、考察、跟班作業等方式，使之盡快掌握物流基本知識和運作技術，必要時可以考慮送至國外進行考察和實習；通過不斷的實踐，使之成為企業和行業管理所急需的決策型人才、管理型人才和專業技術人才。最後，還要重視對物流實際操作人員的崗位培訓，通過物流專業技術技能的培訓，使之盡快掌握崗位技能和操作規程，更好地完成自己的本職工作。

（2）加快學歷教育的發展。根據國家教育部的要求，積極創造條件，加快物流學科的學歷教育，鼓勵重慶市有關院校設置物流專業，採取有力措施提高教材和教師的品質，擴大招生規模，開展物流大專、本科、研究生等多層次的物流專業教育，培養專業物流人才。

（3）盡快開展職業資格教育工作。與學歷教育和學術教育側重於理論不同，職業資格教育更側重於實際業務運作，應積極引進國內外成熟的職業資格認證培訓系統，保持適度多元化認證體系，盡快在重慶市開展職業資格教育工作。從某種意義上說，加快物流發展不僅需要學歷教育，更亟須職業資格教育和認證培訓，這也是解決物流人才不足的又一重要途徑。

（4）積極引進物流人才，加強人才儲備。攬才要「不惜重金，肯下血本」，想方設法引進一批具有國際視野、懂經營、善管理的高素質物流人才。加快推進重慶物流業

向供應鏈升級，形成一大批優質物流企業乃是當務之急。為了加快物流人才的引進，應將物流專業人才納入重慶市人才引進目錄，並享受重慶市引進人才政策規定的相關優惠待遇，建立物流人才庫，形成完整的物流人才儲備機制，為物流人才的引進及發展創造良好的空間。

2.4.2 主要任務

重慶現代物流業的發展帶來了前所未有的歷史機遇和挑戰，新興產業經濟、知識經濟、信息經濟和物流經濟的高起點和高要求，對重慶物流業的快速發展提出了嚴峻的挑戰，重慶物流如何走內涵發展的道路，壯大自身，培育核心競爭力應是目前重點思考的問題。

2.4.2.1 著力打造知識密集型綜合物流平臺

經濟全球化促進了國際物流業迅速發展，但世界物流發展失衡加劇，知識密集型綜合物流體系將取代傳統物流產業發展格局。重慶物流業要結合市情，強化物流功能定位，充分發揮第一、第二和第三方物流的作用，加大港口物流、航空物流、運輸物流、倉儲物流和綜合服務物流的協同發展，實現航線、港區、園區腹地的空間協同，實現傳統物流改造、產業升級拉動商貿流通和區域性集聚物流、綜合物流的平臺建設。借助市場化、專業化和信息化等各種資源，提升物流技術與裝備的作業水準和高技術含量，提高物流增值服務能力，重視物流客戶關係管理（Customer Relationship Management）和交易能力。實現電子商務物流和知識密集型一體化的物流發展。

2.4.2.2 針對物流企業產品生命週期的不同階段，實現階段性物流目標

產品生命週期由引入、成長、成熟和衰退四個階段組成。面對產品不同的生命週期，物流應採取怎樣的對策呢？

在新產品引入階段，要有高度的產品可得性和物流的靈活性。在制訂新產品的物流支持計劃時，必須要考慮到顧客隨時可以獲得產品的及時性和企業迅速而準確的供貨能力。在此關鍵期間，如果存貨短缺或配送不穩定，就可能抵消行銷戰略所取得的成果。因此，此階段物流費用是較高的。新產品引入階段，物流是充分提供物流服務與迴避過多支持和費用負擔之間的平衡。

在產品生命週期的成長階段，產品取得了一定程度的市場認可，銷售量驟增，物流活動的重點從不惜代價提供所需服務轉變為平衡的服務和成本績效。處於成長週期的企業具有最大的機會去設計物流作業並獲取物流利潤；此階段銷售利潤渠道是按不斷增長的銷量來出售產品。只要顧客願意照價付款，幾乎任何水準的物流服務都可能實現。

成熟期階段具有激烈競爭的特點，物流活動會變得具有高度的選擇性，而競爭對手之間會調整自己的基本服務承諾，以提供獨特的服務，獲得顧客的青睞。為了能在產品生命週期的成熟階段調整多種銷售渠道，許多企業採用建立配送倉庫網絡的方法，以滿足來自不同渠道的各種服務需求。在這種多渠道的物流條件下，遞送任何一個地點的產品流量都比較小，並需要為特殊顧客提供特殊服務。可見，成熟階段的競爭狀況增加了物流活動的複雜性和作業要求的靈活性。

衰退期階段，應調整物流作業活動和重新設計制定新的物流營運方案。

2.4.2.3 創新物流經營模式

著力變革重慶運輸型物流企業、倉儲型物流企業和綜合服務型物流企業的經營模式，深化流通體制改革，以市場需求為導向，加大重慶市區域性物流戰略規劃和物流系統設計模式。尤其是要轉變在空港物流、園區（基地）物流、綜合物流、第三方物流或企業物流等領域的物流經營模式。實現物流管理創新、物流體制創新、物流組織創新和物流技術創新。

2.4.2.4 製造業物流成為供應鏈運作的主體

物流業的業務來自供應鏈的各個環節，而製造企業是供應鏈的重心，是帶動供應鏈運作的主體，因此，製造企業的運作是產生物流需求的源泉。同時，在供應鏈上，物流的量在供應鏈上的分佈是不均勻的。大量物流集中在供應物流、生產物流和銷售物流上，從產品到用戶的配送則只是整個物流的重要組成部分。從這個意義上講，製造企業是物流服務的最大需求者。有需求就有發展，製造企業發展的需求是物流業發展的源泉。此外，製造企業也是物流服務的重要提供者。

現代物流業逐步成為經濟社會發展的新興產業和新的經濟增長點，21世紀的重慶迎來了一個新的發展機遇期，重慶的經濟將在一個新的歷史起點上，高效率、高品質的快速發展；重慶的物流業也必須適應新一輪改革發展的需要，適應重慶在區域經濟體中發揮更大作用的需要，適應重慶經濟走出國門、對外開放、在經濟全球化中謀求更大發展的需要，在一個與國際接軌的高起點上快速成長，重慶市向建設長江上游現代物流樞紐城市的目標穩步推進。

本章的名詞解釋

①「一江兩翼三洋」是重慶建設西部地區物流中心和國際貿易大通道的主要戰略。「一江」即通過長江通達太平洋；兩翼中「西北翼」即通過渝蘭鐵路，由新疆阿拉山口出境，經哈薩克斯坦—俄羅斯—波蘭—德國—鹿特丹港通達大西洋；「西南翼」即通過渝黔鐵路，由貴陽—昆明—大理—瑞麗出境，經緬甸中部城市曼德烈—石兌港通達印度洋和中東地區。

②「三基地四港區」是指包括鐵路物流基地、規劃建設公路物流基地、航空物流基地，寸灘港區、果園港區、東港港區、黃謙港區在內的國家級物流樞紐總體佈局規劃。

③「314」總體戰略部署：三大定位——努力把重慶加快建設成為西部地區的重要增長極、長江上游地區的經濟中心、城鄉統籌發展的直轄市；一大目標——在西部地區率先實現全面建設小康社會目標；四大任務——加大以工促農、以城帶鄉力度，紮實推進社會主義新農村建設；切實轉變經濟增長方式，加快老工業基地調整改革步伐；著力解決好民生問題，積極構建社會主義和諧社會；全面加強城市建設，提高城市管理水準。這三大定位、一大目標和四大任務，構成一個有機整體，稱之為重慶新階段發展的「314」總體戰略部署。

參考文獻

[1] 劉萬平. 重慶離現代物流樞紐城市有多遠［J］. 中外物流, 2007.
[2] 重慶市政府網. http://www.cq.gov.cn, 2006-2010.
[3] 江潭瑜. 深圳建設亞太地區重要物流樞紐城市問題探討［J］. 管理世界, 2008.
[4] 關曉青, 武一. CEPA下將深圳建成物流樞紐城市的發展前景及對策［J］. 特區經濟, 2006.
[5] 王璐雅, 肖亮. 構建以重慶為核心節點的西部多式聯運系統研究［J］. 鐵道運輸與經濟, 2008.
[6] 夏文匯. 物流總監［M］. 成都：西南財經大學出版社, 2006.
[7] 夏文匯. 物流戰略管理［M］. 成都：西南財經大學出版社, 2006.

第 3 章
重慶市家電回收的再製造供應鏈逆向物流管理案例

面對有限的資源和廢棄物處理的能力，再製造作為一種產品回收處理的高級形式，可以有效實現資源優化利用、環境保護和經濟持續發展的綜合目標。本章論述：收集（Collection）、檢測和分類（Inspection/Separation）、再製造（Remanufacturing）、廢棄處置（Disposal）、再分銷（Redistribution）等再製造供應鏈逆向物流流程，再製造供應鏈的不確定性特徵及風險規避模型，結合重慶市家電回收實例，提出設置逆向物流監管機構，正確處理逆向物流中的勞動力交易關係與利益博弈，建立專業的廢舊產品回收中心，建立再製造產品信息網絡數據庫以及建立完善的再製造物流供應鏈組織模式等對策與建議，對再製造逆向物流管理具有重要的理論與實踐指導意義。

3.1 案例引言

當前，城市家電回收和清潔生產工藝處理與環境保護關聯度上升。所謂環境保護是指人類為解決現實的或潛在的環境問題，協調人類與環境的關係，保障經濟社會的持續發展而採取的各種行動的總稱。其方法和手段有工程技術的、行政管理的，也有法律的、經濟的、宣傳教育的等。近年來，隨著人們對環境保護越來越重視以及對資源的優化配置的關注，越來越多的國家已經制定法規要求生產製造商要負責回收產品，中國也從 2003 年起要求部分電子產品生產商必須負責回收處理廢舊產品。由此產生了一個不同於傳統供應鏈的領域——閉環供應鏈。對於閉環供應鏈，美國在展望 2020 年的製造業前景時，提出了再製造（Re-manufacturing）及無廢棄物製造（Waste-free Process）的新理念，邱若臻等（2007）將閉環供應鏈網絡結構總結為再利用、再製造、再循環和商業退貨四種類型[1]。閉環供應鏈是再製造、製造並存情況下的供應鏈系統，因此，再製造逆向物流也是閉環供應鏈結構中最為複雜的。但是再製造能把使用過的或報廢產品恢復到像新的產品一樣，在各項功能特點和耐用性上至少保持與原產品同樣水準，且再製造技術只需要用約 50%～70% 的人力、物力即可使廢舊產品復原。要確保優良的環境質量，並且在一個特定的、具體的環境中，環境不僅在總體上，而且在環境內部的各種要素都會對人群產生一定的影響。中國居民生活廢棄物管理影響因素關係模型如圖 3-1 所示。從這個意義上講，廢舊產品的再製造逆向物流管理就顯得

尤其重要。

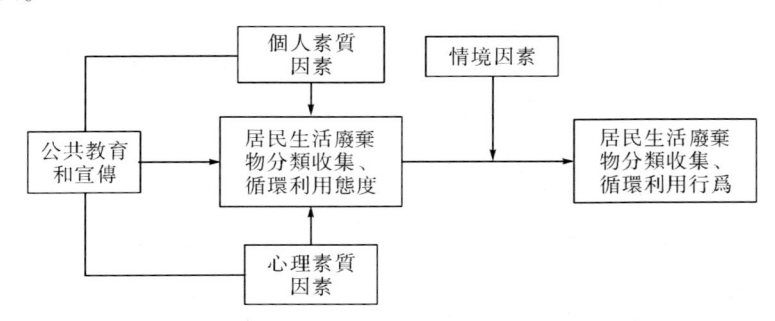

图3-1 中國居民生活廢棄物管理影響因素關係模型圖

3.2 案例內容的文獻回顧及其相關定義

關於逆向物流管理的基本定義，作者曾在 2010 年第 8 期《中國流通經濟》「基於供應鏈管理流程的退貨逆向物流管理」一文中就作了論述[2]。就閉環供應鏈中的回收再製造管理及庫存研究視角，熱瑞（Thierry，1995）指出，產品再製造管理的目的是通過對廢舊產品、零部件及原材料的循環再利用，在盡可能獲取經濟價值的同時，減少最終垃圾的數量。根據對返回產品再處理過程的不同，熱瑞（Thierry）在概念上描述了 5 種再造方式：修理、翻新、再加工、拆分和再循環。熱瑞（Thierry）和梵瓦森夫（VanWassenhove，1995）指出，關於產品再製造的研究可能會分散到各個環節中。福蕾斯曼（Fleischmann）等（2000）認為由於產品再製造方式的不同會導致兩種物流網絡結構：開環結構和閉環結構。英德福斯（Inderfurth）等人（2001）指出提前期為零時的最優庫存策略，並對採購提前期等於或大於再製造提前期 1 個週期的情況進行了分析。李軸（Lizhou）和史蒂芬·迪斯尼（Stephen. M. Disney，2005）通過混合製造—再製造體系的簡單動力學模型研究了閉環供應鏈中的牛鞭效應和庫存變量，特別突出了再用品—再造提前期—退貨率三者的組合對訂貨政策造成的牛鞭現象和庫存變化的影響。多波斯（Dobos）研究了基於時間的逆向物流系統最優生產和庫存控制問題。薩發斯坎（Savaskan）等研究了基於再製造的閉環供應鏈渠道結構問題，對比分析製造商、零售商和第三方分別負責產品回收的三種逆向渠道，結果表明零售商負責回收的渠道結構，優於製造商或第三方負責收集的渠道結構。然茜（Ranjan，2006）、米陲（Mitra，2006）通過建立兩週期博弈模型研究再製造領域的兩種競爭行為：一是存在回收法限制，二是不存在回收法限制。得出結論：即製造商從低評估的可再製造產品中的獲利遠大於由於再製造商的高成本結構而獲取的利潤，同時再製造商從高評估的可再製造產品中的獲利遠大於由於再製造商的低成本結構而獲取的利潤。研究還發現，政策制定者和再製造商傾向於較高的返回比例，而製造商傾向於較低的返回比例。卡科亞利（Karakayali）、伊麼-法尼斯（Emir-Farinas）、阿卡利（Akcali，2007）在可獲取的舊產品數量及市場對再製造部分的需求量方面的研究都是在有價格敏感性的假設條件下，分別建立集中式和分散式模型，確定最優的回收價格、再製造品的銷售價格

和協調分散式供應鏈的策略。熱瑞（Thierry）等人（2008）提出了一個關於戰略產品回收和再製造問題的總的觀點及其對供應鏈的影響，並對回收的不同產品的再修復、再製造、再利用和同型裝配等問題進行了討論。

再製造的特徵主要是管理過程中的各項不確定性，再製造生產區別於其他生產形式的最大特點之一，是要充分地協調兩個零件供應系統，即新零件供應系統（通常是由外部供應商等組成）和再製造供應系統（通常由企業內部倉庫、拆卸以及恢復車間等組成）[3][4]。其重要特徵是再製造產品的質量和性能不低於新品，與新品相比，其成本等降低，對環境的不良影響與製造新品相比也顯著減少。以汽車零部件再製造為例，汽車零部件「再製造」主要是通過運用先進的清洗、修復和表面處理等技術，使廢舊零部件達到與新產品相同的性能。這意味著，如果能「繼承」老產品附加值的 70%，磨損補償僅需自身材料 1%～2%，「再製造」的零部件質量和性能就能達到或超過原型新品，總體成本不超過新品 50%。如此迅速的廢物利用，將節能 60%、節材 70% 以上，達到資源節約和環境保護的目的[5]。

所謂再製造（Remanufacturing）是指將一個舊產品恢復到「新」的狀態的過程，在這個過程裡，舊產品被拆卸、檢測或零部件更換等，使有再利用價值的部件被重新應用到「新」產品中，使新產品具有和原產品一樣或更高的使用性能。適用於汽車、計算機、打印機、複印機、手機、電視機、電冰箱、空調器、洗衣機、輪胎、印刷電路板等眾多產品。

再製造物流供應鏈不同於常規的物流供應鏈。如果把常規的物流當成「正向物流」，再製造物流則是一個「回收逆向物流」。再製造物流與退貨逆向物流和回收逆向物流雖然都是屬於逆向物流，但也不是完全相同。退貨逆向物流是一個從顧客→銷售商→原生產商的過程，回收逆向物流則是一個從顧客→收集者→原材料生產商→原材料銷售商→顧客的過程。再製造物流過程可以說是綜合上述兩種逆向物流模式，它是一個從顧客→收集者/銷售商→生產商→銷售商→顧客的過程[6]。

3.3　再製造供應鏈逆向物流流程設計

再製造是將不能再用的產品恢復到「新」狀態的過程，是逆向物流中的一個重要組成部分，它是減量化、再利用、再循環的重要手段和方法，也是一項補充，其物流供應鏈包括以下幾個環節：收集（Collection）、檢測和分類（Inspection/Separation）、再製造（Remanufacturing）、廢棄處置（Disposal）、再分銷（Redistribution），其網絡結構具有分散、複雜、多層次、閉環結構、確定性低的特點。

3.3.1　收集

收集即回收，將顧客手中的廢舊產品有償或無償地返回收集者。對部件進行初步清洗和檢查以瞭解其基本狀況，如部件的外觀、型號、製造時間等，這些數據進入公司數據庫。部件加以標示使其容易辨認。目前，常見的有以下 3 種回收方式：①利用「以物換物」的方式通過銷售商回收。這種方法不但可增加企業的銷售額，也可回收大量的廢舊產品。②由專門的回收人員上門回收廢舊產品。這種方式在日常生活中經常

見到，通常是回收廢舊冰箱、彩電、洗衣機、電視機等。③到廢品場拆卸被扔棄的廢品，回收其中的可用零部件。這一方式在汽車產業中應用廣泛。

3.3.2 檢測和分類

檢測和分類、拆卸和清洗。收取的部件經過拆卸後，低價值的或原製造廠要求強制更換的零件被拋棄，只有那些屬於耐用產品、產品只是喪失部分功能（或屬於功能性故障）、產品是標準化批量生產、產品的剩餘價值高、再製造成本低於其所包含的剩餘價值、產品技術穩定、顧客能認可再製造產品對原有產品的替代性的產品得以保留。所有保留的零件都經過徹底的清洗並且進行分類。

3.3.3 再製造生產

再製造生產對各零部件進行修復，經過一步一步裝配和測試完成全部裝配並通過最終測試後，形成再製造產品。

3.3.4 廢棄處理

檢驗和評估、廢舊處置。所有零件都經過評估以確定損壞範圍，根據檢查結果給出詳細的再製造方案和需要更換零件的一覽表。這些信息可以用來決定恰當的再製造策略和再製造產品所需的成本。

3.3.5 再分銷

再分銷就是再製造產品的銷售。銷售商將再製造出來的「新」產品以相對低廉的價格賣給用戶。

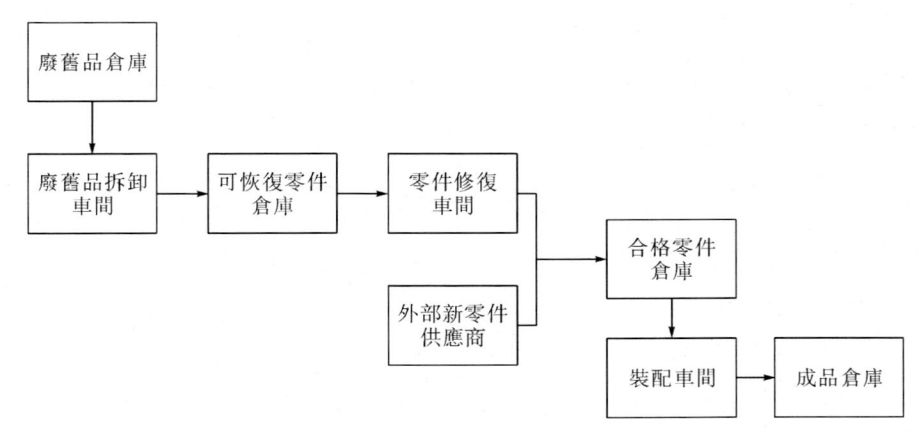

圖 3-2　企業內部再製造系統物流結構圖

就企業內部再製造系統物流結構而言，如圖 3-2 所示。廢舊品倉庫存儲著企業收集的廢舊品，在拆卸車間對廢舊品進行拆卸，把可恢復零件存入可恢復零件倉庫；零件維修恢復車間對可恢復零件進行維修、恢復和測試等，恢復好的零件存入合格零件倉庫；在必要時，從外部供應商處購買的新零件也存入該庫房，一方面可以補充合格零件的不足，另一方面，可以根據供應商的提前期和維修恢復週期的變化，彌補生產

的短缺；裝配車間在裝配線上完成產品的組裝任務，組裝好的產品存入成品庫[7]。

由於回收產品的數量、到達時間和質量的不可預測性，所以再製造的生產計劃、庫存都無法像正向物流一樣得到控制，物流網絡的佈局規劃也比較困難，同時，再製造的產品和回收的廢舊零部件之間的不平衡性也導致了供應商供貨的不確定性和庫存的不確定性。正由於內部參數的不確定性和結構之間的相關性，再製造物流供應鏈比常規物流供應鏈要複雜得多。

3.4 重慶市家電、汽車回收逆向物流實例

為了城鄉統籌協調發展，加快城鄉消費升級，改善城鄉居民生產生活條件，實現內外需協調發展，中國在2010年出抬了「家電下鄉」、「以舊換新」等政策，重慶市根據國家政策也制定了相應的政策和措施，目前重慶市的「家電下鄉」、「以舊換新」工作正順利開展，本書以家電和汽車「以舊換新」為例展開論述。

3.4.1 家電、汽車回收

3.4.1.1 家電回收

據2010年重慶市政府出抬的《重慶市家電以舊換新實施細則》規定，此次重慶地區家電「以舊換新」實施時間為2010年6月1日至2011年12月31日。重慶市家電「以舊換新」將以上門回收、立ът立補的方式進行。補貼家電產品的範圍是電視機、電冰箱（含冰櫃）、洗衣機、空調、電腦五大類，補貼標準為：①家電補貼。按新家電銷售價格的10%給予補貼，補貼上限為：電視機400元/臺，電冰箱（含冰櫃）300元/臺，洗衣機250元/臺，空調350元/臺，電腦400元/臺，也就是假如買一臺4,999元的電視機補貼金額為400元，如果買一臺2,999元的電視機補貼299元。②運費補貼。根據回收舊家電類型、規格、運輸距離分類分檔給予定額補貼。③拆解處理補貼。根據拆解處理企業實際完成的拆解處理舊家電數量給予定額補貼。具體補貼標準為：電視機15元/臺、電冰箱（含冰櫃）20元/臺、洗衣機5元/臺、電腦15元/臺，空調不予補貼[8]。

重慶市家電以舊換新的流程分為兩種，以中標的家電賣場為例，一種為：市民撥打賣場客戶電話或者網上預約→後者上門回收舊家電（同時向市民發放回收補貼和以舊換新憑證）→市民拿憑證到賣場選購以舊換新指定電器→當場兌現補貼。另一種為：到賣場購買新電器→前者送貨上門的同時回收顧客家中的家電（同時向顧客發放以舊換新憑證）→顧客拿憑證回到賣場領取補貼。

針對重慶市進行以舊換新工作的企業，重慶市商委和市財政局聯合下發的《關於核准第一批家電以舊換新銷售企業的通知》，公布了首批18家家電以舊換新中標銷售企業，包括商社集團、海爾、長虹、格力、國美、蘇寧、華輕、美的、八達電子、歐凱電器、泰鑫電子、西南計算機、海超電器、方正信息系統、海信科龍、創維、聯想、聯強國際貿易。[9]上述18家企業不少都是家電以舊換新回收和銷售雙中標企業，也就是說，通過這些網點，舊家電回收和購買新家電能一步完成。在《重慶市家電以舊換新實施細則》中也確定了22家電以舊換新回收、報廢、拆解、銷售企業。但目前在

重慶的家電賣場，就回收單位而言，有的是廠家回收舊家電，比如長虹電視機；有的是商場回收，比如國美電器；也有一部分既不是廠家，也不是商場，而是送貨上門的工人。

3.4.1.2 汽車回收

重慶市汽車「以舊換新」實施時間為 2009 年 6 月 1 日至 2010 年 12 月 31 日，按照重慶市「汽車以舊換新」實施細則，可以享受以舊換新補貼的報廢車輛有：使用不到 8 年的老舊微型貨車、中型出租載客車；使用不到 12 年的老舊中、輕型載貨車、中型客車；與國家現行報廢規定年限相比，提前報廢的各類「黃標車」。

補貼比例及金額：提前報廢老舊汽車並換購新車的，其中報廢中、輕、微型載貨車，每輛分別補貼 6,000 元、5,000 元、4,000 元；報廢中型載客車補貼 5,000 元。而報廢「黃標車」並換購新車的，其中報廢中重型、輕型、微型載貨車，每輛分別補貼 6,000 元、5,000 元、4,000 元；報廢大、中、小、微型載客車，每輛分別補貼 6,000 元、5,000 元、4,000 元、3,000 元；報廢轎車、專項作業車，每輛補貼 6,000 元。[10] 2010 年重慶市制定政策，從 2010 年 1 月 1 日起，提高汽車以舊換新補貼標準，較政策剛啓動時的補貼標準普遍提高一倍左右，最高達 1.8 萬元。自 2010 年 1 月 1 日起，車主購買 1.6 升及以下乘用車並報廢舊車的，在享受車輛購置稅減徵政策同時，還可享受汽車以舊換新補貼政策。針對廢舊汽車的回收拆解，市商委還公布了「重慶市報廢汽車回收拆解企業、分公司、站點公告」與「市商委備案汽車品牌經銷商名單」，以便汽車「以舊換新」工作能更好地實施。截至 2010 年 3 月 15 日，重慶市補貼汽車以舊換新 763 輛，其中補貼載客車 481 輛，補貼載貨車 271 輛，補貼專項作業車 11 輛，直接拉動汽車消費 7,759 萬元，發放補貼資金 827 萬元。[11]

3.4.2 再製造供應鏈的不確定性特徵及風險規避模型

3.4.2.1 再製造供應鏈的不確定性特徵

（1）廢舊品回收的數量不確定。由於廢舊產品來源於生產、流通以及生活消費等各個領域，所以分散性較高，各個領域回收數量不確定性較高。

（2）回收到達的時間不確定。由於回收的來源比較多，回收渠道多樣化，所以回收產品到達時間具有不確定性。

（3）再利用需求的不確定。再利用的需求來源於顧客，由於顧客需求的時間、數量和類型都存在不確定性，所以再利用需求也存在不確定性。

（4）再利用的方法不確定。不同種類、不同狀況的廢舊物資混雜在一起，再製造的工藝過程存在較大差異。

所以，由於再製造的不確定性特徵就造成了再製造物流的複雜性，包括生產計劃、庫存、組織模式等方面。此外，再製造供應鏈物流的資產專用性較大。

3.4.2.2 建立再製造供應鏈風險規避的交易理論模型及可檢驗假說

考慮一個有理性交易者（a）和噪音交易者（n）構成的經濟，其中噪音交易者又分為價值交易者（f, fundamental）與反饋交易者（m, momentum）。理性交易者在市場中的份額為 λ，反饋交易者在市場中的份額為 1 − λ。其中，理性交易者能夠正確地認識到市場價格的真實情況，進一步令其具有絕對風險規避（CARA）效用函數，具體形式如下：

$$U(W) = -e^{-2w}, \tag{1}$$

上式中，w 為風險規避系數；W 為財富。考慮到指數函數的嚴格單調性，因此，對風險規避的交易者而言，有以下等價的嚴格凹規劃[12]：

$$\max_{X_t} \{ E_t[W_{t+1}] - 2\gamma E_t[\sigma_{t+1}^2] \}, \tag{2}$$

上式中，X_t 表示對風險資產的需求；$E_t[W_{t+1}]$ 表示對下期財富的期望；$E_t[\sigma_{t+1}^2]$ 表示個體對下期風險的預期。

投資者將 X_t 的資產投資於市場，另外 $W_t - X_t P_t$ 的財富投資於無風險資產（總收益率為 R_f）。可知，時期 t 交易者對下期財富的期望：

$$E_t[W_{t+1}] = R_f(W_t - X_t P_t) + X_t E_t[P_{t+1}], \tag{3}$$

上式中，P_t 為 t 期的資產價格，由於考察均基於日交易數據，在較短交易期間內，可以認為無風險利率維持不變（R_f），為了簡化，令 $R_f = 1$。將式（3）代入最優規劃問題式（2），並對風險資產的需求最優化，可得理性交易者（a）的最優需求函數[12]：

$$X_{a,t} = \frac{E_t[P_{t+1}] - P_t}{\gamma E_t[\sigma_{t+1}^2]} \tag{4}$$

以上的框架和思路是基於已有的研究。限於篇幅，本案例不再展開表述。

3.4.2.3 再製造業經濟效益和社會效益預期

有資料表明：每年全世界僅再製造業節省的材料就達到 1,400 萬噸，節省的能量相當於 8 個中等規模核電廠的年發電量。美國 2002 年再製造產業的年產值為 GDP 的 0.4%，2005 年再製造產業產值達 800 億美元。中國 2020 年 GDP 預計達到 4 萬億美元，如果以美國 2002 年再製造的水準作為中國 2020 年目標，則再製造產業產值將達到 160 億美元[13]。因此在每年大量報廢的耐用產品中回收部分關鍵零部件進行再製造，形成產品進入市場，便能創造巨大的經濟效益。再製造業還是一個勞動密集型為主的行業，可給社會增加大量的就業機會，因此還能創造巨大的社會效益。

3.4.3 對策與建議

3.4.3.1 設置逆向物流監管機構

根據現代管制理論，監管機構主要是起一個信息仲介的作用，其目的是為了填補公眾與產業之間的信息真空（張昕竹、拉豐、易斯塔什，2000）[14]。但是這些機構的信息優勢正是授權監督機構具有相機行事權，並且產生公眾與規制機構之間的委託代理關係的原因所在。逆向物流監管機構向當地政府負責並代表政府行使權力。公眾們希望監管機構能公正行事，並遵守已有的法律程序，使其決定經得起司法檢查。但是由於逆向物流監管機構擁有廣泛的權力及執行其政令的多種手段，有利用這些特權尋租的可能，因此，應明確界定其監管機構的職責和擁有的監管權。

3.4.3.2 正確處理逆向物流中的勞動力交易關係與利益博弈

如果排除壟斷或競爭地位不平等，勞動力買賣與其他商品一樣遵循等價交換原則，「在交換價值上，雙方都不能得到利益」[15]。然而，勞動力的使用卻能夠創造出大於自身價值的價值，出於追求利益的本能，工人和廠商都不會無視使用勞動力帶來的利益和風險，會圍繞使用勞動力帶來的利益和風險展開博弈。所以，從勞動力是商品的視角而言，應當構建逆向物流勞動力交易關係，建立勞動力商品銷售收入權保障制度，

即工資收入權保障制度。但是，這個保障制度在從事該行業的工人與企業的利益博弈中，隨著企業效益的跌宕起伏有可能遭到背棄。通過制度建設，尤其建立勞動交易保障制度、立法聽證制度來逐漸加以規範、構建勞動力交易關係與利益博弈。

3.4.3.3 建立專業的廢舊產品回收中心

目前各種廢舊品回收中心良莠不齊，隨處可見，其主要的業務僅僅限於有償或無償收集廢舊品，大多數的回收中心都沒有專業的分類部門，他們對回收的廢舊品做簡單的處理就進行二次銷售，或只是進行儲存然後集中賣給專業的回收中心或直接賣給廠家。這就給再製品的回收銷售增加了困難。因此，作為再製造物流供應鏈中第一個節點的廢舊產品回收中心，應該具有清洗、拆卸、分類和庫存調節的功能，它應不同於普通的回收中心，應該具備較強的專業性，能夠對回收的零部件進行專業化的清洗和拆卸；對可以進行再製造的部件進行分類存庫；對不可修復的部件，能提煉其原材料。

專業的廢舊產品回收中心應具有強大的分類功能，遵循再製造行業的標準，按照零部件的規格、結構、性能、用途等進行細緻的分類並存入倉庫中，這樣可以加快處理速度，進行統一有效的處理，同時也節省了專業的再製造廠商的庫存成本。同時回收中心應充分發揮專業化和規模化的優勢，對回收的物品可以集中處理，平均回收物品在數量和質量上的不平衡性；應具有大規模運輸的優勢，能夠降低單位裝運成本；能夠對回收物品進行集中處理，更能夠加大運輸批量，發揮運輸批量經濟的優勢。

專業的廢舊產品回收中心可以由供應鏈中處於優勢地位的企業來營運，也可以由第三方的專業化公司提供服務。國外部分企業已有自己的專業回收中心，如福特汽車回收中心。目前，國內再製造行業處於起步階段，主要集中於汽車發動機再製造行業，如大眾聯合發展有限公司的發動機翻新廠依託大眾公司在全國的銷售維修服務體系建立起自己的廢舊發動機回收體系。同時，一些專業的報廢汽車拆車場可依託自己的行業優勢建立再製造中心。上海遠東拆車有限公司利用自身在拆車業中的龍頭地位，建立專業的回收中心，對廢舊零件進行再製造。

3.4.3.4 建立再製造產品信息網絡數據庫

由於再製造的不確定性，再製造需要的產品信息在時間、地域上跨度都很大，要有效準確地收集、存儲和調用這些數據，依靠傳統的技術來解決不但需要大量的人力、物力，且效果不一定明顯。因此建立信息化的產品再製造信息動態網絡數據庫，使處於供應鏈中的所有成員，都能通過 Internet 網及時瞭解和更新這些數據。再製造生產商也能夠及時瞭解到廢舊產品的回收數量和質量，據此適當的調整生產計劃。反過來，廢舊產品回收中心根據生產計劃可以調整自己的回收策略和庫存量。當廢舊產品被送到再製造工廠時，再製造生產商能通過網絡瞭解到所有的信息，這樣就能提高再製造的效率。銷售商則可以通過網絡瞭解目前再製造產品的數量、技術參數和加工進度等參數，並可以向再製造廠家傳送自己的需求，自動補充訂貨等。

3.4.3.5 加強合作，建立完善的再製造物流供應鏈組織模式

受觀念上的束縛和對再製造產品的不瞭解，用戶認為再製造產品是舊產品，心理上難以把再製造產品當新產品看待。因此供應鏈上的各成員只有緊密合作，嚴把質量關，創造良好的信譽，才能確保鏈中成員利益共贏。再製造物流供應鏈可以由一家再製造企業獨立運作，也可以由多家企業合作經營。但由於再製造物流供應鏈對回收產

品的交易有較高的依賴性，其資產專用性比較大，因而再製造物流供應鏈應採取企業或網絡模式，最好有專業的產品回收者和再製造生產者、銷售者。在一條供應鏈的兩個或多個企業達成長期共識，雖然沒有合同的法律約束，但彼此業務是在物流流程的高度一體化下展開的，實現了利益共享、風險共擔。再製造物流供應鏈具有不確定性、結構複雜、地點分散等特點，若由再製造商獨家經營運作，雖然可以降低交易成本，但增加了庫存成本、運輸成本，且需求回應遲緩，服務水準低，致使顧客價值下降，企業缺乏競爭力。加上網絡組織所固有的優越性，從而使網絡結構成為再製造物流組織模式的最佳選擇。

3.5　案例評析：供應鏈需求管理流程營運

3.5.1　界定供應鏈的概念

3.5.1.1　供應鏈的定義

什麼是供應鏈？目前尚未形成統一的定義，許多學者從不同的角度給出了不同的理解。早期的觀點認為供應鏈是製造企業中的一個內部過程，即從企業外部採購原材料、零部件，然後通過生產轉換過程，再傳遞到零售商和用戶的一個過程。顯然，傳統的供應鏈概念局限於企業的內部操作層次上，注重製造企業的資源利用。

有些學者則把供應鏈的概念與採購、供應管理相聯繫，用來表示與供應商的聯繫。但這種關係也僅僅考慮企業與供應商之間的關係，而且各個供應商的運作還是獨立的，忽略了與外部供應鏈成員的聯繫，因而往往造成相互間的目標衝突。後來在發展過程中注意到了與其他企業以及外部環境之聯繫，認為通過增值過程和分銷渠道控制從供應商的供應商到用戶的用戶的物流就是供應鏈，它開始於供應的源點，結束於消費的終點。

最近的研究表明，供應鏈的概念更加注意圍繞核心企業的網鏈關係，如：核心企業與供應商、供應商的供應商乃至一切前向的關係，與用戶、用戶的用戶乃至一切後向的關係。此時對供應鏈的認識已經形成了一個網鏈的概念，像沃爾沃、豐田、耐克、福特、通用、中國聯想、麥當勞和蘋果等公司的供應鏈管理都是從網鏈的角度來實施的。

所以，供應鏈的基本定義可以表述為：供應鏈是指圍繞核心企業，通過信息流、物流、資金流的控制，從採購原材料開始，製成中間產品以及最終產品，最後由銷售網絡把產品傳遞到消費者手中的將供應商、製造商、分銷商直至最終用戶連成一個整體的功能網鏈結構模式。供應鏈的概念結構模型如圖3-3所示。

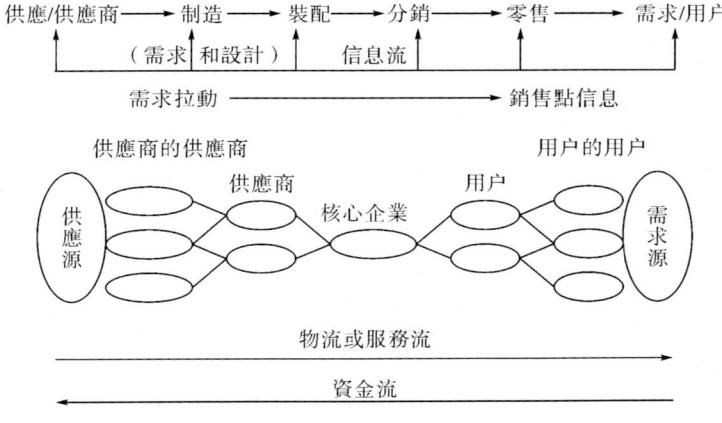

圖 3-3 供應鏈的網鏈結構模型圖

3.5.1.2 供應鏈的特徵

從供應鏈的結構模型可以看出，供應鏈是一個網鏈結構，由圍繞核心企業的供應商、供應商的供應商、用戶的用戶組成。一個企業是一個節點，節點企業和節點企業之間是一種需求與供應關係。供應鏈主要具有以下特徵：

（1）跨度性。因為供應鏈節點企業組成的跨度（層次）不同，供應鏈往往由多個、多類型甚至多國企業構成，所以供應鏈結構模式比一般單個企業的結構模式更為複雜。

（2）動態性。供應鏈管理因為企業戰略和適應市場需求變化的需要，其中節點企業需要動態地更新，這就使得供應鏈具有明顯的動態性。

（3）拉動性。供應鏈的形成、存在、重構，都是基於一定的市場需求而發生，並且在供應鏈的運作過程中，用戶的需求拉動是供應鏈中信息流、產品/服務流、資金流運作的驅動源。

（4）交叉性。節點企業可以是這個供應鏈的成員，同時又是另一個供應鏈的成員，眾多的供應鏈形成交叉結構，增加了協調管理的難度

3.5.2 供應鏈的功能與類型

3.5.2.1 供應鏈的功能

供應鏈有兩種不同類型的功能：物理功能與市場調節功能。其物理功能表現為：從供方開始，沿著供應鏈上的逐個環節，把原材料轉化為在製品、半成品和產成品直至需方的過程。而市場調節功能表現形式不明顯，但卻非常重要，其目的在於保證及時提供多樣化的產品以滿足顧客多樣化的需求，避免缺貨損失或庫存過量。

上述兩種功能會產生各自不同的成本。物理功能導致的成本主要有生產成本、運輸成本、庫存成本等。而市場調節功能在不同情況下有不同的成本產生，當供大於求時，產品不得不削價出售造成損失；反之，則會喪失銷售良機，顧客需求得不到滿足。

3.5.2.2 供應鏈的類型

對應於物理功能與市場調節功能，供應鏈可分為實效型供應鏈（Physical Efficient Supply Chain）和反應型供應鏈（Market-Responsive Supply Chain）兩類。如表 3-1 所

示。

表 3-1　　　　　　　　　實際有效率型和市場反應型供應鏈表

	實效型供應鏈	反應型供應鏈
主要目的	以盡可能低的成本提供需求可預測的產品	對產品不可預測的需求快速反應，以減少缺貨、低價出售、庫存過量等情況的發生
生產能力策略	保持高利潤率	配置「多餘」的緩衝生產能力
庫存策略	在整個供應鏈上減少庫存	配置重要的零部件或產成品的安全庫存
提前期策略	縮短提前期直至它不再增加成本	積極投資以減少提前期
供應商選擇策略	以成本和質量為選擇標準	以速度、靈活性和質量作為選擇標準
產品設計策略	最大化產品效果、最小化成本	用標準組件設計以最大可能地推遲產品分化的時間

3.5.3　供應鏈需求管理流程營運

就供應鏈營運層面而言，該流程必須執行在需求供應鏈各個業務環節層面上制訂的正向和逆向物流工作計劃。具體的供應鏈需求管理流程營運的步驟是：

3.5.3.1　收集數據和信息

在戰略層面上，我們確定了與實施預測有關的數據要求，並且為實施這一數據採集過程所需要的信息系統已經被安裝使用。為了收集在戰略流程中確定的有關數據，該流程工作小組必須與行銷部門針對訂單履約、客戶服務管理、產品開發及商業化和退貨管理等流程建立聯繫。在戰略層面上設計預測系統時，重要的信息將來源於客戶關係管理小組。但在營運層面上，則是由訂單履約和客戶服務管理流程提供了與預測的需求最相關的信息。產品開發及商業化流程小組提供的則是有關新產品下線的相關信息。從退貨管理流程中來的數據也將被用來產生預測，因為它們提供的輸入信息將有助於瞭解真正的客戶需求。

3.5.3.2　制訂需求信息的決策分析計劃

以西蒙為代表的決策理論學派強調，管理就是決策。決策是包括情報活動、設計活動、抉擇活動和審查活動等一系列活動的過程，預測是決策工作的前提，決策是需求管理分析的核心，貫穿於整個管理過程。因此，決策不僅包括了計劃，甚至就是管理本身。有了全部所需的決策數據之後，流程小組應開始制訂需求的決策分析計劃，建立預測計劃系統。首先確定預測誤差的跟蹤和分析，並將這一反饋信息用來作為預測方法選擇的主要依據。

3.5.3.3　配置供應鏈的各種資源

分析供應鏈的上游和下游的資源限制條件。在理想的情況下，工作小組應同時瞭解有關供應鏈主要成員的產能情況和當前的庫存水準。將這些信息與計劃預測目標進行比較分析，從中確定供應鏈上的約束條件。再根據資源約束情況，重新分配現有的資源，並對需求進行有限的計劃配置。

3.5.3.4　降低多變性和提高靈活性

現代企業管理者可以通過兩個方面的內容來降低市場變化的多變性所帶來的負面影響：一是降低多變性本身，二是提高靈活性來對多變性做出反應。需求管理的一個

關鍵要素就是要對這兩個方面的內容做出長期的努力。提高靈活性可以幫助企業對內外部時間做出迅速的回應，降低需求和供應的多變性則意味著不斷地保持計劃的連續性和降低成本。

當然，管理者的工作目標首先應該降低多變性，然後再通過建立靈活性來管理不可避免的多變性。靈活性通常與「價格標籤」聯繫在一起，因而它不可能像長安福特公司那樣用來解決市場需求變化而增強產品市場的適應性。供應鏈上存在著許多能夠導致多變性的因素，其中最麻煩的就是需求多變性。許多經理人員視需求變動為不可控制的決策要素。甚至大多數管理者認為，需求管理是「主動地尋找機會來盡可能地滿足客戶需求的一種狀態（Profile），這些客戶需求的側面正是需求計劃流程所需的輸入信息」。這就是在需求管理流程中應尋找多變性的根源，並設計工作計劃與方案來降低它的主要目標。

表3-2提供了需求多變性的來源及其相應的解決方案的工作實例。例如，該流程小組可能與客戶管理小組一道工作來幫助客戶完善促銷計劃，或者實施有組織、有步驟的訂貨政策。該流程還應找出導致需求多變性的內部操作，如「季度末裝貨」（end of quarter loads）。如果新產品的需求變化性很強，他們還應與產品開發小組一起合作並推進工作計劃的下線方案，並對產品推出市場的需求態勢做出相應的評估和預測。在某些情況下，也可能是由於市場競爭導致了需求的多變性。需求可能是受到某個熱衷於「季度末裝貨」或某個正在搞促銷的競爭對手的影響。在這些情況下，多變性是不可避免的，但通常在做預測分析時能夠將其考慮在內。與需求分析相類似，該小組還應尋找方法來降低供應的多變性，並與供應商關係管理流程小組和採購部門一起工作。所以，企業經理必須認識到「只有在降低不確定性和多變性兩個方面都最成功的供應鏈才有可能最成功地改善其競爭地位」。

表3-2　　　　　　　　多變性的根源和可能的解決方案表

需求管理要素	可能的解決方案
對消費者促銷	與客戶合作實施促銷計劃
銷售業績指標	設計一致的指標來避免「季度末裝貨」類的行動
信用條款	根據客戶輸入信息修訂信用條款，確保銷售條款沒有對採購習慣造成負面影響
定價或採取的激勵措施	與銷售/行銷合作，只提供真正能夠提高長期銷售的激勵措施
最小訂單量	在計算適當的最小訂單量時，確信包括了所有的工作成本
配送渠道的長度	將需求波動性體現在網絡設計決策當中
季節性	尋找可能在高峰期間填補需求不足的備用渠道
需求放大	尋找途徑來獲得下游需求的信號

3.5.4　實訓分組討論題

分成若干小組討論本章案例的知識要點：
1. 當前家電、汽車等機電產品的回收與再製造的現實意義。
2. 再製造機電產品逆向物流供應鏈的經濟效益分析。
3. 生活資料用品中再製造逆向物流供應鏈的實用價值如何呢？

4. 結合當地產業經濟發展實際，分析再製造物流供應鏈管理的有效性。
5. 結合具體企業實際，繪製再製造物流供應鏈的網鏈流程圖。
6. 本案例的啟示是什麼？

參考文獻

［1］、［4］費威. 再製造閉環供應鏈研究綜述［J］. 湖北經濟學院學報，2009（5）：99－100.

［2］夏文匯. 基於供應鏈管理流程的退貨逆向物流管理［J］. 中國流通經濟，2010（08）：21－24.

［3］Geraldo Ferrer, Michael E. ketzenberg, Value of information in remanufacturing complex products［J］. IIETransactions, 2004（36）：265－277.

［5］鐘世臣. 循環物流中再製造技術應用的理論研究［J］. 物流科技，2009（5）：121－123.

［6］謝立偉，鐘駿杰，範世東，等. 再製造物流供應鏈的研究［J］. 中國製造業信息化，2004（10）：78－80.

［7］薛順利，徐渝，陳志剛，等. 再製造中零件供應系統整合優化研究［J］. 教學的實踐與認知，2009（8）：36－40.

［8］董銳. 商社電器本周啟動「以舊換新」［N］. 華龍網－重慶商報，2010－07－30.

［9］萬里. 重慶家電以舊換新快看哪裡可換［N］. 重慶晚報，2010－07－26.

［10］徐旭忠，周文衝. 重慶正式啟動「汽車以舊換新」［N］. 新華網，2009－08－09.

［11］張海燕. 重慶以舊換新最高補1.8萬元［N］. 中國質量報，2010－03－23.

［12］Grossman S, Stiglitz J. On the Impossibility of Informationally Efficient Markets［J］. American Economic Review, 1980, 70（1）：393－408.

［13］李玲俐，肖桂春. 閉環供應鏈中再製造產品與新產品的差異分析［J］. 物流技術，2009（3）：95－96.

［14］張昕竹，拉豐，易斯塔什. 網絡產業：規制與競爭理論［M］. 北京：社會科學文獻出版社，2000：22－58.

［15］馬克思恩格斯全集［M］. 第23卷. 北京：人民出版社，1972：219.

第4章
重慶兩路寸灘保稅港區物流裝卸搬運案例

本章從重慶兩路寸灘保稅港的基本背景出發，主要從裝卸搬運設備與裝卸搬運網絡模型兩個方面來對重慶兩路寸灘保稅港區進行分析，最後對案例知識點進行了總結，旨在通過此案例的介紹能對物流裝卸搬運的軟硬件有所瞭解。

4.1　基本背景

4.1.1　地理位置

重慶位於長江、嘉陵江交匯處，是中國西南地區的工商業重鎮，也是中國西部唯一的中央直轄市。重慶兩路保稅港區由寸灘港及周邊地塊和江北機場地塊組成，是寸灘港和江北機場功能的延伸，是重慶市物流產業發展戰略的重要組成部分，也是重慶市及周邊地區工業發展的重要依託。

2008年11月12日，國務院正式批復設立重慶兩路寸灘保稅港區。2008年12月18日，重慶寸灘保稅港區正式掛牌，這是中國內陸地區首個保稅港區，也是第一個採取「水港+空港」雙功能的保稅港區，即由以寸灘港為核心的水港功能區和以江北國際機場為核心的空港功能區共同組建的「一區雙功能」的保稅港區。寸灘港區是長江上游航運中心標誌性工程，也是重慶規劃的「三基地四港區」物流樞紐之一。

重慶保稅港區規劃選址在寸灘港地塊和機場北部地塊，總面積為 8.37 平方公里。其中，港口保稅區涉及寸灘港及其周邊地塊，面積約 6 平方公里（「水港」功能區）；機場周邊地塊為 2.37 平方公里（「空港」功能區），水港和空港兩個區域相距約 18 公里。

水港功能區面積為 6 平方公里，其範圍為：東至江北區寸灘街道寸灘村甘蔗堡社、大橋社，南至沿長江至渝黔高速公路大佛寺大橋，西至渝北區人和鎮童家院子立交，北至渝北區人和鎮雙碑村十七社、220 國道。

空港功能區面積為 2.37 平方公里，分為兩個地塊。其中地塊一面積為 1.04 平方公里，其範圍為：東至渝北區雙鳳街道辦事處硼田村七社，南至渝北區雙鳳橋街道辦事處新華村十社，西至渝北區雙鳳橋街道辦事處新華村十一社，北至渝北區雙鳳橋街道辦事處硼田村九社；地塊二面積為 1.33 平方公里，其範圍為：東至渝北區古路鎮榮華橋八社，南至渝北區古路鎮榮華村六社，西至渝北區雙鳳街道辦事處黎家村十六社，

北至渝北區古路鎮榮華村七社。

此外，保稅港區的遠期拓展區6.79平方公里，遠期規劃總面積達15.16平方公里，將根據業務發展情況進一步確定其建設規模。目前，保稅港區按近期8.37平方公里進行規劃建設。

4.1.2 區域優勢

2009年12月份重慶重輪國際物流有限公司、重慶潤生物流有限公司和重慶港莎進出口貿易有限公司三家大型物流企業在保稅區內註冊。目前，菲亞特、富泰通等11家企業已經入駐保稅港區（含出口加工區），伊騰忠、新地物流、慧聖科技、西南鋁業、長安、力帆等33家企業也簽訂了入駐協議，初步為一期封關圍網後企業入駐奠定了基礎。

近日，年吞吐能力為42萬標箱的集裝箱碼頭——寸灘二期工程正式投產使用，比預計時間整整提前一年。

剛剛投產的寸灘二期工程，占地面積約800畝（1畝＝666.67平方米，後同），有3,000噸級集裝箱泊位3個、汽車滾裝碼頭1座。設計的集裝箱年吞吐能力為42萬標箱、汽車滾裝能力15萬輛。集裝箱堆場面積29萬平方米，可堆存集裝箱4萬標箱，總投資約15億元。

★「一區雙功能」的格局

重慶保稅港區項目整體呈現「一區雙功能」的格局，包括寸灘及周邊地塊的「水港」功能區和機場北側地塊的「空港」功能區，即在同一保稅港區內，實現「水港+空港」兩大核心的有機結合。

★ 功能規劃佈局

在「水港」功能區和「空港」功能區均規劃業務運作區和管理服務區兩大區域：

（1）業務運作區。結合重慶保稅港區的特定優勢，其業務運作區功能包括以下幾部分：集裝箱港區、倉儲分撥區、物流加工區、口岸物流區、加工展示區。

（2）管理服務區。管理服務區主要完成管理辦公、商務及生活休閒功能，設置保稅港區管理部門、海關、檢驗檢疫等管理機構，建設商務中心功能性總部、金融、保險、外匯、代理、會計事務所等辦公大樓以及各種配套服務功能（餐飲、文化娛樂等）設施。

★ 項目總投資。保稅港區項目工程總投資估算為98.929,2億元，按35%為自有資金，65%為銀行貸款方式籌措資金，預計總投資收益率9.45%，大於8%的行業基準收益率。稅後財務淨現值為10.685,6億元，稅後投資回收期為12.73年。

根據上述內容及保稅港區的實際情況，其主要優勢有以下幾點：

4.1.2.1 具有較好的區位優勢

重慶位於中國版圖的幾何中心，具有承東啟西、連接南北的區位優勢。長江黃金水道優勢明顯。長江、嘉陵江、烏江等江河流經重慶境內，共有大小通航河流136條，航運資源豐富，水系發達、港口密布、干支相連、通江達海。5,000噸級船舶可常年通航，隨著三峽庫區蓄水至175米最終水位，航道條件極大改善，8,000噸級船舶和萬噸級船隊可沿江直達重慶主城。

獨特的航空區位優勢。以重慶為中心，一小時航程內覆蓋了國內最具特色的航空旅遊城市，三小時航程內覆蓋了國內最主要經濟區域和經濟中心城市，六小時航程內覆蓋了整個亞洲和俄羅斯遠東的中心城市和經濟區域。

強大的地面輻射網絡。重慶的經濟輻射面積廣，三小時車程內覆蓋四川、貴州、湖北、陝西、雲南五省20多個二線城市。未來幾年內，重慶將建成至西安、成都、昆明、貴陽、長沙、武漢的高速公路或高速鐵路，實現「4小時鐵路」、「8小時公路」連接周邊省會城市，建成至上海的水陸雙行通道、通達東盟的陸路出海大通道和國家級鐵路集裝箱樞紐。

4.1.2.2 唯一具有水陸空綜合交通條件的城市

重慶擁有長江上游最大港口和最具發展潛力的機場。重慶寸灘港是長江上游規模最大、技術最先進的專用集裝箱碼頭，於2006年元月正式開港營運，寸灘港一期建成並投入營運，二期已開始建設。按照規劃，全面建成後，吞吐量可達到600萬標箱。

2007年重慶空港進出港人數突破1,000萬人次，成為全國十大千萬級機場、世界百強機場。2008年被國家民航總局確定為八個區域性樞紐機場之一。預計到2012年，重慶空港的旅客吞吐量將達到2,400萬人次，進入全國前六名。航空貨運快速增長，貨郵吞吐量同比增長了19.4%，遠高於國內平均增長水準，在西部地區機場中增幅位列第一。特別是重慶機場是國家批准的第一個規劃建設4條跑道的機場，已經規劃預留36平方公里的拓展空間，這是其他機場無法比擬的優勢。隨著第二條跑道的開建以及最終4條跑道的建成，年吞吐能力將達到6,000萬~7,500萬人次，貨郵吞吐量250萬噸。

4.1.2.3 堅實的產業優勢保障

重慶產業基礎雄厚，門類齊全，配套能力強，已形成以汽車、摩托車為主體的機械工業和綜合裝備製造業、以天然氣和醫藥為重點的化學工業、以微電子儀器儀表為代表的高新技術產業和以優質鋼材鋁材為代表的冶金工業等支柱產業。2007年，重慶地區生產總值增幅全國排名第三，西部12個省、區、市排名第二。未來重慶將發揮製造業優勢，重點打造汽車、摩托車、裝備製造、化工、芯片、生物、輕紡、現代物流、鋁產業和材料產業等10個千億級產業鏈，培育1個三千億級開發區、3個千億級市級特色園區、6個五百億級重點產業園區和一批百億級以上區縣工業園區，為保稅港區的發展奠定雄厚的產業基礎。

4.1.2.4 具備保稅物流業務的經驗和基礎

自國務院批准重慶出口加工區拓展保稅物流功能試點以來，已成功開展了國際貿易、國際配送、維修等業務，實現保稅物流業務1.4億美元，使重慶出口加工區排名躍升至中西部（含東北）地區18個出口加工區的第3位，周邊貨源占比達到50%，試點工作累積的經驗為重慶保稅港區的設立奠定了基礎。

4.1.2.5 得天獨厚的國家政策優勢

重慶是西部地區唯一的中央直轄市，也是全國統籌城鄉綜合配套改革試驗區、內陸首個部市共建開放型經濟「試驗田」和全國加工貿易轉移重點承接地，具有較強的體制優勢和政策優勢，這些都為重慶保稅港區的建設和發展提供了良好的基礎條件。

4.1.3 寸灘港簡介

寸灘港區作為重慶市正在打造的西部地區綜合性集裝箱樞紐港區，是重慶市建設長江上游航運中心標誌性工程和西南出海大通道的重要口岸，在建設長江上游綜合交通樞紐中具有舉足輕重的作用。

寸灘港區位於重慶市江北區寸灘鎮，重慶朝天門下游6公里的長江北岸，水域條

件優越，陸域開闊。港區與重慶市內環高速公路、海爾一級公路及金渝大道相連，搭接成渝、渝黔、渝遂、渝宜等多條高速公路，緊鄰渝懷鐵路江北人和與唐家沱鐵路貨運站，距渝北空港約9公里，享有得天獨厚的區位優勢和貨物集配、運輸、倉儲條件。

寸灘港區總面積約2,800畝，預計投資在40億元以上，分三期建設，一期工程占地800畝，總投資8億多元，已於2005年底建成，2006年1月投入試運行，有5,000噸級集裝箱泊位2個和滾裝碼頭1個，年吞吐能力為28萬標箱和15萬輛。二期工程於2007年9月24日開工，於2009年底竣工，占地面積約880畝，總投資約11億元，有5,000噸級集裝箱泊位3個和滾裝碼頭1個，年吞吐能力為42萬標箱標箱和15萬輛。三期工程占地約1,100畝，計劃投資20億元以上，規劃建設5,000噸級集裝箱泊位4個，新增集裝箱通過能力56萬標箱（根據規劃建設發展的實際情況，三期工程也有可能做具體調整或並入其他工程項目建設）。按重慶市政府進一步加快寸灘港區發展要求，目前港務物流集團正緊鑼密鼓開展前期規劃、設計、拆遷等工作，寸灘三期工程已於2010年底開工建設。寸灘港區一、二、三期全面建成後，將擁有集裝箱泊位9個，設計年集裝箱通過能力為126萬標箱，實際吞吐能力將達200萬標箱。

寸灘港區自開港營運至2007年底，累計完成集裝箱19.47萬標箱。其中2006年完成4.8萬標箱，2007年完成14.67萬標箱，2007年比2006年增長200%，約占全市集裝箱量的1/3。2007年寸灘港外貿集裝箱完成5.5萬標箱，其中進口3.2萬標箱，約占40%，主要貨種為汽車零配件、化工原料、醫療器械及機械設備等；出口2.3萬標箱，約占60%，主要貨種為摩托車、長安汽車、玻纖、潔具及食品等。

2010年，隨著重慶市經濟的快速發展，寸灘港發展勢頭較好，集裝箱量大幅增加，1~5月，累計完成集裝箱量95,251標箱，比上年同期增加101.87%，其中外貿箱51,702標箱（進口24,014標箱，出口27,688標箱），內貿箱43,549標箱（進口23,465標箱，出口20,084標箱），外貿箱與內貿箱分別占54%和46%，外貿箱量呈明顯上升趨勢。

4.1.3.1 寸灘港功能定位

按照「境內關外，全面放開；物流主導，綜合配套；區港結合，協調發展；統一領導，屬地管理」的目標模式，重慶保稅港區主要有港口作業、空運服務、對外貿易、出口加工、商品展示、保稅多式聯運和金融商貿服務七大業務功能。先期在保稅港區內重點發展保稅物流和加工貿易，結合機場空運功能逐步擴大到開展國際中轉、國際配送、國際採購、國際轉口貿易等業務，充分利用鐵路、港口、空港等基礎設施，發展保稅多式聯運。

（1）港口作業。港口作業區主要是港口為了便於生產管理，根據貨物的種類、流向、吞吐量、船形和港口佈局等因素，將港口劃分為幾個相對獨立的裝卸生產單位。港口作業區以航運、停泊、裝卸業務為主。

重慶港現已開通直達上海的外貿集裝箱快班輪，五天時間即可到達。保稅港區設立後，由於政策優勢，寸灘港和江北空港將大量集聚重慶及周邊進出口貨物，通過寸灘港和江北空港轉港、分撥，水港和空港的功能將得到最大限度發揮。

水港與空港的保稅港區內可以對外貿貨物入區存儲不設時間限制，改進貨物裝卸、拖運、倉儲等作業能力，結合快班輪運輸保障外貿貨物便捷通關、轉港。

（2）空運服務。重慶除具備一般機場的空運功能之外，還開展了具有保稅功能的

空運保稅區。在政策導向下，對於高附加值、時間敏感、以空運為主的製造業，其產業鏈各環節均可向保稅港區集聚，同時可與西部地區各城市機場形成內陸空運網絡，統一對外連接沿海或者國際機場，從重慶起飛一小時航程可抵達絕大多數國內旅遊城市，三小時航程可抵達中國主要經濟區域和城市，六小時能抵達亞洲和俄羅斯遠東所有的中心城市和經濟區域。

（3）對外貿易。自重慶出口加工區拓展保稅物流功能試點以來，帶動了高新技術企業採用「零庫存」生產和國內原材料替代，吸引了眾多跨國物流公司、仲介公司入區經營。

保稅港區建成後，將大力發展第三方、第四方物流，實現倉儲、中轉、分撥、配送等物流功能的有機結合，入區的國際中轉貨物和國內貨物可進行分拆、集拼，再運至境內外目的地，開展生產或商業性加工。批量轉換後，向境內外分撥、配送。

（4）出口加工。在保稅港區特定區域設立出口加工區，開展加工貿易。規劃中的重慶保稅港區涵蓋出口加工區，隨著保稅港區功能的逐步到位，將使重慶出口加工區在承接東部加工貿易轉移中具有優勢，而出口加工區的發展又會進一步促進港口保稅業務的擴展。新型內地加工貿易流向如圖4－1所示。

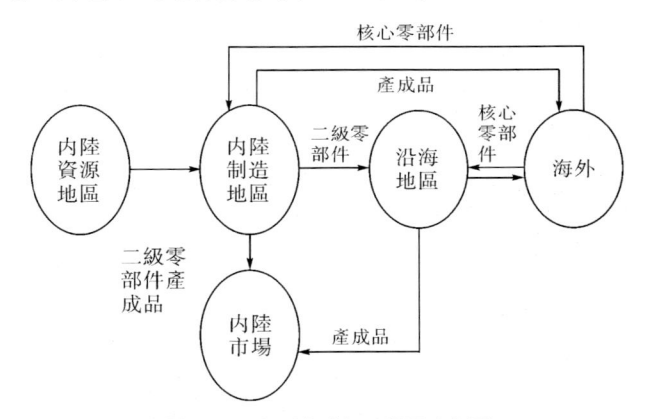

圖4－1　新型內地加工貿易流向圖

（5）商品展示。依託國際貿易，在保稅港區內建立大型的商品展示場館，使國內客戶不出國門就可以在區內直接就地觀摩世界各國的商品，並可以在看樣後當即簽訂合同，辦理進口手續；境外客戶也可以在區內看樣後與國內企業簽訂出口合同。

（6）保稅多式聯運。重慶兩路保稅港區地處內陸，依託的是內河港，並將空港作為重要元素納入保稅港區，充分利用重慶市水港、出口加工區和空港地理位置較近的特殊優勢，打通空間連接，形成水港、出口加工區和空港三位一體的聯動發展，以保稅方式進行陸路、水路、鐵路、航空多式聯運，滿足貨物的國際中轉/轉口、轉關、轉區的需求。

（7）金融商貿。同發達國家相比，中國物流水準低下的癥結不在於物流企業服務水準低、技術水準弱、管理水準差，其深層次的原因是沒有推進物流、商流、資金流和信息流的一體化，尤其是大量的資金擱置在供應鏈全過程的各個環節中，既影響了供應鏈的順利運轉，又導致了物流運作的資金成本居高不下。

因此，在金融增值服務中，在保稅港區內建立全新的物流金融倉庫，開展「保稅倉」運作模式。在與銀行以及客戶協商的基礎上，客戶可將存儲在保稅倉的經常庫存量作為抵押，向銀行申請小額貸款。當客戶的庫存量低於經常庫存量時，保稅倉便不再允許企業提貨，這也是對銀行負責。這種物流金融服務的方式在香港已較為普及，內地採用得比較多的則是倉單質押的方式。相對於倉單質押，「保稅倉」更為靈活一些。

4.1.3.2 功能分區

（1）水港功能區，分為：

①口岸作業區（2,953.65 畝）

②保稅倉儲區（2,203.80 畝）

③保稅加工區（1,761.00 畝）

④綜合配套區（416.25 畝）

⑤防護綠地帶（1,638.90 畝）

水港功能區：

一期圍網功能佈局（1.78 平方千米）

水港保稅港區一期圍網經濟技術指標：總用地面積：1,777,378 平方米。

總建築面積：695,660 平方米。其中，加工區保留工業及倉儲建築面積：76,418 平方米，新建工業及倉儲建築面積：261,318 平方米，水港區物流倉儲建築面積：335,088 平方米，查驗建築面積：20,576 平方米，其他建築面積：500 平方米，容積率：0.39，建築密度：27.53%，綠地率：10.36%。

停車位：3,271 輛，其中地面停車位：2,518 輛。

（2）空港功能區，分為：

①口岸作業區（546.15 畝）

②保稅物流區（839.10 畝）

③保稅加工區（2,001.75 畝）

④綜合服務區（174.60 畝）

空港功能區：

一期圍網功能佈局（0.89 平方千米）

空港一期圍網主要經濟技術指標：總用地面積：896,774 平方米，總建築面積 284,584 平方米，其中，海關查驗區建築面積：3,400 平方米，檢疫用房：200 平方米，保稅倉儲區建築面積：138,284 平方米，口岸作業區（航空貨站）：142,700 平方米。

容積率：0.32，建築密度：34.6%，綠地率：17.04%，總停車位數：2,397 個。其中：入口待檢區：172 個，出口待檢及一日遊區：431 個。保稅倉儲區：1,156 個，航空貨站區：638 個。

4.1.3.3 區域功能

（1）保稅物流功能。保稅物流功能主要滿足依託重慶市及其周邊區域產生的現代物流業需求，吸引國際及國內著名物流公司前來設立區域性物流中心。在保稅倉儲區域內大力發展綜合集拼、保稅貨物存儲、國際分撥和國際中轉等業務；針對保稅物流功能，需重點發展第三方和第四方物流，開展買家指定集運業務，推廣實施供應商管理庫存和零庫存服務，延伸物流供應鏈；此外，對於保稅物流貨物，可通過保稅方式進行水路、航空、陸路、鐵路多式聯運，滿足貨物的國際中轉/轉口、轉關、轉區的需

求，在西南範圍內形成保稅經濟圈。

（2）保稅加工功能。主要滿足重慶市及其周邊經濟區域內加工貿易、高新技術產業等需求。依託於江北機場，引入對航空運輸時效性有較強依賴的電子信息、生物醫藥環保節能、光機電一體化為主導的高新技術產業和高附加值產業。依託於寸灘水港，引入對水路運輸經濟性有較強依賴的汽車相關產業、摩托車相關產業、配件、裝備製造等產業。

（3）保稅貿易功能。發揮保稅港區有效連接國際、國內兩個市場的優勢，在保稅條件下大力發展貨物貿易的功能，吸引跨國企業在保稅港區內設立國際採購中心、物資集散中心和銷售中心，進行採購、集散和分銷的交易決策，使保稅港區成為商品集散和交易的最便利的基地。

（4）生產性和流通性服務貿易功能。依託於保稅港區的功能定位與優惠政策，發展與出口加工、保稅物流、保稅貿易相關的生產性服務貿易和與國際運輸、國際交易結算、物流金融、綜合信息等相關的流通性物流服務貿易功能；逐步拓展研發設計、產品測試、售後維修、展示展覽、運輸調度、交易結算、設備租賃、信息服務等業務。

4.1.3.4　基礎設施及置業條件

配套設施：

保稅港區首期投資30億元形成「七通一平」的用地條件；交通便捷，距重慶市中心解放碑僅6公里；政府重資全力打造港區周邊配套環境，規劃約34平方公里功能配套區域。

已配套：供水：30萬噸的梁沱水廠

供電：110kV變電站5座、220kV變電站2座

供氣：一級天然氣配氣站2座

4.1.3.5　監管信息

（1）貨物監管。按照「一線放開，二線管住，區內自由」的監管理念，海關對進出保稅港區的運輸工具、貨物、物品以及保稅港區內企業、場所實施「信息化、網絡化、集約化」監管方式。監管措施有：封閉式管理、「集中通關、按質分流」的通關監管、區內貨物自由流轉、及時簽發退稅聯管理、區區聯動保稅監管、信息化管理。

（2）水路監管。重慶海關與上海海關就重慶保稅港區設立後，如何加強長江內直線海關監管工作，在「管得住」的前提下，實行「通得快」，雙方初步達成了一致意見。具體監管措施是：

①在監管的總體思路上，以出口集裝箱監管為重點，做到「貨不離港、箱不離船、船不靠岸」。

②在運輸工具的要求上，必須具有符合海關監管規定並經海關備案的監管運輸工具。

③在科技手段的運用上，擬運用全球定位系統（GPS）和電子關鎖監控系統，對運輸集裝箱實施全時空、全方位、全過程的監控。

④在人力資源的配備上，擬由政府聘請協管員協助海關加強卡口管理和保障保稅港區監管。同時，擬組建重慶至上海長江內支線巡查小分隊，必須即時隨船監管，與沿岸各海關建立應急處理機制。

⑤在監控系統的建設上，依託H2000數據傳輸，運用電子口岸系統，建立兩港集

裝箱監管監控系統，實現對長江內支線監管的互聯互通。

⑥在配合機制的建立上，與上海海關即時保持聯繫，及時研究解決監管工作中出現的新情況、新問題，確保保稅港區設立後長江內支線集裝箱貨物監管到位。

（3）港區內貨物監管。運用先進的技術裝備，創新監管理念和改革監管模式，對保稅港區「雙功能」區之間的貨物實施無縫隙監管：

①採取「一次申報通關，卡口聯動放行」的方式進行監管。

②海關對物流運輸企業實行資信管理。

根據形勢發展的需要，可對雙功能區之間實現專用封閉通道連接，海關按照相關規定，視為同一區域進行監管，兩區域內貨物可自由流轉，流轉前雙方企業應及時向海關報送轉讓、轉移貨物的品名、數量、金額等電子數據信息。

4.1.3.6 發展目標

努力把重慶兩路寸灘保稅港區建設成為西部地區外貿物流樞紐中心，輻射長江上游和西部地區的國際現代物流基地，臨港加工製造的現代工業園區，世界特色商品的展示交易基地，促進西部地區外向型經濟發展的重要引擎。

4.2　案例評析：物料裝卸搬運方案設計

近年來，隨著經濟的發展，物流熱逐步的升溫，中國越來越多的企業已認識到物流管理的重要性，將物流管理定位為形成企業競爭優勢的核心能力，許多學者也對其進行了廣泛而深入的研究。隨著人們對物流管理的重視，裝卸搬運也越來越受到人們的關注。物流熱帶動了裝卸搬運的發展，特別是港口集裝箱裝卸量的發展，近幾年長江上游集裝箱運輸迅速的發展。但長江上游各港口目前已經不能滿足集裝箱裝卸量快速增長的要求，因此各大港口都在積極新建大型高效集裝箱專用碼頭。

根據《河港工程設計規範》（GB50192－93）規定，設計水位差在17米以上時，宜採用斜坡式碼頭。目前長江上的集裝箱運輸船舶正快速地走向大型化，由載箱量55~98標箱的機動船向載箱量為144標箱（或156標箱、190標箱、220標箱）的集裝箱船發展，在川江及三峽庫區，內河集裝箱船已規劃發展到300標箱。該類大型船的艉艇均有高達12米（距船舶甲板高）以上的建築物，且船艉建築物的前後均堆放集裝箱，當採用斜坡碼頭配浮吊進行裝卸船作業時，就暴露了其適應性較差的問題。加上斜坡式碼頭固有的裝卸環節多、設備多、效率低的缺點，常規的斜坡式碼頭方案已不能很好地滿足當前集裝箱高效率裝卸的要求。因此，在重慶寸灘集裝箱碼頭的設計中突破了規範的限制，在33.3米的大水位差條件下採用了直立式碼頭配置岸橋的工藝方案，開創了國內在大水位差地區採用直立式碼頭結構和岸橋裝卸工藝方案的工程先例。

4.2.1　大水位差集裝箱碼頭現狀

王維在《大水位差集裝箱碼頭新型裝卸搬運設備方案》一文中表述：由於上游地區岸坡陡、水位差大（最大可達30~40米），從而導致碼頭裝卸普遍採用一種不同於沿海的工藝形式，其工藝系統較沿海和長江中下游港口複雜，操作環節多，裝卸效率低。其工藝流程為：堆場→集卡→集裝箱門式起重機→坡頂布置的軌道式集裝箱門式起

重機（或其他起重機）→斜坡纜車→40噸浮吊→集裝箱船。這種傳統的內河集裝箱裝卸工藝設備通用性強、投資省，在目前的條件下，不失為一種經濟實用的方案，對裝卸量不大的內河大水位差集裝箱碼頭能滿足使用要求。

隨著中國集裝箱裝卸量的快速增長，對大水位差地區集裝箱碼頭的要求也越來越高，現有的作業方式已不能滿足碼頭的能力需要，因此重慶寸灘集裝箱碼頭作為大型高效的新型直立式碼頭已成為上游地區碼頭的標誌。

重慶市寸灘港區一期工程建設集裝箱泊位2個，設計吞吐量為20萬標箱/年，碼頭前方平臺上採用了3臺專門為大水位差碼頭設計的岸橋，其單機臺時效率可達20～22自然箱，2個泊位的通過能力約為24萬標箱/年。

4.2.2　新型裝卸搬運工藝方案設計

隨著上游地區直立式集裝箱碼頭建設的開展，出現了較多的問題需要研究，因此交通部立項開展了一系列相關的課題研究工作，包括工藝、設備、平面布置、道路坡度、水工結構等。以下介紹的兩種新型設備方案就是其中的部分研究成果，它可組成各種適合長江上游地區特點的工藝方案：①岸橋＋無人搬運車（Automated Guided Vehicle，AGV）＋提升機方案；②岸橋＋AGV小車＋橋式起重機＋集卡方案等。具體工藝流程如下：①堆場→集裝箱門式起重機→堆場箱位處→坡頂堆場前沿→提升機→AGV小車→岸橋→集裝箱船；②堆場→集裝箱門式起重機→坡頂堆場前沿的集卡→橋式起重機→AGV小車→碼頭平臺→岸橋→集裝箱船。

4.2.3　新型物料搬運設備方案

4.2.3.1　集裝箱自動轉運小車（方案1）

國內外對如何提高大水位差碼頭的集裝箱裝卸效率進行了種種探索，如德國漢堡港和荷蘭鹿特丹港已有了使用AGV小車進行運輸的全自動化集裝箱碼頭，提出了輪胎式AGV小車的方案。但是，由於自然條件和經濟等因素的限制，河港集裝箱碼頭，尤其是長江中上游集裝箱碼頭的建設技術、設備及自控技術仍相當落後。為此，王維提出了一種適合長江中上游集裝箱碼頭使用的有軌AGV小車（見圖4－2），放在碼頭前沿和堆場。碼頭前方和堆場的集裝箱運輸通過自動控制的AGV小車環形運行，港區內無須集卡作業，作業時碼頭和堆場可採用全封閉式管理。集卡只在堆場外圈作業，負責與港外的集疏運。

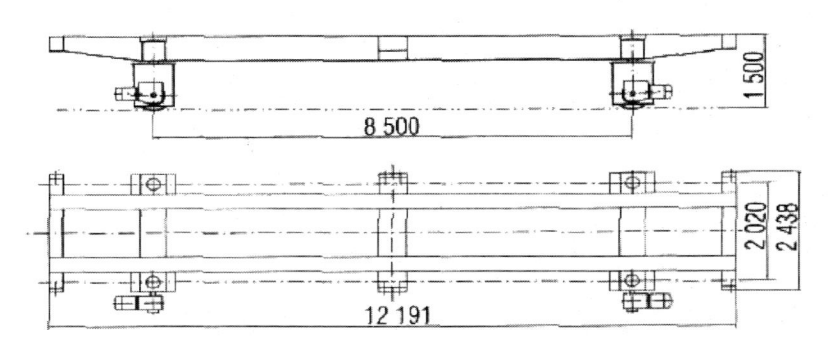

圖 4-2 軌道式 AGV 小車圖

資料來源：王維. 大水位差集裝箱碼頭新型裝卸搬運設備方案 [J]. 港口裝卸, 2005 (3).

　　國際上現使用的 AGV 小車為柴油機驅動、輪胎式運行機構，運用全球定位系統技術和地面定位等方法對其運行進行全面的定位和控制。由於其造價昂貴，控制系統成本高，柴油機驅動使其運行成本高、維修費用高，且中國內河上游地區陸域狹窄，前後高差大，故這種小車不適合用在這裡使用。因此王維提出的有軌 AGV 小車為電動小車，由車架、驅動系統、控制系統 3 部分組成，中控室工控機與小車自帶的數字操控器（Public Limited Company，PLC）以通訊模式進行數據交換，實現對小車的控制。小車供電及與中控室的通訊採用 2 套相互獨立的安全滑線分別實現。這種小車造價低（外部安全滑線供電的每臺估價約為 18 萬元人民幣、自帶發電機組的每臺約為 35 萬元人民幣，低於或相當於 1 臺普通集卡的價格），運行成本低，維修費用少，適合於上游地區使用。

　　碼頭作業時，岸橋將集裝箱吊到隨岸橋自動定位的小車上，小車自動運行到指定卸箱地點，由軌道式集裝箱龍門起重機將集裝箱吊到既定的箱位處。

　　AGV 小車的主要技術參數如表 4-1 所示。

表 4-1　　　　　　　　　集裝箱自動轉運小車主要技術參數表

技術參數		技術參數	
運行速度/m·min^{-1}	120	設計輪壓/kN	120
過彎速度/m·min^{-1}	60	設計容量/kW	44
承載能力/t	35	供電電源/V，Hz	AC 380，50

　　小車車架由焊接鋼結構制成，可分別適用於 40 英尺和 20 英尺集裝箱，車架四角帶有喇叭形導板，中部帶有平直導板，用於對集裝箱進行可靠的定位。車架上還裝設了相關的信號發生器用於完成小車加速、運行、減速、制動、防撞、定位等控制功能，所有信號發生器均採用接近式傳感器。

　　小車驅動系統由臺車架、車輪、驅動裝置組成。由於軌道轉彎半徑小，為避免小車轉彎時車輪輪緣與軌道發生干涉，每臺小車由 4 只具有獨立隨動轉向系統的單輪緣車輪支承，其中主動輪、從動輪各 2 只，且採用單邊驅動形式以提高小車的過彎能力。驅動裝置採用懸掛軸裝式減速電機，適應變頻控制方式。1 只從動輪上裝有編碼器，用於車位的輔助控制。

　　小車控制系統由中央控制系統和車載控制系統 2 部分組成。

　　中央控制系統負責堆場貨位調度、小車車位及工況監控、箱位確認、場橋的輔助控制等。所有協調指令均由中央控制系統發出，由車載 PLC 執行。小車運行軌道旁每隔 10 米設置一個信號感應裝置用於確認各小車位置，小車正常運行過程中兩車最小間距為 30 米，小於 30 米時，中央控制系統向後方小車發出減速制動指令。在彎道前 15 米處設有減速信號感應器，保證小車慢速過彎。

　　車載控制系統控制小車的工作狀態。它由 PLC、變頻器、各類接觸器、開關及外圍控制系統等構成。PLC 與中央控制系統雙向通訊並向車載控制系統發出控制指令；變頻器控制小車的加速、運行、減速等動作；外圍控制系統採集小車的車位信號，它主要由各類傳感器組成。所有聯鎖、保護動作（如過彎、上升降機時的聯鎖、防撞等）

均可在中央控制系統無指令的情況下自主執行，以確保行車安全。小車與相對的前沿岸橋設有相對位置傳感器，以保證小車與岸橋在任何情況下準確的停車定位。

4.2.3.2 集裝箱自動垂直提升機（方案2）

為了使系統適應長江上游達30多米的水位差以及因陸域高差大而形成的梯級堆場，考慮採用提升機實現自動化小車的垂直運行。

該提升機為電動提升機（見圖4-3），由機架鋼結構、承臺、絞車、鋼絲繩卷繞系統、控制系統等組成。中控室工控機與提升機自帶的PLC以通訊模式進行數據交換，實現對提升機的控制。提升機由電纜供電，提升機與中控室的通訊採用屏蔽電纜實現，以消除控制信號的干擾。

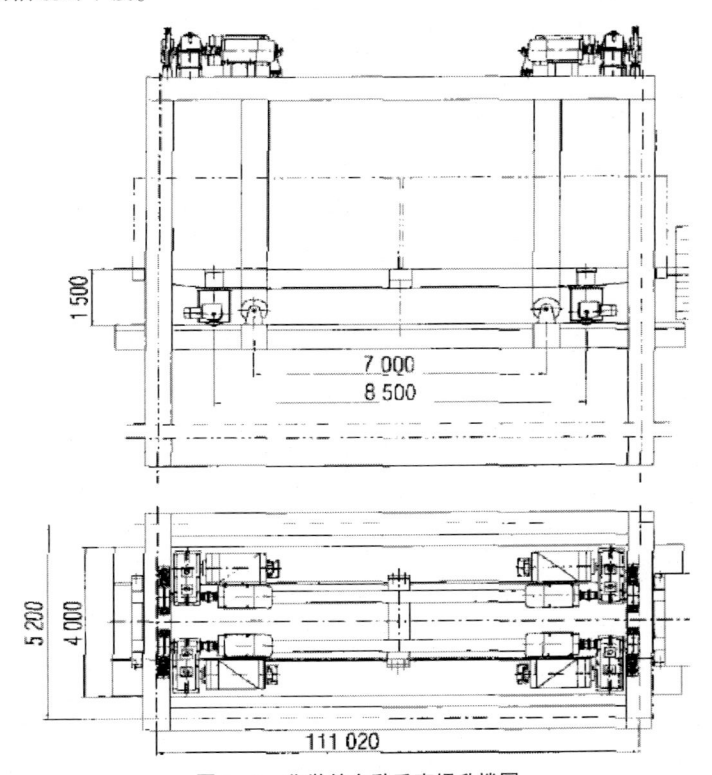

圖4-3 集裝箱自動垂直提升機圖

資料來源：王維. 大水位差集裝箱碼頭新型裝卸搬運設備方案［J］. 港口裝卸，2005（3）.

提升機的主要技術參數如表4-2所示。

表4-2　　　　集裝箱自動垂直提升機主要技術參數表

技　術　參　數		技　術　參　數	
滿載提升速度/m·min^{-1}	40	裝機容量/kW	4×132
空載提升速度/m·min^{-1}	80	供電電源/V，Hz	AC 380，50
承載能力/t	48		

鋼結構用於支撐絞車及承臺導軌，安裝於混凝基礎上。

土承臺用於支撐小車及其上的貨物，由承臺鋼結構、小車軌道、止擋器、小車定位裝置、小車供電及通訊延續裝置、滑輪、傳感器等組成。

該提升機共有4套同樣的起升絞車，絞車由變頻電機、聯軸器、制動器、減速器、卷筒、限位開關等組成。採用閉環控制系統。

提升機控制系統由中央控制系統和自有控制系統兩部分組成。

中央控制系統負責堆場貨位調度、小車車位及工況監控、提升機工況監控、箱位確認、場橋的輔助控制等。所有協調指令均由中央控制系統發出，由提升機PLC執行。小車與提升機的聯鎖也由中央控制系統負責。

提升機自有控制系統控制提升機的工作狀態，由PLC、變頻器、各類接觸器、開關及外圍控制系統等構成。PLC負責與中央控制系統的雙向通訊，並向控制系統發出控制指令；變頻器控制提升機啓動、運行、減速、制動等動作；外圍控制系統主要由各類傳感器組成，負責提升機位置、小車與提升機相對位置的信號採集。所有聯鎖、保護動作（如提升上下極限的減速限位、上下極限限位、小車位置限位等）均可在中央控制系統無指令的情況下自主執行，以確保安全。

4.2.3.3 工藝方案的比較

由上述兩種設備組成的工藝方案的特點如表4-3所示。

表4-3　　　　　　　　　兩種工藝方案的特點比較表

方案	1	2
設計通過能力	大	較大
堆場前沿線和高程的適應性	強	較強
堆場級數	1	2
同樣陸域面積布置的箱位數	高	較高
管理操作自動化程度	高	一般
操作環節	少	多
操作司機人數（人工費用）	低	高
裝卸機械設備能耗總量	中	高
設備總投資	較高	較高
直接裝卸成本	較高	高

資料來源：王維. 大水位差集裝箱碼頭新型裝卸搬運設備方案 [J]. 港口裝卸, 2005 (3).

經計算比較可得出如下結論：

方案1為新型高效的全自動化方案，技術指標較好，成本指標也較好。該方案自動化程度高，效率高，堆場和碼頭前方的作業採用全封閉管理，人員成本低，運行成本也較低，堆場利用率最高。但其提升機造價較高，電容量很大，導致動力成本提高。

該方案可用於一個泊位的設計上，還可用在高差不大或無須提升的碼頭上，即使在中下游地區也是可選方案。若能去掉提升機，投資會降到比較低，運行成本會降到最低，從而使該方案成為很有優勢的方案。

方案2環節相對較多，成本指標、水工投資、總投資相對較高，但能較好地適應陸域坡度的變化，土石方平衡較好，效率較高，技術成熟，可實施性強。

總之，根據這些新設備和各地的自然條件，可以組合成多種有針對性的方案來進

行比較。

4.3 裝卸搬運網絡模型

在這一部分，我們將探討裝卸搬運中的網絡應用問題，其基本目標是確定網絡節點間的最短路線。我們將通過寸灘集裝箱碼頭的狀況來闡述裝卸搬運網絡模型。寸灘集裝箱碼頭裝卸搬運的方案有很多種，因此其運輸路線也有多種。我們將選取其中幾種方案進行分析，以解釋裝卸搬運中的最短路線問題。在各種運輸方案中，在集裝箱船與堆場間的運輸路線可被看成一個由線與節點組成的網絡。在圖 4-4 中顯示的網絡描述了往返於集裝箱船與堆場之間的運輸路線，其中的小圓圈稱為網絡節點，表示集裝箱的存放處；直線表示各種運輸方案的運輸路線，直線上的數字表示兩節點間的距離。現在我們可以確定一條線路，使得從堆場到集裝箱船的運輸路線最短。

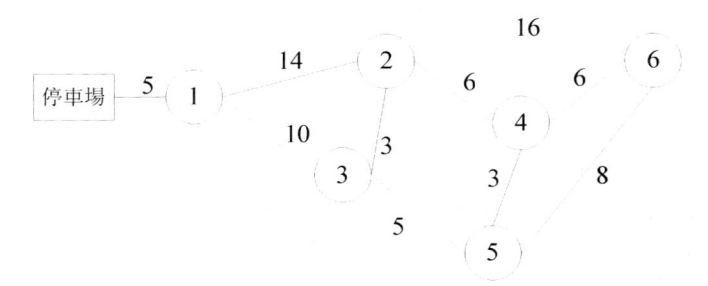

圖 4-4　寸灘港裝卸搬運方案路線圖（單位：英里）
註：每條線的長度並不與它所代表的實際距離成比例。

最短路線計算法

為了使我們能夠找到一條從堆場到集裝箱船的最短的路線，我們將採用最短路線計算法進行分析。這裡提到的算法是使用一種標示法來尋找從節點 1 到每一個其他節點的最短路線。在標示的過程中，每一個節點都有一個由括號中的兩個數字組成的標示，標示括號中的第一個數字指的是從節點 1 到那個節點的距離，第二個數字指從節點 1 到那個節點路線上的前一節點，網絡中的每個節點都進行標示，如圖 4-5 所示。

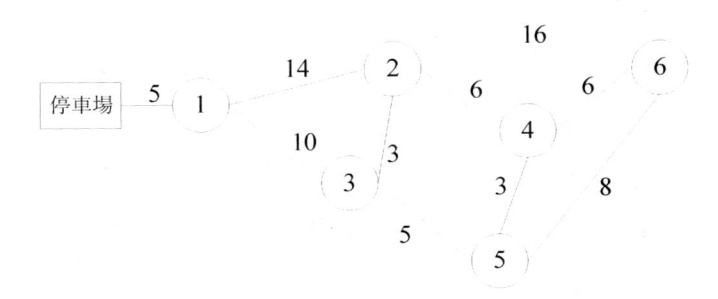

圖 4-5　節點標示示例圖

在標示法中，有永久性標示和暫時性標示。當節點 1 到某一節點的最短路線已經確定時，該節點就是永久性標示，反之，當節點 1 到某一特定已經標示的節點的最短路線還未確定時，該節點有暫時性標示。

在標示過程中我們首先給定一個永久性標示，在本例中，由於不管何種方案都要經過從停車場到節點 1 這段路線，所以本例討論的問題都從節點 1 開始。在這裡我們給定節點 1 一個永久性標示［0，Q］，其中「0」表示從節點 1 到其自身的距離。「Q」表示節點 1 是起始節點。在我們研究的案例中，我們使用箭頭指示來說明正在進行的標示算法的永久性已標示節點。如當僅有節點 1 是永久標示時，本例的最初情況如圖 4－6 所示。

節點 1 到該節點的距離是 10

節點 1 到該節點的這條路線上的前一節點是節點 3

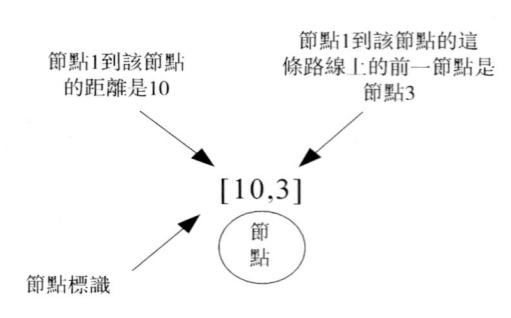

［10，3］

節點

節點標識

圖 4－6　寸灘港最短路線問題的最初網絡圖

在進行第一個步驟時，我們必須考慮所有能從節點 1 直接到達的節點，因此，考慮到節點 2 與節點 3。從節點 1 到節點 2 的直接距離是 14 英里，於是節點 2 被暫時標示為［14，1］，其中「14」表示距離，「1」表示在到達節點 2 的路線上，前一節點是節點 1（後續步驟同此）。下一步，我們考慮節點 3，由圖 4－6 可知從節點 1 到節點 3 的直接距離是 10 英里，於是，節點 3 的暫時性標示為［10，1］，如圖 4－7 所示。

［0，Q］

停車場　5　1　14　2　16　6

10　3　6　4　6

3　3　8

5

5

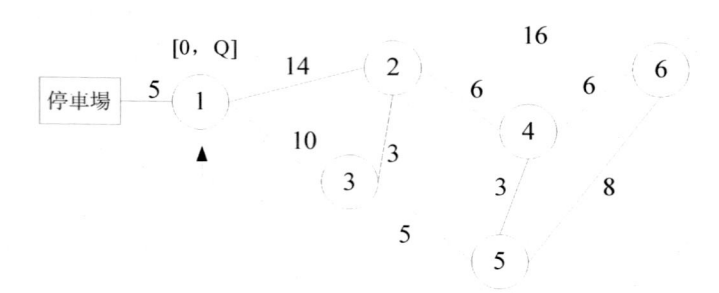

圖 4－7　節點 2 和節點 3 為暫時性標示圖

在圖 4－7 的基礎上，我們考慮所有暫時性標示的節點並確定其標示為最小距離值的節點。這樣就選中了距離為 10 英里的節點 3。因為，任何其他到節點 3 的路線都要經過其他的節點，那麼從節點 1 經過這些節點到節點 3 的距離都大於 10 英里，所以節點 1 到節點 3 的直接距離是最短的路線，因此，節點 3 被永久標示，成為永久已標示節點，距離為 10 英里。該步驟的結果如圖 4－8 所示，其箭頭表示節點 3 會被用於下一步

的標示法。

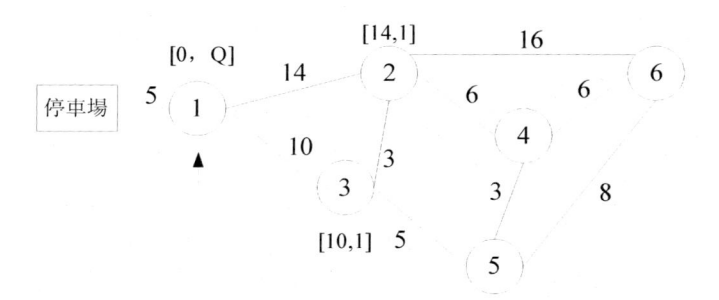

圖 4-8　節點 3 為永久性標示圖

　　接下來考慮所有未被永久標示的並且可以從節點 3 直接到達的節點，它們是節點 3 和節點 5。這裡，我們要清楚節點 3 到節點 2 的直接距離為 4 英里，節點 3 到節點 5 的直接距離為 5 英里，因為節點 3 的永久性標示表明到節點 3 的最短距離為 10 英里，所以我們可以算出到節點 2 的距離為 10 + 3 = 13（英里）；到節點 5 的距離為 10 + 5 = 15（英里）。因此，節點 2 的暫時性標示被改為［13，3］，這表示已經找到一條從節點 1 到節點 2 的只有 13 英里的路線，並且經過節點 3，節點 5 的暫時性標示為［15，3］。計算結果如圖 4-9 所示。

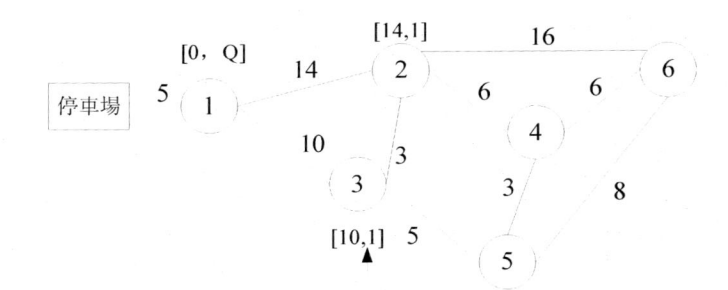

圖 4-9　節點 2 和節點 5 被暫時標示圖

　　下一步為了考慮所有的暫時性已標示節點以找到具有最小距離值的節點。從圖 4-9 中，我們看到從節點 1 到節點 2 的最短距離為 13 英里，因為這是我們找到的從節點 1 經過節點 3 到節點 2 的最短距離，因此，將節點 2 標示為永久節點。接著我們從永久標示節點 2 開始，像前面的步驟一樣，考慮每一個暫時性節點，並考慮從節點 2 可以直接到達的節點，即節點 4 和節點 6。以永久標示節點 2 的距離值 13 為基數，加上從節點 2 到節點 4 和節點 6 的距離，就可以得到到達節點 4 的距離為 13 + 6 = 19（英里），到達節點 6 的距離為 13 + 16 = 29（英里），因此，節點 4 和節點 6 的暫時性標示如圖 4-10 所示。

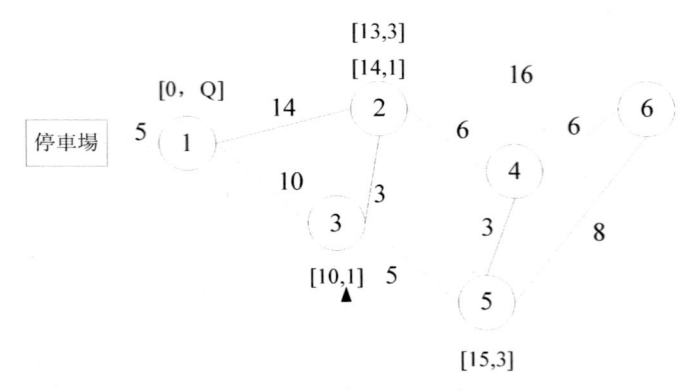

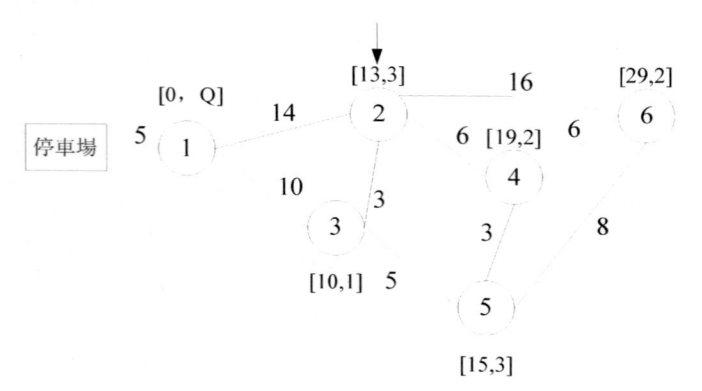

图 4-10 节点 2 被永久标示，节点 4 和节点 6 被暂时标示图

从图 4-10 中的暂时性已标示节点（节点 4，节点 5，节点 6）中，我们选择距离最小的节点并将其定位永久性标示节点。因此，距离为 15 英里的节点 5 成了新的永久性已标示节点，然后，从节点 5 开始考虑所有可以从其直接到达的暂时性已标示节点，于是节点 4 的暂时性标示被更改为 [18, 5]，节点 6 的暂时性标示被改为 [23, 5] 此时只剩下两个暂时性标志节点。此计算步骤如图 4-11 所示。

图 4-11 节点 5 被永久标示，节点 4 和节点 6 被暂时标示图

根据图 4-11 知，仅剩下两个暂时性标示节点，因为节点 4 的距离值小于节点 6 的距离，所以将节点 4 标示为永久性标示节点，又因节点 6 是仅剩的一个暂时性标示节点，又可以从节点 4 直接到达。因此我们将距离 23 英里同节点 4 到节点 6 的距离进行比较，得到节点 6 的暂时性标示比节点 4 到节点 6 的距离小，因此，节点 6 的标示可以保持不变。如图 4-12 所示。

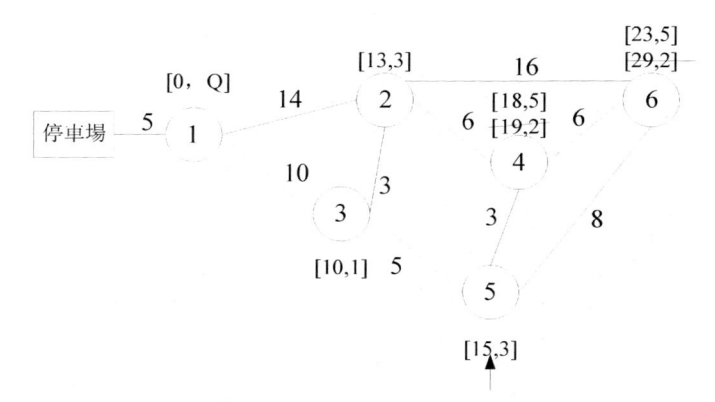

圖 4-12　節點 4 被永久標示，節點 6 被暫時標示圖

因節點 6 現在是僅剩的暫時性標示節點，所以它也被標示為永久標示。如圖 4-13 所示所有節點被永久標示後的最終網絡圖。

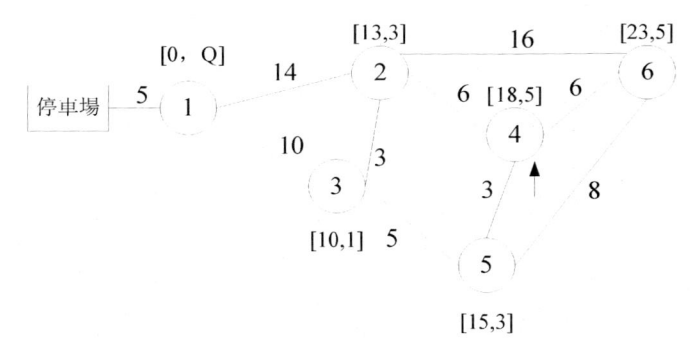

圖 4-13　所有節點被永久標示圖

根據圖 4-13 的永久標示信息，我們可以在網絡中找到從節點 1 到每個節點的最短路。如根據節點 6 的永久標示我們可知，從節點 1 到節點 6 的最短距離為 23 英里，為了找到這條最短路線，我們從節點 6 開始逆向推回節點 1，節點 6 的標示表明最短路線上與其連接的節點為節點 5，節點 5 的標示顯示其下一個連接節點為節點 3，以此類推，得到從節點 1 到節點 6 的最短路線為 1—3—5—6。依此方法，可以找到寸灘港運輸網絡中各儲存點到集裝箱船的最短路線。

根據上述例子，我們可以總結出最短路方法。其步驟如下：

第一步，指定節點 1 為永久性節點並標示［0，Q］，其中「0」表示節點 1 到其自身的距離為零，「Q」表示節點 1 是起始節點。

第二步，找出可從節點 1 直接到達的暫時節點，並標示。標示中的第一個數字表示從節點 1 到此節點的距離，第二個數字表示從節點 1 到此節點路線上的前一個節點，因為在進行此步驟時的前一個節點是節點 1，因此我們所考慮的僅是可以從節點 1 直接到達的節點。

第三步，在上一個步驟中的暫時性節點中找出距離值最小的節點，並將此節點指

定為永久標示節點。如果在此步驟中，所有的節點都被指定為永久性節點，則跳到第五步。

第四步，找出在第三步中指定的新的永久性節點可以直接到達且未被標示的節點，並計算，其計算過程如下：

A. 如果未確定的節點有一個暫時性標示，則將新的永久標示節點的距離值與從該新的永久性標示節點到未確定節點間的直接距離相加，如果其和小於這個未確定節點的距離值，那麼該節點的距離值就等於這個和。此外，如果具有更小距離值的新的永久性已標示節點與前一個節點值相等，則返回第三步。

B. 如果該未確定的節點還未被標示，則將新的永久性標示節點的距離值與從該新的永久性標示節點到未確定的節點間的直接距離相加，對該節點進行標示，標示為一個暫時性標示節點，前一節點值如果與新的永久性已標示節點值相等，則返回第三步。

第五步，依此方法將網絡中的所有節點進行標示，直到所有節點被永久標示。然後從最後一個永久節點開始逆推，直到到達節點1，則在網絡中此逆推過程所經過的路線即為從節點1到最終確定節點的最短路線，這是因為永久性標示就確定了從節點1到每個節點的最短路線和此路線上的前一個節點值，那麼，給定節點的最短路線問題，就可以通過從該給定節點開始逆推至前一節點這種方法解決。

以上方法可以解決網絡中從節點1到任意其他節點的最短路徑，此方法僅適用於節點較少的問題，當節點較多時，以上方法雖然很費時，但在大量的可選路線中通過使用標示法能使得問題變得簡單，不易出錯，且對於節點較多的問題，可以根據以上原理借助於計算機來執行計算。

4.4 案例知識點：建立自動化物料裝卸搬運系統

通過以上案例，我們知道裝卸搬運是裝卸搬運人員借助於裝卸搬運機械和工具，作用於貨物的生產活動過程。它的效率的高低直接影響著物流的整體效率。因此，科學的組織裝卸搬運作業，實現裝卸搬運的合理化對物流整體的合理化至關重要。

裝卸搬運合理化是指以盡可能少的人力和物力消耗，高質量、高效率地完成倉庫的裝卸搬運任務，保證供應任務的完成。

裝卸搬運合理化的標誌是：①裝卸搬運次數最少。②裝卸搬運距離最短。③各作業環節銜接要好，質量要高，運費要省。④庫存物品的裝卸搬運活性指數較高、可移動性強。

4.4.1 裝卸搬運合理化的基本原則

4.4.1.1 堅持省力化原則

所謂省力，就是節省動力和人力。應巧妙利用物品本身的重量和落差原理，設法利用重力移動物品。

省力化裝卸搬運原則是：能往下則不往上；能直行則不拐彎；能用機械則不用人力；能水準則不要上坡；能連續則不間斷；能集裝則不分散。

4.4.1.2 提高裝卸搬運靈活性

提高物料裝卸搬運的靈活性應根據物料所處的狀態，即物料裝卸搬運的難易程度，將其分為不同的級別。如果很容易轉變為下一步的裝卸搬運而不需過多做裝卸搬運前的準備工作，則活性就高；如果難以轉變為下一步的裝卸搬運，則活性低。

為了對活性有所區別，並能有計劃地提出活性要求，使每一步裝卸搬運都能按一定活性要求進行操作，對於不同放置狀態的物品做不同的活性規定，活性指數越高，物品越容易進入裝卸搬運狀態。

4.4.1.3 防止和消除無效作業

無效作業是在裝卸搬運活動中不必要的裝卸搬運量的作業，防止和消除無效作業對於裝卸搬運作業的經濟效益有重要的作用。為了有效防止和消除無效作業，可以從幾個方面來實現：盡量減少裝卸次數；提高被裝卸物品的純度；包裝要適宜；提高裝載效率等。

4.4.1.4 合理選擇裝卸搬運機械

裝卸搬運機械的選擇，應本著經濟合理、提高效率、降低費用的總要求。在裝卸搬運機械的選擇上，具體應遵循以下幾項基本原則：①應根據不同類物品的裝卸搬運特徵和要求，合理選擇具有相應技術特性的裝卸搬運設備。各種貨物的單件規格、物理化學性能、包裝情況、裝卸搬運的難易程度等，都是影響裝卸搬運機械選擇的因素。因此，應從作業安全和效率出發，選擇適合的裝卸搬運機械設備。②應根據物流過程輸送和儲存作業的特點，合理選擇裝卸搬運機械設備。貨物在輸送過程中，不同的運輸方式具有不同的作業特點。因此，在選擇裝卸搬運機械時，應根據不同運輸方式的作業特點選擇與之相適應的裝卸搬運機械設備。同樣，貨物在儲運中也有其相應的作業特點，諸如儲存物品的各類規格各異、作業類別較多、進出數量難以控制、裝卸搬運次數較多和方向多變等。因此，為適應儲存作業的特點，在選用機械作業時盡可能選擇活動範圍大、通用性強、機動靈活的裝卸搬運機械。③根據運輸和儲存的具體條件和作業的需要，在正確估計和評價裝卸搬運的使用效益的基礎上，合理選擇裝卸搬運機械。這就是說，在選擇機械設備時一定要堅持技術經濟的可行性分析，這樣使設備的選擇建立在科學的基礎上，以達到充分利用機械設備和提高作業效率的目的。

4.4.1.5 創建物流「複合終端」

所謂物流「複合終端」，即對不同運輸方式的終端裝卸場所，集中建設不同的裝卸設施。

複合終端的優點在於：取消了各種運輸工具之間的中轉搬運，因而有利於物流速度的加快，減少裝卸搬運活動所造成的物品損失；由於各種裝卸場所集中到複合終端，這樣就可以共同利用各種裝卸搬運設備，提高設備的利用率；在複合終端內，可以利用大生產的優勢進行技術改造，大大提高轉運效率；減少了裝卸搬運的次數，有利於物流系統功能的提高。

4.4.1.6 重視改善物流系統的總效果

裝卸搬運在某種意義上是運輸、保管活動的輔助活動。因此，特別要重視從物流全過程來考慮裝卸搬運的最優效果。如果單純從裝卸搬運的角度考慮問題，不但限制了裝卸搬運活動的改善，而且還容易與其他物流環節發生矛盾，影響物流系統功能的提高。

除了在裝卸搬運的設備上的選擇外，還應該對裝卸搬運路線進行合理的規劃，用科學的方法進行布置。為了實現裝卸搬運合理化還應保持物流的順暢均衡，推行裝卸搬運的單元化，實現裝卸搬運的文明化等。

4.4.2 自動化物料裝卸搬運系統的建立

自動化物料裝卸搬運系統的建立一般要經過如下幾個階段性步驟：

4.4.2.1 系統分析階段

系統分析階段的主要任務就是對系統中各個要素及其影響因素進行分析研究，為系統的建立奠定基礎。分析的對象主要有：物料、搬運量、搬運路線、作業時間和操作次數、裝卸搬運設備及人力狀況、生產作業流程等。

在選擇裝卸搬運方法時，影響最大的因素是物料本身。任何一個裝卸搬運問題，首先遇到的就是裝卸什麼，搬運什麼。物料具有何種特徵，對於確定裝卸搬運系統有很大的影響。因此，必須研究物料的基本類型和各自具有的特徵，是固體、液體還是氣體，在尺寸、重量、形狀或其他等方面有何特徵，按其不同的特徵將物料進行分類，以保證在裝卸搬運過程中的質量和安全。

在分析搬運路線時，為了更好地解決問題，經常採用繪製圖表的方法。這些圖表有助於對分析資料的理解。在有些情況下，一張清晰的圖表比各種數據資料的文字說明更容易說清楚問題。由於圖表直觀且易懂，因而是進行系統分析的有力工具。常見的圖表有物流圖、距離與物流量指示圖（坐標圖）。物流圖可以表示各種不同路線上的物流移動情況，並指出物料的分類和物流量。由於物流圖是畫在實際的平面布置圖上，所以物流圖很容易表明每條路線的距離和物流方向。距離與物流量指示圖是以水準線表示距離，垂直線表示物流量的坐標圖。這種圖是把移動的距離和物流量用點標明在圖上。

4.4.2.2 系統設計階段

系統設計階段首先是進行初步方案的設計，一般可提出多種方案，然後綜合各方面的要求，對方案進行評價，最後確定最終方案。

初步方案的設計就是確定搬運路線，裝卸搬運設備以及運輸單元。在討論和制定方案時，要遵循裝卸搬運工作的基本原則，同時注意系統中諸要素的相關性和系統對環境的適應性。在進行方案評價時，可進行兩方面的比較：一是費用的比較，除有專門的要求和限制外，多數情況下是選擇資金回收期短，費用少的方案。另一個是進行其他一些因素的比較，這些因素會影響各個方案的變動，但又不同於直接計量的費用。它包括：對生產流程服務的總體性和能力、裝卸搬運方法的適應性和靈活性、空間利用程度、工作條件和操作工人是否滿意、是否便於維護和修理、對產品和物料有無損害等。方案評價經常採用打分的方法。打分的原理是按每個因素的重要程度來區分，最後匯總比較，選擇出一個最佳的方案。

4.4.2.3 系統的實施階段

系統的實施階段是整個裝卸搬運系統建立的最後一個階段。在實施具體方案之前，要向有關人員介紹方案的實施情況，使他們對方案有所瞭解。對方案的實施應有計劃、有步驟的進行，集中力量逐項落實，盡快形成生產能力。

在方案實施以後，我們還應對方案進行總結，看它是否正確，它的功效是否符合

計劃的要求，同時還應瞭解存在什麼問題。如果發現方案的效果不理想，必須及時分析原因，妥善處理。為了完成物資儲運活動中發生的大量裝卸搬運作業，企業必須擁有足夠數量的裝卸搬運人員和設備。裝卸搬運作業的勞動組織，就是按照一定的原則，將有關人員和設備以一定的方式組合起來，形成一個有機的整體。

裝卸搬運作業的勞動組織，大致可分為兩種基本形式：工序制的組織形式和包干制的組織形式。

工序制的組織形式是按作業內容或工序，將有關人員和設備分別組成裝卸、搬運、堆垛、整理等作業班組，由這些班組共同完成物資儲運活動全過程中的各種裝卸搬運作業。

包干制的組織形式則是將分工不同的各種人員和功能不同的各類設備共同組成一個班組，對物資儲運活動的全過程中的各種作業內容，均由一個班組承包到底，全面負責。

這兩種勞動組織形式各有其優缺點。在決定採用何種勞動組織形式時，要根據具體情況而定。一般來說，規模比較大的企業，人員多，設備齊全，任務量大，管理水準高，可採用工序制的組織形式。而對於規模較小，或裝卸搬運作業量不均衡的企業，可考慮採用包干制的組織形式。

實訓題

1. 試用 SWOT 分析法分析重慶寸灘港的優劣勢。
2. 你認為自動化物流裝卸搬運方案設計的難點是什麼？並就如何設計自動化物流裝卸搬運方案提出你的具體建議或對策？
3. 試用標示法解決生活中遇到的路線選擇問題。

參考文獻

［1］http：//www.cqftpa.com/gongkai/2010/3/1032141882185.html．重慶兩路寸灘保稅港區．
［2］王維．大水位差集裝箱碼頭新型裝卸搬運設備方案［J］．港口裝卸，2005（3）．
［3］侯文華．數據、模型與決策［M］．北京：機械工業出版社，2009．
［4］運籌學教材編寫組．運籌學［M］．北京：清華大學出版社，2005．
［5］王隆太，吉衛喜．製造系統工程［M］．北京：機械工業出版社，2008．
［6］劉桂真．圖與網絡—優化決策的圖論方法［M］．上海：上海科技出版社，2008．

第 5 章
E 國公司網上商城的電子商務與物流抉擇案例

5.1　E 國公司網上商城概況

　　E 國（中國）有限公司（以下簡稱 E 國公司），是以提供互聯網相關服務為主的高科技跨國公司，業務遍及美國、日本、韓國、印度、中國香港等國家和地區。1999 年 4 月，E 國公司正式推出以「實用實利，服務百姓」為宗旨的 E 國百姓生活網。該網站立足於百姓生活，服務於與百姓生活息息相關的衣、食、住、行、用等諸多方面，旨在為百姓提供最大限度的實用與便利。

　　凡是在 E 國商城中進行銷售的商品都經過精心的挑選。「名牌、主流、流行」是 E 國選擇商品的三個主要標準。在 E 國商城中銷售的商品分為九個大類，分別為食品保健、日用家居、服飾休閒、文娛用品、書刊音像、電腦軟件、家用電器、通訊器材和禮品票務。E 國商城中的商品種類曾經達到上萬種，大多數商品的價格都低於傳統商城中的價格，與超市中的價格相比依然略低，或基本持平。消費者在 E 國商城中可以隨心所欲地挑選自己喜愛的商品，在感受網上購物的輕鬆與快樂的同時，還可以得到最大的實惠。

　　雖然目前 E 國公司的送貨範圍僅限於北京地區四環以內及中關村和亞運村地區，但 E 國公司在國內其他大城市的 1 小時配送服務體系正在積極地建設之中。在 E 國商城中訂貨，消費者既可以選擇貨到付款，也可以進行網上支付。如今，「E 國 1 小時」已在京城百姓中有了一定的知名度，在他們眼中，「E 國 1 小時」意味著方便快捷，象徵著腳踏實地，更代表著時尚與潮流。「E 國 1 小時」已成為 E 國百姓生活網的代名詞，並成長為 E 國百姓生活網的標誌性品牌。

　　隨著互聯網應用的深化和網民的增加，電子商務的交易額增長迅速。中國互聯網信息中心（CNNIC）數據顯示，2009 年中國網絡購物市場交易規模達到 2,500 億元，占全年全國社會消費品零售總額的 2% 左右。電子商務因其方便、快捷、支付安全、減少中間環節、減少消費者支出等優勢，逐漸成為人們日常消費的首選。同時，電子商務還為社會帶來大量就業機會。開網店投入少、營運便捷、風險低，成為自助創業、就業的重要途徑。據 IDC 報告顯示，僅淘寶網，2009 年就有超過 80 萬人通過開網店解決了就業問題。此外，還帶來快遞物流、客服等 230 萬個間接就業機會。

電子商務的發展對現有 B2C 網站盈利的壓力也越來越大，在大量訂單到來的同時，現有的配送體系如何能夠滿足「E 國 1 小時」送貨的承諾，也是一個很大的考驗，如何進一步發展 E 國公司是公司總裁張永青目前考慮的問題。

5.2　E 國公司推出「E 國 1 小時」服務承諾

E 國公司總裁張永青畢業於清華大學物理系，1986—1989 年就讀於美國尤他大學獲物理系碩士，1989—1992 年就讀於美國麻省理工學院物理系並於 1992 年獲該學科物理學博士，1992—1999 年系美國華爾街所羅門兄弟公司交易人，1999 年獲得約 150 萬美元的基金回國和他弟弟創辦 E 國公司。張永青於 1999 年上半年歸國，10 月建立 E 國網絡公司。他認為網絡的功能一是提供信息，二是電子商務。他選擇了後者，他認識到網絡內容提供商（ICP）不太適合 E 國，一是盈利上的要求不能滿足，二是容易被模仿；然而選擇電子商務，在中國要解決的主要問題就是配送和支付。基於以下考慮，他最終提出了在北京市區 1 小時送貨的方式來解決這一問題。

對顧客來說電子商務應更方便快捷，節省成本，否則就失去了其意義。用戶期待從網絡得到瞬時的服務，從傳統的角度考慮，一個人去最近的超市購物也大約是一個小時；從心理角度考慮，1 小時是劃分長與短的界限。因此，1 小時實際上是瞬時性的服務。另外對 E 國公司來說 1 小時服務也可以解決付款的問題，貨到付款也方便了 E 國公司的資金回流。

E 國公司在 2000 年 4 月 15 日推出「E 國 1 小時」品牌承諾以來，提出在北京四環路以內「柴米油鹽醬醋茶，1 小時以內送回家」，E 國公司對 1 小時的定義是指從您確定您所訂購商品開始，無論是通過 E 國互聯網還是通過熱線電話，只需 1 小時就會由我們穿著紅色馬甲彬彬有禮的服務配送專員送到您指定的地點。這與通常網上購物公司配送時間一般為 4～5 天相比，大大超出用戶的想像，因此得到市場的積極反應。到 2000 年 6 月中旬 E 國的日訂貨量近 1,000 份，E 國公司網上銷售產品也達到 6,000 餘種，其中食品 1,000 種，其他 5,000 種。E 國公司因此也得到了媒體的廣泛關注，成為體驗電子商務的實驗地，也讓北京人認識到電子商務就在自己身邊。

5.3　E 國公司的信息流與客戶訂單的處理流程

5.3.1　選址

E 國公司設有一個總部，一個電話服務中心及總部附屬的配送培訓中心。總部設在北京西北郊中關村地區，處在三環與四環之間的西格馬大廈；電話客戶服務中心位於東四環以東，當時是為了要得到一個便於記憶的電話號碼：85818585，因此地址與總部分開；配送中心散布北京城。選址方面，E 國公司一是考慮覆蓋面積，二是考慮消費群的密集度。最近由於公司建立了 800-810-8585 免費電話，客戶服務中心可以與總部合併。在北京，E 國公司最初有近 20 個配送中心，多數設在城北，後來由於城南的訂貨量較少，對部分位於城南的配送中心進行合併，目前有建有 10 個配送中心。

E國採取的是配送中心和配送點的方式,它設立了一個1小時中心庫房和一個8小時庫房。1小時中心庫設在北京東北郊,機場路高速路和北京五環交界處,占地面積1,500平方米,年租金300萬元,總庫共6人,沒有配送員;分庫面積一般在300平方米左右。庫房存貨數量1,000餘種,總庫一個禮拜補貨一次;分庫兩天補貨一次,第一天下補貨單,第二天補貨,運輸工具為6輛中型麵包車。E國只有1小時和8小時送貨兩種產品,原來只有1小時送貨的產品有庫存,而8小時訂貨的產品是在用戶訂貨以後到供應商那裡提貨,但是8小時貨物常常由於供應商供貨不及時而影響及時供貨,所以成立一個8小時庫房向全市供貨,庫房設在北京三環路的西北角與北京電視臺相鄰,與該地區的配送中心合併,倉庫在地下二層,主要是音像製品、玩具等。由於處在居民小區,該庫房還加入副食品等商品作為超市對外營業,超市位於地下一層,裡面貨架擺放整齊。庫房人員為產品貼上條形碼,方便貨物的進出管理。在網上訂單和超市訂單兩部分的銜接處理上,公司採用的方法是:網上訂購的貨物從超市庫存中提取時,在超市的POS機上記錄,然後由配送員送到客戶手裡。網絡訂單的統計由一名員工負責錄入到管理信息系統(MIS)中,而8小時送貨的產品另外進行獨立的單據統計。這兩種單據的交叉處理,在一定程度上也造成了管理的混亂。

5.3.2　客戶訂單的處理流程

　　E國公司在北京市典型的訂單處理流程及時間分配情況如圖5-1所示(北京市)。

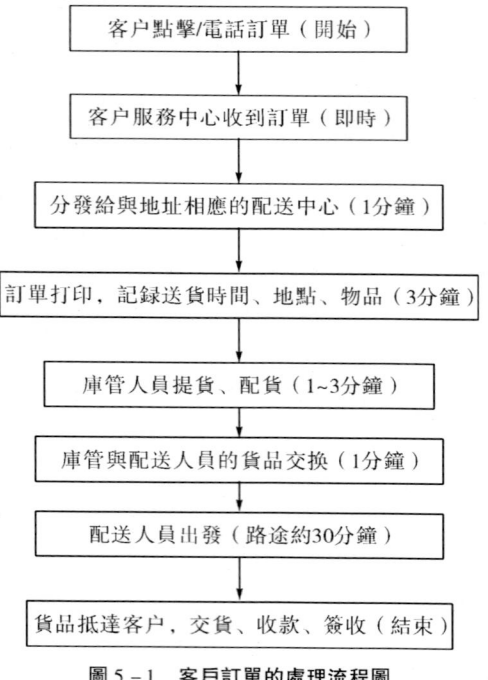

```
客戶點擊/電話訂單(開始)
        ↓
客戶服務中心收到訂單(即時)
        ↓
分發給與地址相應的配送中心(1分鐘)
        ↓
訂單打印,記錄送貨時間、地點、物品(3分鐘)
        ↓
庫管人員提貨、配貨(1~3分鐘)
        ↓
庫管與配送人員的貨品交換(1分鐘)
        ↓
配送人員出發(路途約30分鐘)
        ↓
貨品抵達客戶,交貨、收款、簽收(結束)
```

圖5-1　客戶訂單的處理流程圖

5.3.3 計算機信息管理

由於公司成立之初其管理中心、訂單處理客戶服務中心和配送中心辦公地點分散，信息溝通對保證及時送貨就顯得極為重要。公司現有的溝通方式是通過電話聯絡。在訂單信息處理方面，首先要保證每個訂單都得到處理，不會產生漏單的情況，更為重要的是庫存信息內容的溝通，訂單處理中心要能夠保證配送中心得到準確的庫存信息，並確認是否能滿足客戶的需要，管理中心也需要依據庫存信息來進行進貨決策。E 國公司最近開始應用自行開發的管理信息系統以期望解決漏單問題，同時提高對市場反應的速度和準確性。客戶的意見和建議由總部製作組從網頁中搜集，或者通過客戶中心向總部匯報，此外，E 國公司也通過建立特色頻道對顧客進行購買方面的內容性指導。

E 國公司現有的庫存管理已經採用了總部自行開發的管理信息系統軟件，並且計算機管理終端通過接入互聯網，在權限允許的情況下能夠調用其他倉庫的庫存情況統計表，以達到協調貨物分配的作用。除了基本的信息統計功能外，該軟件還有一定的管理職能：在制訂下個月的訂貨計劃時，倉庫通過在管理信息軟件中制定補貨表，總部的採購部可以通過倉庫在該信息系統軟件中制定的補貨表，對備貨進行指導和批准。

5.3.4 庫存管理

庫存管理的目標是以最低的成本保障物品的存儲和流通。「E 國 1 小時」承諾的成功，很大程度依賴於庫存管理的成功。E 國公司的每一個配送管理中心有一名庫存管理人員負責人員的調整，以保證配送員工作量的均衡，並設兩名員工負責計算機的操作和配貨操作。每個配送中心的配送員數量不等，位於北京北面的配送中心配送員多一些，約 12～13 個，而南面的相應少些。配送員每人每天約能夠處理 10 張訂單。他們並不是接到訂購單後立即出發，而是在時間允許的範圍內盡量等到較多的訂單後一起處理。為節省庫存管理的費用，E 國公司的倉庫標準並不是很高，一些對存儲條件要求高的商品如白砂糖就不能進貨。E 國公司在「1 小時承諾」後，針對大宗、高檔商品相繼推出了「8 小時，24 小時承諾」。在這些送貨過程中，E 國公司將派出受過更多專業訓練的配送員以滿足客戶可能的特殊要求或者處理緊急事件。「8 小時承諾」的運作背景是 E 國公司的人員前往商家提貨，然後由配送員送到客戶手中，但是隨著業務的擴大，現在已經有了一個 8 小時庫存倉庫。「24 小時承諾」的運作背景是廠家送貨，E 國公司的人員和廠家送貨員一起去收取客戶的應付款項。商品的進貨價格至少是批發價。名牌產品的進貨價更有優惠，甚至比超市的還要有優勢。E 國公司售貨的考慮是取決於自己的成本，不是比照市場，因此價格往往比超市還要便宜。

5.3.5 與供應商的關係

E 國公司市場部的最主要任務就是及時建立與供應商的合作關係。E 國公司市場部的企業合作專員都具有很好的談判磋商技巧。在他們的努力之下，E 國與「百事」、「統一」、「好麗友」等品牌之間都建立了長久的合作夥伴關係。在合作關係的發展方向上，E 國公司主要是和擁有知名品牌的廠家建立合作關係，以建立自己的信譽度。名牌產品的優勢就在於得到了名牌廠商的扶持贊助。「統一」品牌公司在北京銷售的碗

式方便面中都有 E 國公司的商標，這種廣告的宣傳作用是相當大的，例如，「來一桶」一個月可以銷售 100 萬桶，極大地提高了 E 國公司的宣傳力度，促進了信譽度的建立。而作為 E 國公司的回報是在網頁的首頁為這些公司產品開「專賣店」。目前 E 國公司開設了 10 家這樣的「專賣店」。而 E 國公司的 Bannr 廣告同樣有很強的宣傳力，例如，《大聖娶親》的 VCD 影碟在從一般貨架提到首頁 Bannr 以後，銷售量增加了 10 倍以上。除了與知名品牌產品的合作，E 國公司還在餐飲、票務方面進行了合作，並取得了一定的成績。以銷售北京海洋館門票為例，某活動門票 3 天當中 E 國公司一共售出 500 張，而海洋館本次活動售出門票總共為 2,000 張，E 國公司占到了 1/4 的份額。

5.3.6 人員管理

E 國公司對員工的培訓是分類進行的，包括對配送員的培訓，客戶服務人員的培訓。培訓一般利用員工的休息時間進行，培訓頻率落實到每個受訓員工身上約每月一次。培訓內容包括一般知識和專業知識。一般知識，如對 E 國公司的介紹，對「1 小時承諾」的強調。專業知識，如對配送員要求尊重客戶，樹立自身形象和企業形象，客戶服務人員接電話的禮儀，對顧客進行導購等。客戶服務部門和物流部門都有專職的培訓人員對培訓內容進行規劃和實施。

張永青一直強調員工要「像部隊一樣有紀律」。公司主要通過以下考核方法對與員工進行監督：

首先，配送中心訂單生產時有一個訂單簽字，而顧客收到貨物時也會簽字，顧客簽字與訂單簽字之間的對照，主要是用來考核送貨員而非系統運作能力。

其次，設立調查小組對流程進行分析。調查小組成員來自於活動部，他們採取的調查方法是對已完成的訂單進行隨機的電話調查，同時對附在訂單上的調查問卷回答情況進行統計。

最後，聽取客戶的反饋意見，調查原因，通過採取預先培訓等方法解決存在的問題，在培訓中提供一種文化氛圍。

因為公司提供的服務使顧客滿意，在用戶中有良好的口碑，收入相對較高，公平和寬鬆的工作環境，使得在 E 國工作的員工有一定的自豪感，工作情緒比較好。E 國公司部門主管有對員工進行獎勵的權利，而 E 國公司較為寬鬆的工作環境和團隊工作氣氛給予了員工較大的自我發展空間，獨特的電子商務發展模式也吸引了不少的業內人士加盟，公司採取月薪加年終分紅的待遇形式使得員工更加積極主動地參與到企業活動中。

E 國公司面臨的問題是面對網上銷售日益高漲的趨勢，物流是 E 國公司發展面臨的最大「瓶頸」，是自己投資改造提升配送能力，或是尋覓物流合作夥伴，這是總裁張永青必須抉擇的問題。為此，他對同在京城的奇訊快遞公司進行了考察。

5.4 合作夥伴關係的建立：奇訊快遞公司

5.4.1 公司概況

奇訊快遞公司是 1996 年 1 月由張宏宇的兩位朋友合夥出資創辦的。當時北京的快

遞業發展非常迅速，願意通過快遞公司為其服務的企業和個人越來越多，行業的平均利潤相當可觀。快遞行業有著投資小、見效快的特點。然而，隨著競爭激烈程度的增加，公司的發展出現了困難。張宏宇從 1999 年開始接管該公司。

針對快遞行業的情況，張宏宇制定了高質量、高速度、低成本的經營方針，將目標市場定位在大企業客戶。這樣既可以保證投資質量和投遞速度，同時也能夠保持較低的營運成本。為完成這個目標，張宏宇針對公司原有的運作方式進行了一系列的改革。經過多年的努力，公司已經有了不錯的發展。

公司員工從當初的 32 人發展到現在的 118 人，其中業務人員 100 人，管理人員 18 人。公司目前平均每天處理的業務電話為 500 個，快遞件數 700 個。目前，奇訊快遞公司的業務主要是同城快遞。

由於快遞行業的特點，公司在固定資產的投資上相對較少，只有 4 輛微型麵包車，一些辦公設備和通信設備。在公司使用的交通工具中還有從外面租用的三輪摩托車、殘疾人摩托車。在總資產中，流動資產所佔比重是很大的，公司的收入來源只有快遞收入，公司規模較小，業務簡單，沒有負債。

5.4.2 公司的經營策略

張宏宇加盟奇訊快遞公司後，將公司的目標市場定位在大企業客戶，為這些客戶提供優質、高速和低成本的服務，這一經營策略在目前的市場情況下取得了成功。

同城快遞服務的對象可以分為以下三類：

（1）個人用戶，主要是禮品、鮮花服務，業務量一般，投遞地點分散，客戶分佈範圍較廣泛；

（2）中小企業客戶，主要是文件和包裹，業務量大，投遞地點分散，客戶分佈範圍廣泛；

（3）大企業客戶，主要是文件和包裹，業務量大，投遞範圍集中，客戶分佈範圍小。

由於大企業客戶的業務量大而且地點集中，這使得為大企業服務可以節約更多的成本，同時也能保證投遞速度和質量。

目前，奇訊快遞公司的大客戶主要有：摩托羅拉、惠普、安捷倫、SUN、聯想等。客戶的地理分佈主要集中在國貿和中關村，這為公司的營運提供了很大的便利。這些大客戶的業務量佔公司總業務量的 70% 左右。

奇訊快遞公司秉承質量和速度第一的原則為所有公司的客戶提供服務，承諾服務範圍內的投遞時間在 2～4 小時。這一點在公司的客戶中樹立了良好的形象，因此公司的客戶流失率很低。公司的客戶量不斷增多，業務量穩定增加。

5.4.3 公司快遞網絡的建設

公司在張宏宇加盟前，只是在國貿和中關村兩點之間的一條線上有幾個分部，未形成網絡。

張宏宇加盟後，根據北京市辦公區的密集程度和公司當初的業務情況，逐步在金融街（百盛）、亞運村（安貞）、王府井（東方）、三元橋、國貿和上地開設了 6 個分部。總部和 6 個分部組成了一個覆蓋北京最主要辦公區的網絡（見圖 5-2）。

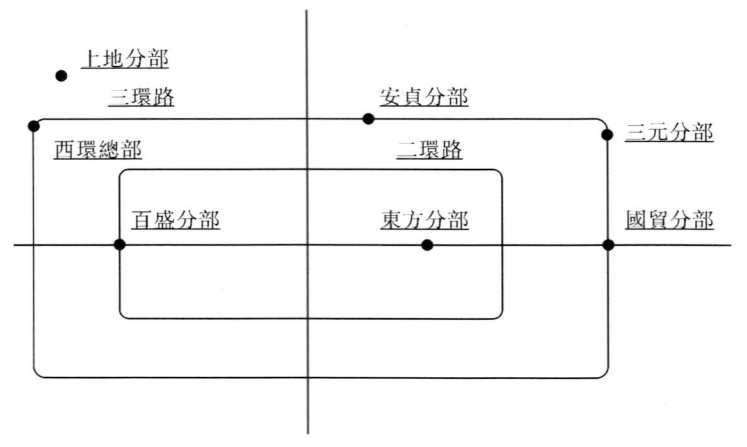

圖 5-2　奇訊快遞公司分部在北京市的分佈圖

5.4.4　人員設置和管理

總部的職責除了收件和投遞之外，還有接受電話委託和調度的職能。總部有總調度和 3 個話務員。總調度負責快遞業務的調度，話務員負責接聽客戶的電話委託、記錄和向各個分部班長傳達。每個分部（上地分部除外）有一個班長和兩個話務員。班長負責安排快遞員取件送件，話務員負責接受總部的指令。根據業務量的不同每個分部的快遞員人數不一樣，人數最多的是「國貿」分部，有 30 個快遞員，其次是「西環」和「百盛」各 20 人，「安貞」、「東方」、「三元」和「上地」合計 30 人左右。

奇訊快遞公司的員工大都來自外地。一般來說，外地員工比本地員工更好管理，工作更努力。新員工進入公司的第一件事是接受培訓。由於員工大都是來自外地的打工者，文化素質較低（初中文化），因此奇訊快遞公司的新員工培訓首先從改變他們的生活習慣著手。員工的訓練有一些軍事化訓練的味道，比如有一堂新員工必須上的課，即原地站立 2 小時。在進行這項訓練時，張宏宇通常陪同這些新員工一起站立。這項訓練的主要目的是為了使員工時刻保持比較好的精神面貌。個人儀表方面的培訓，要求指甲不帶泥、皮鞋不沾土、衣著整齊、舉止和言行文明。在這些訓練結束後，就要進行業務培訓。業務培訓主要是跟隨老員工一起做業務，另外還要熟悉北京的地理情況、公司規定等。

有經驗的員工的工作效率比沒經驗的員工高很多。因此為了減少員工流動，公司採取了一些措施：快遞員基本上沒有保底工資，主要的收入靠提成。每個月最後一個星期發上一個月的工資，獎金都是在年終發放。一般來講，一名有經驗的員工的月收入比新手高出 700 元左右。

5.4.5　快遞流程

公司話務員接到客戶的委託電話後，進行記錄；話務員根據經驗直接向分部的班長傳達客戶委託，只有在客戶要求的服務比較特殊（如目標地點較遠，加急）才向值班室調度請示；班長接到指令後首先通過地圖查看目前在分部負責範圍內的快遞員的

情況，每個分部都有一塊在鐵板上面制成的分部負責地區地圖，在本地區快遞員的地理位置和狀態通過磁性圓鈕來顯示，每個快遞員的名字都標在上面；班長根據快遞員情況呼叫可以執行業務的快遞員；快遞員根據指令到客戶那裡取件；快遞員在拿到快遞物品後，如果客戶要求急，或者距離合適，快遞員會將物品直接送到投遞地點；如果客戶沒有類似的要求，且地點在該分部覆蓋範圍之外，快遞員會把物品送回分部交接點，分部根據投遞地點進行分揀，通過在分部之間穿梭運輸的殘疾人摩托車將物品送到目標所在地分部；物品再由當地分部的班長安排快遞員遞送到指定地點；物品送達後，客戶簽字，快遞員隨即通知委託方。（快遞流程見圖5-3）

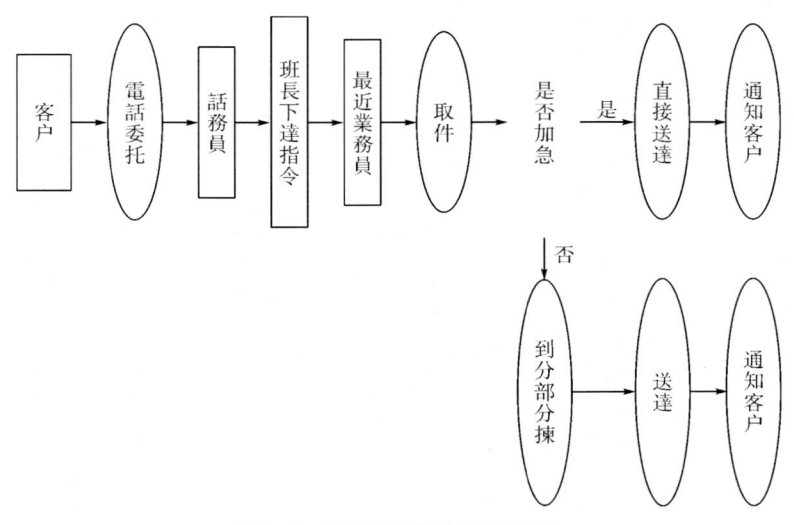

圖5-3 奇訊快遞公司快遞流程圖

業務流程的最後一項是收帳。由於大多數客戶是長期用戶，因此公司的出納每個月到客戶那裡結帳。一小部分零散客戶的快遞費則由快遞員收取。

5.4.6 快遞時間的控制

完成一次快遞業務的時間主要取決於三個部分工作所耗的時間：取件、中轉、送件。

當接受客戶委託後，臨近的分部班長將會負責尋找在本區域內距客戶最近的快遞員，由快遞員到客戶那裡完成取件。因此在這一部分工作中，負責的班長如何確認哪一個快遞員離客戶最近就成為關鍵，前面提到的地圖是一個非常好的工具。奇訊快遞公司為保證班長能夠準確及時地知道快遞員的動態狀況，嚴格要求快遞員在接到總部或分部的呼叫後必須在10分鐘之內回電話；每位快遞員在完成一次任務後必須向當地的分部班長告知自己的位置。分部的班長通過地圖知道快遞員的位置和狀態，這樣就可以基本上做到取件的高效率。一般情況下取件工作都能在30分鐘內完成。

在多數情況下，取件的快遞員不負責將物品送達目的地，而是將其送到分部的交接點進行分揀。原來的交接點是在分部的辦公地點，現在有一部分物品採用露天中轉的辦法。露天中轉的具體操作方式是：如果快遞員在一次取件時取到了要求送達不同

目的地的物品,他首先用電話通知班長,將情況說明;如果這時其他快遞員正在去往送件的地點恰好與該快遞員取到的物品的目的地相同,則雙方會通過班長的安排在指定的地點交接,各自負責不同目的地的送件任務。分部按照物品的目的地不同進行分類,分好類的物品由班車送到目的地所在的分部。整個中轉過程的關鍵是班車的及時性,如果由於交通堵塞或者交通工具的故障等原因造成班車延誤,將對整個業務網絡的效率產生嚴重的影響。現行的辦法是在國貿—三元、三元—安貞、安貞—西環、西環—百盛之間對開班車,針對北京市的交通規定和擁擠的交通狀況,對開的班車是殘疾人摩托車,每輛殘疾人摩托車基本上可以保證一個小時內走一個往返。由於在國貿到西環之間的業務量比較大,有 4 輛直接對開的三輪跨鬥摩托車,這樣可以保證從國貿分部到西環分部的時間在 1 小時內。從國貿分部到東方、百盛分部由於交通情況較好,不使用班車,可採用多種形式解決。除班車外,幾個主要的分部都配有麵包車作為機動交通工具,用來送件或當班車出現問題時作應急之需。在正常情況下,除了上地分部以外,其他任何一個分部到另外一個分部的時間都在 1 小時之內。上地分部由於地處偏遠,僅與西環分部之間有班車。

物品到了目的地所在的分部後,班長根據物品的情況安排送件。送件使用的交通工具分為機動車和自行車兩種。主要是在人員的安排上,既要保證盡快將物品送到目的地,又要保證分部留人。合理使用人力和物力主要憑經驗。送件的時間基本上在 30 分鐘以內。這樣,就可以兌現在 2～4 個小時內將物品送達的承諾。

5.4.7 物品丟失問題

物品丟失是讓快遞公司頭疼的一個大問題。奇訊快遞公司從 1999 年 5 月到目前,只發生過 4 次丟失情況。其中,3 次是現金,1 次是筆記本電腦。筆記本電腦丟失事件是快遞員被搶;3 次現金丟失事件中有一次是收件人不在,快遞員沒有遵守公司規定只將物品轉交給傳達室就走了,但是收件人說自己並沒有收到,而包裹內是 6,000 元現金;另外兩次現金丟失金額分別為 2,000 元和 3,000 元,取件的快遞員將錢卷走。這幾次事件中,客戶事前都沒有通知所要遞送的是現金或者價值非常高的物品,同時也沒有做保險申請,但奇訊快遞公司為了留住這些客戶,都按照客戶要求的賠償價格進行了賠償,賠償總額達 3 萬元。

針對這一現象,奇訊快遞公司多次告知客戶在遞送貴重物品或現金要通知公司並予以投保。客戶如果通知有貴重物品需要快遞,公司通常會派在公司工作時間比較長的、品德好的快遞員去完成業務。同時,奇訊公司對快遞員的招聘採取了一些措施,比如最近招聘的一批快遞員全部是委託一家外地的勞動局在當地招聘的,這樣出現物品丟失的快遞員其責任可以追究,從而減少快遞員偷盜的可能性。同時,公司還投保了一些保險,如員工意外保險、公司財產意外丟失保險等。

5.4.8 奇訊快遞公司的發展方向

5.4.8.1 與各地快遞公司聯合建立全國性快遞網

由於同城快遞的市場已基本飽和、競爭激烈、利潤率越來越低,奇訊快遞公司正在努力開展全國業務。國內業務網絡對於像奇訊快遞這樣的小公司來講,自己出資建設是不可能的,目前的方法是通過與國內其他城市的快遞公司合作來實現。目前,已

經達成協議的有 29 家快遞公司和貨運公司，但是業務開展的情況並不好。目前公司由專人負責與其他城市快遞公司和運輸公司的合作洽談。

5.4.8.2 電子商務物流配送

電子商務環境下的物流配送與傳統的物流配送有很大的不同。傳統物流多數情況下是由買方或者賣方參與貨物的運輸和倉儲；而在電子商務環境下，消費者不會也不可能參與所購買物品的物流，絕大多數網站也不願意參與物流環節，物流工作完全委託給專門從事物流配送的公司。這樣的方式被稱為第三方物流。在西歐、北美、日本等經濟發達國家相當大的物流工作均採用這種方式進行。

除了這些大型企業外，眾多像奇訊快遞公司這樣的小企業也非常看好電子商務的配送業務，畢竟這個市場發展太迅速了。由於大多數的電子商務網站都有本地化色彩，很大一部分的網上交易都是同本地的消費者做的，因此，這些網站需要一些在本地物流配送方面做得較好的公司來為其服務。網站對於配送時間的要求沒有快遞那樣精準，速度指標對於奇訊公司來講也不成問題，關鍵的是業務網絡的覆蓋程度要廣和深。另外，成本也是非常重要的因素。網上交易的配送價格通常比快遞服務要低，因此，必須確保業務量大、有規模才能降低成本。

同原有的快遞業務不同，要實現電子商務服務，快遞公司必須將自己的業務網絡通過信息技術與所服務的電子商務公司緊密地結合起來。由於電子商務的每筆交易（尤其是 B2C 方式）所支付給物流公司的費用比快遞業務低，因此，只有實現運作管理的電子化、自動化、智能化，業務的批量化、規模化，才能在這種情況下實現盈利。所以，電子商務物流配送公司的業務管理的建立是一個系統化的工程。對於奇訊快遞公司而言，原有的物流管理方法需要改進，管理隊伍需要配備物流專業人才，業務網絡要重新規劃，業務流程要重新設計，同時要投入一些電子化的辦公設備，才能向電子商務物流配送業進軍。

5.5 案例評析

5.5.1 分析「E 國 1 小時」品牌推廣成功的先決條件

電子商務是 20 世紀信息化、網絡化的產物，由於其自身的特點已廣泛引起了人們的注意，如傳統商務過程一樣，電子商務中的任何一筆交易，都包含著以下幾種基本的「流」，即信息流、商流、資金流和物流。其中信息流既包括商品信息的提供、促銷行銷、技術支持、售後服務等內容，也包括詢價單、報價單、付款通知單、轉帳通知單等商業貿易單證，還包括交易方的支付能力、支付信譽等。商流是指商品在購、銷之間進行交易和商品所有權轉移的運動過程，具體是指商品交易的一系列活動。資金流主要是指資金的轉移過程，包括付款、轉帳等過程。在電子商務下，以上的三種流的處理都可以通過計算機和網絡通信設備實現。物流，作為四流中最為特殊的一種，是指物質實體（商品或服務）的流動過程，具體指運輸、儲存、配送、裝卸、保管、物流信息管理等各種活動。對於少數商品和服務來說，可以直接通過網絡傳輸的方式進行配送，如各種電子出版物、信息諮詢服務、有價信息軟件等。而對於大多數商品和服務來說物流仍要通過物理方式傳輸。物流是實現電子商務的重要環節和基本保證。

5.5.1.1 物流保障生產

合理化、現代化的物流，通過降低費用、優化庫存結構、減少資金占用、縮短生產週期，保障了現代化生產的高效運行。相反，缺少了現代化的物流，生產將難以順利進行，無論電子商務是多麼便捷的貿易形式，仍將是「無米之炊」。

5.5.1.2 物流服務於商流

在商流活動中，商品所有權在購銷合同簽訂的那一刻起，便由供方轉移到需方，而商品實體並沒有因此而移動。在傳統的交易過程中，除了非實物交割的期貨交易，一般的商流都必須伴隨相應的物流活動，即按照需方（購方）的需求將商品實體由供方（賣方）以適當的方式和途徑向需方（購方）轉移。而在電子商務下，消費者通過上網點擊購物，完成了商品所有權的交割過程，即商流過程。但電子商務的活動並未結束，只有商品和服務真正轉移到消費者手中，商務活動才告以終結。

在整個電子商務的交易過程中，物流實際上是以商流的後續者和服務者的姿態出現的。沒有現代化的物流，高效快速的商流活動是難以實現的。

5.5.1.3 物流是實現「以顧客為中心」理念的根本保證

電子商務的出現，在最大程度上方便了最終消費者。他們不必再跑到擁擠的商業街，一家又一家地挑選自己所需的商品，而只要坐在家裡，在互聯網上搜索、查看、挑選，就可以完成他們的購物過程。但試想，他們所購的商品遲遲不能送到，或者商家所送並非自己所購，那消費者還會選擇網上購物嗎？物流是電子商務中實現以「以顧客為中心」理念的最終保證，缺少了現代化的物流服務，電子商務給消費者帶來的購物便捷就只能是一句空話。

「E 國 1 小時」品牌之所以取得了初步的成功，主要得益於快速的配送。因此要在其他地區成功推廣，首先要有物流服務的保障，完善的物流服務是電子商務企業的迫切要求。

5.5.2 作為一家電子商務企業，E 國公司應如何選擇自己的物流模式

從現階段的形勢來看，電子商務企業採取的物流模式一般有企業自營物流、物流企業聯盟、第三方物流以及第四方物流模式。

5.5.2.1 自營物流

企業自身經營的物流，稱為自營物流。自營物流始於電子商務剛剛萌芽的時期，那時的電子商務企業規模不大，從事電子商務的企業多選用自營物流的方式。企業自營物流模式意味著電子商務企業自行組建物流配送系統，經營管理企業的整個物流運作過程。在這種方式下，企業也會向倉儲企業購買倉儲服務，向運輸企業購買運輸服務，但是這些服務都只限於一次或一系列分散的物流功能，而且是臨時性的純市場交易的服務，物流公司並不按照企業獨特的業務流程提供獨特的服務。如果企業有很高的顧客服務需求標準，物流成本占總成本的比重較大，而企業自身的物流管理能力較強時，企業一般不應採用外購物流，而應採取自營方式。由於中國物流公司大多是由傳統的儲運公司轉變而來的，還不能滿足電子商務的物流需求，因此，一些企業借助於他們開展電子商務的經驗也開展物流業務，即電子商務企業自身經營物流。

選用自營物流，可以使企業對物流環節有較強的控制能力，易於與其他環節密切配合，針對本企業的營運管理實施專業化的服務，使企業的供應鏈更好地保持協調、

簡潔與穩定。此外，自營物流能夠保證供貨的準確和及時，保證顧客服務的質量，維護了企業和顧客間的長期關係。但自營物流所需的投入非常大，建成後對規模的要求很高，大規模才能降低成本，否則將會長期處於不盈利的境地。而且投資成本較大、時間較長，對於企業柔性有不利影響。另外，自建龐大的物流體系，需要占用大量的流動資金。更重要的是，自營物流需要企業有較強的物流管理能力，建成之後需要其工作人員具有專業化的物流管理能力。因此，不是所有從事電子商務的企業都有必要、有能力自己組織商品配送，具有以下特徵的從事電子商務的企業才適合依靠自身力量解決配送問題：

（1）業務集中在企業所在城市，送貨方式比較單一。由於業務範圍不廣，企業獨立組織配送所耗費的人力不是很大，所涉及的配送設備也僅僅限於騎車以及人力而已，如果交由其他企業處理，反而浪費時間，增加配送成本。

（2）擁有覆蓋面很廣的代理、分銷、連鎖店，而企業業務又集中在覆蓋的範圍內。這樣的企業一般是從傳統產業轉型或者依然擁有傳統產業經營業務的企業，如電腦生產商，家電企業等。

（3）對於一些規模比較大、資金比較雄厚、貨物配送量巨大的企業來說，投入資金建立自己的配送系統、轉化為物流配送的主動權也是一種戰略選擇。如亞馬遜網站已經斥巨資建立遍布美國各重要城市的配送中心。

目前，在中國，採取自營模式的電子商務企業主要有兩類：一類是資金實力雄厚且業務規模較大的電子商務公司比如阿里巴巴通過入股物流企業而躋身物流業；第二類是傳統的大型製造企業或批發企業經營的電子商務網站，由於其自身在長期的傳統商務中已經建立起初具規模的行銷網絡和物流配送體系，在開展電子商務時只需將其加以改進、完善，就可滿足電子商務條件下對物流配送的要求，比如海爾成立的電子商務公司。

5.5.2.2 物流聯盟

物流聯盟是製造業、銷售企業、物流企業基於正式的相互協議而建立的一種物流合作關係，參加聯盟的企業匯集、交換或統一物流資源以謀取共同利益。同時，合作企業仍保持各自的獨立性。物流聯盟是為了達到比單獨從事物流活動更好的效果，在企業間形成了相互信任、共擔風險、共享收益的物流夥伴關係。企業間不完全採取導致自身利益最大化的行為，也不完全採取導致共同利益最大化的行為，只是在物流方面通過契約形成優勢互補、要素雙向或多向流動的中間組織。聯盟是動態的，只要合同結束，雙方又變成追求自身利益最大化的單獨個體。選擇物流聯盟夥伴時，要注意物流服務提供商的種類及其經營策略。一般可以根據物流企業服務的範圍大小和物流功能的整合程度這兩個標準來確定物流企業的類型。物流服務的範圍主要是指業務服務區域的廣度、運送方式的多樣性、保管和流通加工等附加服務的廣度。物流功能的整合程度是指企業自身所擁有的提供物流服務所必要的物流功能的數目，必要的物流功能是指包括基本的運輸功能在內的倉儲、集配、配送、流通加工、信息處理、包裝、物料搬運等各種功能。

一般來說，如果電子商務企業自身物流管理水準比較低，組建物流聯盟將會在物流設施、運輸能力及專業管理技巧上收益較大。另外，如果物流在企業戰略中不居於關鍵地位，但其物流水準卻很高，就應該尋找其他企業共享物流資源，通過增大物流

量獲得規模效益，降低成本。

另外，許多物流企業自身也利用物流聯盟來改善其競爭能力。在物流企業之間形成戰略聯盟，普遍提高了企業的競爭能力和競爭效率。許多物流聯盟致力於把專門承擔特定服務的廠商的內在優勢匯集在一起。許多不同地區的物流企業正在通過聯盟共同為某一電子商務客戶服務，滿足電子商務企業跨地區、全方位的物流服務要求。

5.5.2.3 第三方物流

第三方物流是指獨立於買賣之外的專業化物流公司，長期以合同或契約的形式承接供應鏈上相鄰組織委託的部分或全部物流功能，因地制宜地為特定企業提供個性化的全方位物流解決方案，實現特定企業的產品或勞務快捷地向市場移動，在信息共享的基礎上，實現優勢互補，從而降低物流成本，提高經濟效益。它是由相對「第一方」發貨人和「第二方」收貨人而言的第三方專業企業來承擔企業物流活動的一種物流形態。第三方物流公司通過與第一方或第二方的合作來提供其專業化的物流服務，它不擁有商品，不參與商品買賣，而是為顧客提供以合同約束、以結盟為基礎的、系列化、個性化、信息化的物流代理服務。服務內容包括設計物流系統、EDI能力、報表管理、貨物集運、選擇承運人、貨代人、海關代理、信息管理、倉儲、諮詢、運費支付和談判等。

第三方物流企業一般都是具有一定規模的物流設施設備（庫房、站臺、車輛等）及專業經驗、技能的批發、儲運或其他物流業務經營企業。第三方物流是物流專業化的重要形式，它的發展態勢體現了一個國家物流產業發展的整體水準。

第三方物流是一個新興的領域，企業採用第三方物流模式對於提高企業經營效率具有重要作用。首先，企業將自己的非核心業務外包給從事該業務的專業公司去做；其次，第三方物流企業作為專門從事物流工作的企業，有豐富的專門從事物流運作的專家，有利於確保企業的專業化生產，降低費用，提高企業的物流水準。

5.5.2.4 第四方物流

第四方物流主要是指由諮詢公司提供的物流諮詢服務，但諮詢公司並不等於第四方物流公司。目前，第四方物流在中國還僅停留在「概念化」的層面上，南方的一些物流公司、諮詢公司甚至軟件公司紛紛宣稱自己的公司就是從事「第四方物流」服務的公司。這些公司將沒有車隊、沒有倉庫當成一種時髦，號稱擁有信息技術，其實卻缺乏供應鏈設計能力，只是將第四方物流當成一種商業炒作模式。第四方物流公司應物流公司的要求為其提供物流系統的分析和診斷，或提供物流系統優化和設計方案等。所以第四方物流公司以其知識、智力、信息和經驗為資本，為物流客戶提供一整套的物流系統諮詢服務。它從事物流諮詢服務就必須具備良好的物流行業背景和相關經驗，但並不需要從事具體的物流活動，更不用建設物流基礎設施，只是對於整個供應鏈系統提供設計方案和系統整合方案。

第四方物流的關鍵在於為顧客提供最佳的增值服務，即迅速、高效、低成本和個性化服務等。第四方物流有眾多的優勢：①它對整個供應鏈及物流系統進行整合規劃。第三方物流的優勢在於運輸、儲存、包裝、裝卸、配送、流通加工等實際的物流業務操作能力，在綜合技能、集成技術、戰略規劃、區域及全球拓展能力等方面存在明顯的局限性，特別是缺乏對整個供應鏈及物流系統進行整合規劃的能力。而第四方物流的核心競爭力就在於對整個供應鏈及物流系統進行整合規劃的能力，也是降低客戶企

業物流成本的根本所在。②它具有對供應鏈服務商進行資源整合的優勢。第四方物流作為有領導力量的物流服務提供商，可以通過其影響整個供應鏈的能力，整合最優秀的第三方物流服務商、管理諮詢服務商、信息技術服務商和電子商務服務商等，為客戶企業提供個性化、多樣化的供應鏈解決方案，為其創造超額價值。③它具有信息及服務網絡優勢。第四方物流公司的運作主要依靠信息與網絡，其強大的信息技術支持能力和廣泛的服務網絡覆蓋支持能力是客戶企業開拓國內外市場、降低物流成本所極為看重的，也是取得客戶的信賴，獲得大額長期訂單的優勢所在。④具有人才優勢。第四方物流公司擁有大量高素質國際化的物流和供應鏈管理專業人才和團隊，可以為客戶企業提供全面的卓越的供應鏈管理與運作，提供個性化、多樣化的供應鏈解決方案，在解決物流實際業務的同時實施與公司戰略相適應的物流發展戰略。

通過第四方物流，企業可以大大減少在物流設施（如倉庫、配送中心、車隊、物流服務網點等）方面的資本投入，降低資金佔用，提高資金週轉速度，減少投資風險，降低庫存管理及倉儲成本。第四方物流公司通過其卓越的供應鏈管理和運作能力可以實現供應鏈「零庫存」的目標，為供應鏈上的所有企業降低倉儲成本。同時，第四方物流大大提高了客戶企業的庫存管理水準，從而降低庫存管理成本。發展第四方物流還可以改善物流服務質量，提升企業形象。

對於經營區域性B2C網站的E國公司來說，它在成立之初就組建了自己的配送體系，雖然規模不大但已經有了一定的運作經驗，具備自營物流的基礎。隨著業務規模的擴大，如果有實力提升自己的配送能力，可以選擇繼續自營物流的模式，也可以逐漸在物流領域拓展業務。如果E國公司未來的定位就是做全國性的知名B2C網站，在全國範圍推廣「E國1小時」，則也可專注於網絡平臺的建設和業務的開發，把配送業務外包給專業的物流服務商。

5.5.3　E國公司應如何選擇物流服務商

5.5.3.1　選擇物流服務商的步驟

（1）確定合作需求，進行物流服務商的信息收集和分析，主要分析服務商的運作能力、服務的穩定性等。進行初步篩選後，赴現場考察。

（2）物流服務商的評估，制定物流服務供應商的評價準則。在選擇物流服務供應商時，首先必須制定科學、合理的評估標準。目前企業在選擇物流服務供應商時主要從物流服務的質量、成本、效率與可靠性等方面考慮。此外，由於第三方物流服務供應商與企業是長期的戰略夥伴關係，因此，在考核第三方物流供應商時，企業也非常關注降低風險和提高服務能力的指標，如經營管理水準、財務狀況、運作柔性、客戶服務能力和發展能力等。具體評估主要包括以下一些指標：

規劃能力：物流系統規劃、解決方案設計、供應鏈優化；
物流網絡：合理分佈的區域物流中心與城市配送中心；
運輸能力：包裹等多種運輸模式，各種運輸方式；費率以及與承運人的關係等；
倉儲能力：進、存、出貨作業設施、設備人員、包裝等增值服務；
信息水準：計算機、網絡設備與應用、物流軟件、呼叫中心、信息服務；
管理水準：管理層、標準業務流程、質量體系、員工培訓、企業文化；
服務水準：績效評價體系、客戶群、客戶評價。

(3) 物流服務商的綜合評價與選擇。有效的評價方法是正確選擇第三方物流服務商的前提，應該採用合理、有效的評價方法進行綜合評價，才能保證選擇結果的科學性。根據評價準則初步選出符合條件的候選服務商，注意控制在可管理的數量之內，然後採用科學、有效的方法，如層次分析法、模糊綜合評判法、仿真等方法進行綜合分析評價，通過這些評價方法可以確定 2~3 家分值靠前的服務商。要確定最終的第三方物流服務商，還需要注意企業與服務商的共同參與，以保證所獲取數據與資料的正確性、可靠性，並對物流服務商進行實地考查。最後對各服務商提供的方案進行比較和權衡，從而做出最終的選擇。

(4) 關係的實施。經過對服務商的考核評價，並做出選擇後，雙方應就有關方面起草並簽訂合同，建立長期的戰略合作夥伴關係。

5.5.3.2 物流服務商選擇的基本原則

QCDS 原則：即 Quality（質量）、Cost（成本）、Delivery（交付）與 Service（服務）並重的原則。

質量因素是最重要的。首先，要確認物流服務商是否建立了一套穩定有效的質量保證體系。其次，通過雙贏的價格談判實現成本節約。再次，在交付方面，需要確認物流服務商是否具有物流所需的特定設施設備和運作能力，人力資源是否充足，有沒有擴大產能的潛力。最後，是物流服務商的物流服務。

根據以上步驟和基本原則，E 國公司對奇訊快遞公司的考查內容還不夠。應該成立工作小組並確定多個備選服務商，制定科學、合理的評估標準逐一進行考查評價。

5.5.4 如果 E 國公司選擇將配送業務外包，該如何控制風險

5.5.4.1 物流外包的風險

(1) 物流控制風險：外包會使企業失去對產品和服務的控制，從而增加了企業物流運作的不確定性。

(2) 客戶關係管理風險：企業在接受物流服務時，常常會受到時間延誤、貨物受損等對方違約的困擾，從而影響客戶滿意度；另一方面，由於企業不再從客戶那裡得到第一手的資料，如果承包商不能及時將客戶的反應反饋給企業，企業就無法進一步完善物流服務水準。對物流活動的失控可能會阻礙核心業務與物流活動之間的關係而降低客戶滿意度。

(3) 連帶經營風險：物流承包商由於自身原因而導致的經營失誤，會連帶影響電子商務企業的正常經營。

在考慮外包優勢的同時也必須重視潛在的風險，要以系統的、長期的觀點來進行物流外包決策，並採取一定的應對策略來防範潛在的各種風險。

5.5.4.2 風險的防範

(1) 謹慎選擇外包夥伴，即選擇合適的物流供應商。

(2) 合同管理：在簽訂的合同中必須明確雙方的責任和權力、法律關係、違約責任、賠償損失等；加強合同管理人員的培訓，建立健全規章制度。

(3) 物流外包活動的控制：對外包活動進行監控和控制是外包順利實施的重要保證。既要監控物流服務商的績效，又要給他們提供所需的業務信息。企業與物流服務商之間要相互溝通，共同編製操作指引、制定物流作業流程、確定信息渠道，以供雙

方參考使用。操作指引能夠使雙方相關人員在作業過程中保持步調一致，也可以為企業檢驗對方物流作業是否符合要求提供標準和依據。因此，企業要建立物流外包的控制機制，對外包夥伴的業績進行定期檢查，制定標準對其業績進行考核。

（4）以「雙贏」為原則，鞏固合作關係：物流服務商對企業和企業的客戶的服務能力代表企業自身工作表現的好壞。外包意味著雙方利益是捆綁在一起，而非獨立的，良好的合作夥伴關係將使雙方受益。通過外包既實現企業自身利益最大化，又有利於物流供應商持續穩定的發展，達到供需「雙贏」的局面。

（5）建立物流服務提供商的競爭模式：選擇第三方物流供應商時，應避免僅選擇一家物流供應商承擔外包物流業務。企業可以選擇將物流業務分別外包給多家第三方物流服務商，以避免對某一家物流服務商產生過多的依賴性。這樣還可以促進提高物流服務提供商之間的服務競爭意識。更為重要的是，當一家物流供應商因某種原因不能繼續提供服務時，另一家物流供應商能迅速接管，避免出現物流業務停止運行或短期內必須找到新的供應商的困難局面。

實訓題

討論：電子商務企業與快遞物流企業的合作與競爭，該如何看待？
建議：將學生分組，閱讀以下材料並查閱資料，先進行小組討論形成觀點，然後在課堂上討論。

對電子商務行業來說，2010 年是快速發展、精彩紛呈的一年。網店實名制的實施、麥考林、當當網的上市、團購的出現及火爆，傳統企業、快遞物流公司進軍電子商務，電子商務跨界物流……眾商家為 2010 年的電子商務行業掀起了一波波熱潮。

快遞物流的跨界地盤之爭也成為 2010 年度電子商務行業的熱點之一。之前曾宣稱不會涉足物流公司的馬雲，在 2010 年 3 月以來，阿里巴巴集團先後入股剛成立的星辰急便以及民營區域快遞品牌匯通快遞。加上 2007 年，和郭臺銘投資的百世物流公司，馬雲在快遞行業已落下「三子」。同時，快遞物流公司頻頻被「爆倉」，讓快遞物流公司也按捺不住，希望能運用自己在物流公司方面的優勢，分得「一杯羹」。北京宅急送快遞公司上線了商品代銷平臺 E 購宅急送，而順豐快遞公司則推出了購物網站順豐 E 商圈，申通快遞創辦了久久票務網，中國郵政聯手 TOM 成立郵樂網，四大巨頭均已出動。

電子商務對快遞公司、物流公司的依賴不言而喻，電子商務企業跨界物流公司，物流公司企業進軍電子商務，雙方各自的贏利局面有多大？日前，中國電子商務研究中心特約研究員、斐貝國際大中華區首席執行官許瑞洪在接受記者採訪時表示，電子商務企業涉足快遞物流公司有很多的優勢，而快遞物流公司進軍電子商務缺乏電子平臺、IT 技術、經營人才等，真正成功的不多。

對於馬雲借道匯通快遞、百世物流公司等涉足快遞物流公司行業，許瑞洪認為，近年來，快遞物流、電子商務的發展速度非常快，從事網上交易的客戶也與日俱增。對於電子商務企業來說，當它發展壯大之後，快遞公司的漏洞和缺點很快就會暴露出來。

許瑞洪表示，目前市場上各式各樣的快遞物流公司「魚龍混雜」，很多都來搶占這個市場「蛋糕」。現在的物流公司、快遞公司無法做到精確而細緻的服務，電子商務企業直接進軍快遞公司可以說是順應了形勢的需要。

　　而對於中國郵政、順豐等快遞公司巨頭集體進軍電子商務，許瑞洪則認為，這也是有利可圖的。中國的網民很多，但根據統計，真正有網購行為的只有25%左右，而在歐美國家，這個比率已占到了80%以上。中國電子商務的市場龐大，誰都想從中分「一杯羹」。

　　只要有贏利，商家就不會放棄市場。這就如很多年前生產電視機一樣，一下子全國很多企業來生產電視機，但是真正堅持到現在的也就只有那麼幾家。現在的競爭也是白熱化的，會有一個資源重組、優勝劣汰的過程。

參考文獻

　　［1］謝濱. 運作管理案例集［M］. 北京：高等教育出版社，2005.
　　［2］崔介何. 物流學［M］. 北京：北京大學出版社，2010.
　　［3］魏修建. 電子商務物流［M］. 北京：人民郵電出版社，2008.
　　［4］陶世懷. 電子商務概論［M］. 大連：大連理工大學出版社，2007.
　　［5］夏文匯. 現代物流運作管理［M］. 2版. 成都：西南財經大學出版社，2010.
　　［6］夏文匯. 現代物流管理［M］. 2版. 重慶：重慶大學出版社，2008.

第6章
陝西通匯汽車物流有限公司「精益一體化物流」案例

6.1 公司概況

陝西通匯汽車物流有限公司（以下簡稱通匯公司）成立於2005年10月20日，是陝西重型設備製造集團（以下簡稱集團）的控股公司。其總部位於西安市經濟技術開發區產業園，是集團「精益一體化物流」的總承包商。同時還為廣大客戶提供以降低庫存水準、加速資金週轉的「精益一體化物流」的規劃、設計、運作及控管，使客戶可以集中精力做好自己的核心業務。

公司現有員工743人，專業技術人員占1/5，廠房及作業面積6萬多平方米，各種貨運車輛100餘臺，機械加工設備90餘臺。

公司經營範圍包括：現代物流的規劃設計與諮詢，工位器具的設計、製造和管理，零件物料接收，物流中心倉儲配送與管理，物流運作管理與跟蹤，信息管理以及其他增值服務。公司還可以提供：二級物流供應商管理；完善的「一體化管理平臺」及大物流管理經驗，一流的生產型企業物流管理信息數據庫及網絡系統；維修配件倉庫管理和物流包裝；其他物流管理，如進口零件、油化物料、生產輔料、原材料、廢品廢料、整車配送、售後零配件配送等。

公司在物流運作上，積極推行了國際物流行業最先進的一體化精益物流運作管理模式，其中包括：精益物流庫位管理，看板拉動排序循環補料，JIT送線，工位器具設計、製造和管理，最高最低庫存量及斷點零件管理，WMS/TMS運作軟件數據化管理，循環取、送料物流運輸（Milkrun），供應商物流配送準點、準量及運送的全程控制等。並在物流配送中心應用了高位貨架、帶輪工位器具、週轉箱、標準包裝、拖車等現代化物流配送設施。實現了全面運作的有序化、透明化、高效化、低成本化的目標。

公司本著應用信息技術優化供應鏈管理，深入推行「精益一體化物流」運作管理新模式，為客戶量身設計符合客戶實際需求的從整體供應鏈角度出發的涵蓋物流全過程的精益一體化物流方案，以成本控制為目標，降低庫存水準，加速資金週轉，減少資本性支出，降低物流營運總成本。

目前，公司的主要業務是為集團的汽車生產線配送零件。公司為集團打造了高質、

科學、現代化的一體化物流的運作模式，生產運行更加規範、順暢，徹底改變了以往依賴庫存保證產銷連續與順暢的局面，降低了庫存水準，加速了資金週轉，使得集團2006年實現增長率116％、單月最高增長率298％，連續12個月增幅位居全國第一，實現工業產值90億元，增幅70％，被稱為中國重型汽車行業的奇跡。

6.2 通匯公司與面向服務對象的協同發展

　　通匯公司為重型設備製造集團的生產線提供零件配送。重型設備製造集團下設物資採購部，由其負責汽車零件的採購，總裝廠向通匯公司發送生產裝配作業計劃的同時，也將計劃發送到物資採購部。物資採購部依據發來的計劃分析總裝廠的物料需求，並據此安排採購計劃。而通匯公司依據總裝廠的作業計劃實施物料配送。總裝廠作業計劃一般為月計劃，物資採購部根據作業計劃採購該月所需零件，之後，各供應商負責在採購員提出供料要求時將零件送至通匯公司倉庫。最後，通匯公司按需將零件送至各生產線。

　　通匯公司的基本工作流程為：重型設備製造集團將生產裝配作業計劃發送至通匯公司的計劃部門，計劃部門主要提取其中的任務單，利用MRP系統導出整車明細（即組裝一部整車所用的零件明細），進行料單分析，最後提交給庫管員。庫管員依據料單分析向生產線配送零件，並由翻包工將所需零件從包裝中取出，放置於指定地點的工位器具上，再由拉動工（拖車或叉車）將零件送至生產線旁，接料員（屬「重型設備製造」集團）確認後接收。此外，通匯公司還在生產線上配有巡線員，巡查生產所需零件是否存在短缺等問題，及時報送庫管員以便及時進行補充，保證生產的連續性。

　　配合以上工作流程，通匯公司目前設置有：計劃、工業工程、綜合運輸、人力資源、綜合管理、帳務等部門。此外，為了公司的長遠發展，於2009年8月又設立了由LLM（Lead Logistics Management）和另外的部門組成的Milkrun控管中心。計劃是物流運作的開端，工業工程部負責通匯公司內部業務的規劃，綜合運輸部是公司車隊的管理部門，LLM與Milkrun則是公司循環送料物流運輸的規劃和實施部門。

　　汽車零件品種複雜，供應商數量眾多。因此，如何理順供應商、通匯公司以及集團相關部門之間的關係，促進多方協調發展，確保零件庫存不積壓到廠區來，保證集團的低庫存、高產能、優成本生產是通匯公司在發展精益物流時必須解決的一個關鍵問題。從另一個角度來說，通匯公司如何為集團打造高效的「精益一體化物流」架構和運作網絡，是通匯公司的歷史使命，也是通匯必須完成的任務。以下是通匯公司「精益一體化物流」的基本思路（見圖6-1）。

　　此外，通匯公司既是「重型設備製造」集團的控股公司，又是其合作夥伴。雙方應該明確各自的權利、義務，揚長避短，為對方創造更大的發展空間。對於通匯公司來說，如何在服務好集團的基礎上，開拓自己的另一片天空也是管理者制定可持續發展戰略時應該考慮的問題。

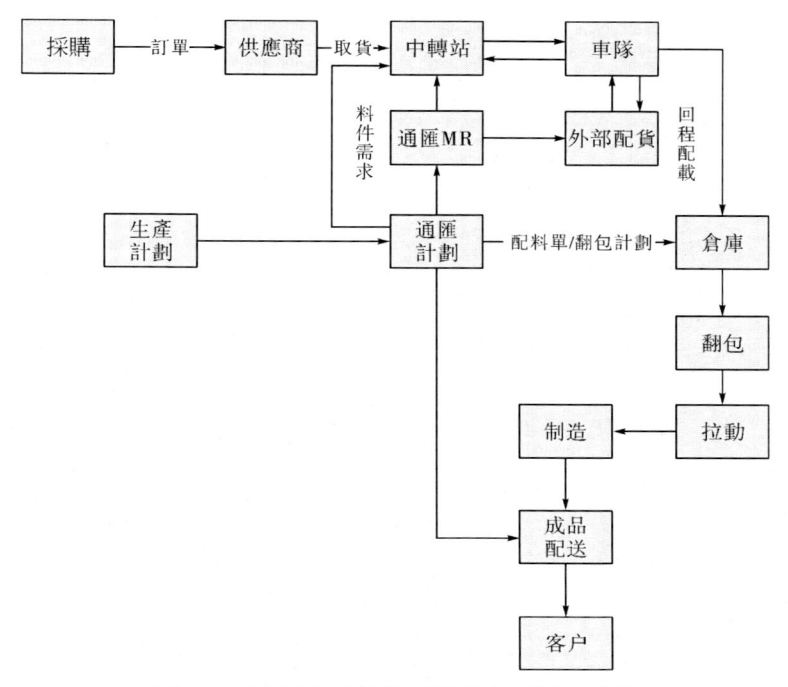

圖6－1　通匯公司「精益一體化物流」基本思路圖

6.3　通匯公司的物流運作

6.3.1　循環取貨（Milk－run）

　　製造重型汽車的零件需求量很大且相對複雜，一輛重型汽車上的零件數量可以達到4,000～5,000種。目前，「重型設備製造」集團在全國的零件供應商有400～500家，另外，還存在同一種零件有多家供應商同時提供的情況。於是，造成了供應商分佈範圍廣，每家供應商的供應量參差不齊的現象。現階段由各供應商負責零件向總裝廠的配送，供應商自行組織運輸車輛，將按訂單生產的零件運送到通匯公司倉庫，再由通匯公司配送至生產線旁。

　　目前，現行的配送模式存在著一定的問題。零件的運輸及到貨時間較大程度地取決於供應商方面，一旦有訂單，供應商全部在很短時間內將零件送到廠區，造成零件在廠區的大量積壓及資金的占用，增加了通匯公司管理庫存的難度，延長了公司的回應時間。

　　為了有效解決該問題，提高客戶的服務水準，降低庫存成本，通匯公司按集團計劃必須承擔零件的運輸與配送，以提高全程的物流控制力。公司於2009年8月開始規劃發展Milk－run業務，其主要內容包括零件運輸管理、車輛配載設計、運輸路線優化等。該業務由LLM部門負責，其設有市場、規劃與控管三個子部門。市場部主要負責

集團供應商的開發以及廠外業務的開發，為閉環運輸提供穩定良好的供應商資源。規劃部負責對運輸車隊（包括自有與外協車隊）的運行路線進行優化設計，採用一定的成本控制方法實現閉環運輸過程的成本最優化。對物流中心及中轉站的監控和管理則由控管部實施。

Milk-run 基本運作流程如下：LLM 依據計劃部門做出的物料需求計劃及供應商的訂單信息制訂取料計劃，規劃合理的運輸配載及車輛運行路線方案（包括供應商至中轉站以及中轉站至通匯倉庫的路線設計）。Milk-run 依據以上方案安排車隊到供應商處取貨。貨物到達中轉站後進行重新配載，由各中轉站經干線運輸至通匯公司，部分標準件甚至可以實現直接上線投入生產。此外，通過 LLM 市場部開發回程業務，保證運輸車輛由總裝廠返回各中轉站時的運力利用，降低空載率。Milk-run 模式的實施可以有效降低零件的運輸成本，更重要的意義在於，它通過對各供應商與總裝廠的總體協調，確保零件配送與總裝廠的生產同步化，大大提高了客戶的滿意度。

根據集團零件供應商在全國的分佈及各供應商的供應情況，通匯公司規劃在江蘇、山東、浙江、四川等地建設 8 個以上零件中轉站。由於江蘇片區供應商分佈相對集中，公司首先規劃建設了江蘇中轉站，位於金臺。除江蘇中轉站外，通匯公司對其他地區的 Milk-run 具體規劃尚未出拾。由於集團供應商本身的複雜性，公司對各中轉站的選址以及運輸路線的設計仍存在較大困難。（見表6-1）

表 6-1　　　　　　　　　供應商及配送零件信息表

序號	供應商所在地	送貨週期（天）	批次送貨總重(千克)	批次送貨總體積（立方米）	占用存儲面積（平方米）
1	西安市蓮湖區	10	800	5.8	9.9
2	陝西省漢中市	3	330	5.0	11.7
3	四川省成都市	3	9,700	17.4	34.2
4	湖北省武漢市	7	7,200	35.5	33.3
5	湖北省十堰市	15	3,580	3.7	12.8
6	湖北省十堰市	10	9,500	10.0	23.4
7	湖北省襄樊市	7	240	2.0	6.0
8	湖北省十堰市	15	150	2.3	9.7
9	安徽省蕪湖市	3	2,150	9.2	34.1
10	安徽省安慶市	7	9,600	41.0	36.0
11	北京市	15	2,080	6.7	33.3
12	河南省南陽市	7	17,400	36.9	23.7
13	江蘇省宜興市	7	3,550	13.9	102.3
14	江蘇無錫市	7	1,300	15.0	15.8
15	江蘇省南京市	3	5,700	67.0	49.0
16	蘇州市吳中區	3	3,000	16.0	36.0
17	遼寧省營口市	7	3,000	19.0	45.0
18	遼寧省大連市	7	17,700	20.8	15.5
19	遼寧省大連市	7	1,400	6.0	24.0
20	江西省南昌市	3	16,100	27.5	57.9

表6-1（續）

序號	供應商所在地	送貨週期（天）	批次送貨總重（千克）	批次送貨總體積（立方米）	占用存儲面積（平方米）
21	浙江溫州龍灣區	3	6,500	9.0	21.6
22	浙江餘姚北工開發區	7	760	7.0	15.8
23	浙江省嘉興市	3	1,500	8.5	12.6
24	浙江省寧波市	10	7,800	97.0	44.0
25	浙江省臺州市	7	14,000	37.2	91.0
26	浙江省溫州市	15	1,950	33.5	18.0
27	上海浦東新區	7	3,250	34.0	50.0
28	上海市	3	6,500	26.8	21.4

6.3.2 車隊管理

通匯公司現自有車輛67臺，目前的主要服務對象是「重型設備製造」集團，為該集團位於北郊、東郊和寶雞的分廠進行零件的運輸和配送。2008年「重型設備製造」集團年產8萬套重型卡車，通匯公司車隊採用兩班制（單班12小時）配合生產，成功支持了該集團2008年的生產。2009年，受金融危機的影響，預計集團年產量將下降至4萬套。針對這種情況，車隊將兩班制工作時間調整為單班8小時。在滿足廠內生產配送需求之外，車隊通過承包廠外業務提高車輛的使用率，基本消除了運力浪費的現象。

集團三個總裝廠之間距離較近，公司車隊的司機都有多年的駕駛經驗，對三點之間的行走路線已了如指掌。因此，目前公司車隊的管理部門對運行車輛的跟蹤以及運輸成本控制相對比較容易。但隨著公司Milk-run模式的推行，車隊的運行將更多地延伸至省外。這對運輸車輛的管理也提出了新的要求，其中車輛即時跟蹤與監控無疑是輔助公司進行車隊管理的良策。目前，通匯公司對車隊的監控以看板和電話的方式進行。車輛的行走路線、途經地點及時間在看板上寫出，通過電話聯繫以確定在途車輛是否按預先設計的路線行駛。這種方式的信息化程度不高，不能完全、準確地掌握車輛在途信息，難以達到公司對車隊進行安全管理、成本控制的目的。

運輸成本是物流總成本的重要組成部分，甚至可占到總成本的30%以上。因此，車隊的成本控制顯得尤為重要。集團的零件供應商大多分佈在離西安市較遠的省市和地區，零件運輸距離較長。長途幹線運輸的成本相對複雜，其中包括眾多的隱性成本，如超限運輸損失、運輸商選擇不當、迂迴運輸成本等。據Milk-run總監介紹，待公司閉環運輸發展成熟時，用於公司運輸業務的車隊將由自有車隊與外協車隊共同組成。因此，隨著Milk-run模式的推進，探討公司自有車隊與外協車隊的合作模式就提上了議事日程。此外，外協車隊的管控問題也有待公司進一步研究。

6.3.3 配件與整車物流

在配件物流管理上，集團銷售公司下設配件子公司，負責集團產品各銷售點應急配件的供應，如車輛售後服務中產生的零件需求等。配件公司沒有零件的採購權，首先，配件公司匯總各銷售及售後服務網點的零件需求，制訂需求計劃上報給總裝廠，由總裝廠向通匯公司發出需求信息，通匯公司計劃部門通知倉庫管理人員，最終零件

由通匯公司倉庫送至配件公司庫房，配件公司再進一步送至各地。

由於銷售所需配件完全由通匯公司的倉庫提供，而通匯公司倉庫中的零件又是根據生產計劃為生產線服務的，因此它會干擾通匯公司的零件配送。若某一階段內銷售對某零件需求過大，甚至可能導致缺件，致使生產線停產。這就在無形中提高了對高效庫存管理的要求。加上銷售配件需求固有的較大的不確定性，與配件公司的協調和相關的配件庫存管理就逐漸成為困擾公司的一個問題。

在整車物流的管理方面，由集團銷售公司直接管理庫存車倉庫，銷售公司給 20 多家物流公司發出送車指令，由各公司從銷售公司整車庫驅車，由駕駛員直接把新車開送到銷售點或客戶處。整車物流管理相對鬆散，做不到「零公里」配送。此外，有的客戶遠在幾千公里之外，路途顛簸等因素易導致送達後車況不佳等問題。因此，整車的「零公里」和「高質量」配送也是集團十分重視的物流業務之一。

6.3.4 信息系統

通匯公司現行零件的出、入庫操作與在庫管理如下：

（1）零件入庫操作：供應商或通匯公司車隊（自有、外協）將零件運送到公司倉庫，按照送貨單和質保單收貨後卸車，先存於倉庫外的零件待驗區等待驗收。驗收合格後入庫，若該零件的庫中存儲區已滿，則暫存在緩衝區（溢出區），待儲位空餘時送入庫中儲存。

目前裝卸車操作只有部分以叉車進行，因運輸用工器具的非專業化等原因，卸車整體機械化程度不高，較多地依賴人力，效率較低。

到貨檢驗中，合格產品入庫，不合格產品則需返回供應商廠家。重型設備生產零件複雜，有的檢驗週期很短，有的則很長，需幾天甚至一週。而經檢驗不合格的產品如不能立即由供應商車隊運回，則會在通匯公司倉庫形成暫時的退貨庫存。退貨的庫存管理（包括儲位等）目前尚無具體成熟的方案。

（2）零件在庫管理：管理和清點倉庫中各零件的存儲和供應情況，及時將進入緩衝區（溢出區）的零件送入儲存。同時，庫中管理還包括所有零件的入庫和出庫信息的管理，包括入出庫時間、數量；貨架、儲位的供求信息管理；各工位器具的存放和管理等。

倉庫目前貨架為統一規格。而實際中採用專用貨架，如標準件專用貨架等在減少倉庫面積、提高配送效率等方面均可發揮一定的作用。

（3）零件出庫操作：按照裝配線上的需求計劃，倉庫管理人員安排翻包工翻包，由拉動工送至線上。零件的出庫目前實行條碼管理，每批出庫件對應唯一條碼，但出庫操作的高效信息化管理尚未做到，出庫零件的相關信息由人工錄入計算機。

零件從檢驗入庫，到在庫管理，再到生產線配送，全過程的操作流程是連續和統一的，實際上也是一個信息共享的過程。目前，通匯公司缺乏統一的庫存管理系統，不能即時掌握各零件的庫存及配送信息，延誤了對生產線的反應時間。因此，通匯公司正在籌備搭建庫存管理信息系統。

此外，如何使通匯公司的信息平臺更符合業務的需求，將供應商管理、Milk‒run 在途零件信息管理等功能進行綜合集成是公司目前要解決的首要問題。

6.3.5 庫存管理與倉儲管理

通匯公司現占地 18,104 平方米，倉庫面積 10,223 平方米。現有倉庫的主要功能是為「重型設備製造」集團的汽車生產線提供零件供應。重型汽車結構複雜，零件繁多，生產一套重型卡車通常需要成千上萬個零件。假設集團月產 400 套重型設備，則倉庫月週轉量多達 20 餘萬件零件。

6.3.5.1 庫存管理

目前，通匯公司的倉庫主要為集團的生產儲備零件。此外，集團各銷售網店所需配件也由通匯公司倉庫供應。零件從供應商送到通匯公司，再到生產線的全過程包括：質檢、接受、入庫、存放、翻包、拉動、上線等。按照零件的供應過程，庫房大致分為暫存區、接受緩衝區、大件存儲區、集中翻包區、小件存儲區，各個存儲區又劃分為許多零件存儲區。

質檢過程因零件的差異所需的時間其長短不一。在質檢過程中，通匯公司只負責進行簡單的外觀檢查，複雜的檢驗則由集團的質檢部門負責。因此，常常造成質檢時間長，接受緩衝區存有過多的零件，空間難以充分利用。此外，集團質檢時間過長，也給批次管理、帳務結算造成一定阻礙。

倉庫的零件存儲區根據不同的零件劃分區域，區域相對固定。某一指定區域為指定零件的存儲區，一般不存放其他物件。庫存區域的監管（包括零件類型、庫存數量等）缺乏信息化管理，給公司進行庫存管理帶來諸多不便。生產重型汽車所需零件多而雜，有些零件為標準件，有些則為特殊件。在存儲過程中，常常出現某些存儲區長時間空置，而某些新送來的零件找不到存儲區存放的現象。由此，公司的部分管理人員提出了「隨機庫存」的問題，希望通過信息化管理將倉庫的存儲區「隨機化」，只要存儲區空置，就可以為新配送來的零件服務。

因此，如何在存儲區域上進一步優化，如何建立有效的先進先出操作模式，如何更有效地解決集團質量檢驗過程耗時太長導致的帳務問題，如何做好批次管理，如何讓「隨機庫存」收到成效，以充分利用倉庫存儲區，做好庫存的精益管理，通匯公司必須設計可行的實施方案來解決這一系列的問題。

6.3.5.2 倉儲管理

目前，通匯公司共有北一、北二兩個倉庫，分別為北一、北二兩條生產線提供服務。倉庫分別位於生產線的兩側。如此大的週轉量，加上庫存精益化管理的要求，對倉庫的佈局結構提出了較大的挑戰。此外，倉庫是進行零件集中存放和管理的中心區域，其安全生產措施也是倉庫規劃和管理中必須考慮的，包括消防措施、倉庫內工作人員的安全保障措施、應急系統設計等。

倉庫的主要作業區域有：

（1）接收區：接收來自供應商的零件並組織驗收工作；

（2）緩衝區（溢出區）：暫存由於數量過多而不能及時上架的小件，緩衝大件接收工作並組織大件的存儲；

（3）集中翻包區：將零件原包裝翻包成標準包裝（集裝盒）或放於工位器具上；

（4）貨架區：存儲小件及標準件；

（5）存儲區：存儲中大型零件；

（6）油箱、輪胎存儲區：存儲輪胎和油箱；
（7）調度室：接收來自於生產線的需求單並調度電動拖車揀選零件送往生產線。
倉庫作業的基本操作流程如圖 6-2 所示。

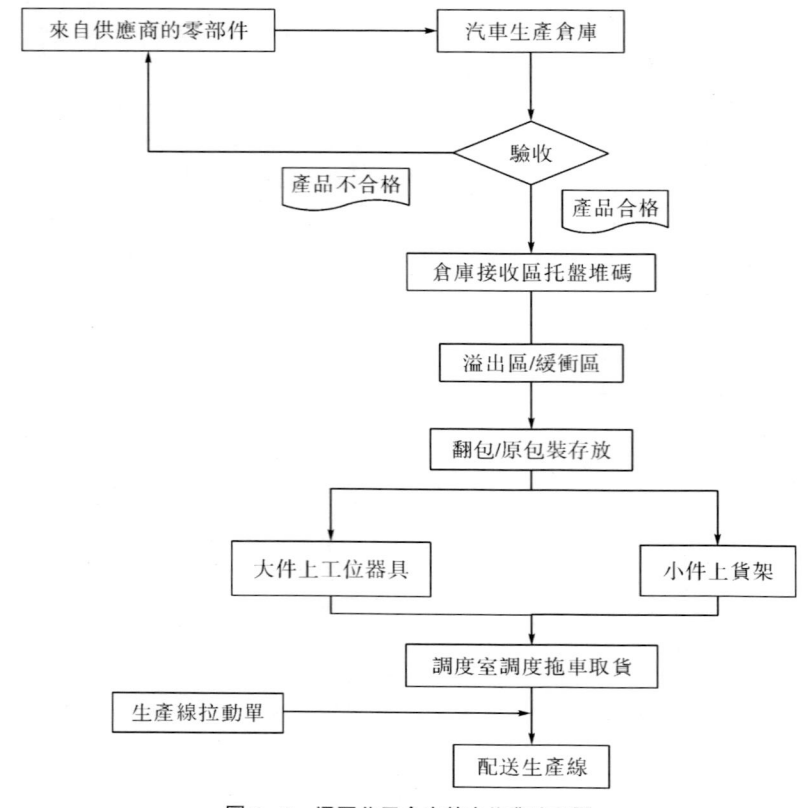

圖 6-2 通匯公司倉庫基本作業流程圖

　　通匯公司的倉庫運作基本按照圖 6-2 所示流程進行，但由於公司發展尚不健全，又受實際條件所限，倉庫目前的庫存量較大，無法實現精益化管理。按照前述的倉庫作業區域的劃分，貨架區和集中存儲區的零件存儲均是點對點式，即每種零件有專門的存儲空間，而零件（大、中、小型件）的翻包工則均在集中翻包區進行。由於生產線對各類零件的實際需求不等，這種點對點的存儲方式就造成了倉庫中部分區位零件堆放過多，而另一些區位儲量很少甚至少部分空缺的現象。這不僅使倉庫的存儲面積不能得到充分利用，而且造成堆碼很高的零件的取用困難。按照通匯公司 Milk-run 的發展規劃，在未來幾年內公司將基本建成閉環運輸網絡，通過信息系統的逐步搭建完成，以實現庫存管理的精益化。屆時，公司倉庫的佈局結構、生產設備型號及數量等均要求適應新的發展要求，庫存量將減少到很低的水準。而現行的庫存管理和控制方式顯然已不能適應通匯公司的長遠發展要求。目前，公司管理人員也正在探索和尋求庫存管理和控制的合理方式及方法，以期在未來的發展中能夠適應並促進公司的整體發展。

6.4 案例評析

6.4.1 評價通匯公司「物流一體化」的基本思路

「物流一體化」就是以物流系統為核心的由生產企業、物流企業、銷售企業直至消費者供應鏈的整體化和系統化。物流一體化的目標是應用系統科學的方法充分考慮整個物流過程的各種環境因素，對商品的實物活動過程進行整體規劃和運行，實現整個系統的最優化。在美國等發達國家的企業物流普遍實行了一體化運作，而且企業物流的一體化不再僅僅局限於單個企業的經營職能，而是貫穿於生產和流通的全過程，包括了跨越整個供應鏈的全部物流，實現了由內部一體化到外部一體化的轉變。物流一體化在 20 世紀 70 年代末之前，只是針對企業內部的各個職能部門的運作與協調。歐美等發達國家的許多企業都設立了物流部或物流服務部，全面負責生產經營過程中的採購、物料管理、生產製造、裝配、倉儲、分銷等所有環節的物流活動，實現了採購物流、生產物流和分銷物流的統一運作和管理，稱為企業物流的內部一體化。

20 世紀 80 年代，許多企業把物流管理的一部分或全部分離出來，由一個具有法人資格的獨立企業實行社會化、專業化經營。物流子公司的成立，使物流管理人員的工作從僅僅面向企業內部，發展為面向企業同供貨商以及用戶的業務關係上來。20 世紀 90 年代，企業紛紛與上游供應商和下游分銷商合作，以最優的商品供應體系實現了跨企業的供應鏈管理一體化。供應鏈管理是集生產商、供應商、分銷商、零售商以及運輸、信息及其他物流服務供應商為一體的管理，是物流管理的最高境界。企業通過與外部組織對整個供應鏈的計劃和從原料採購、加工生產、分銷配送，到商品銷售給顧客的物流過程進行統一運作和管理，降低了整個供應鏈的物流成本，實現了對顧客的快速反應，提高了顧客服務水準和企業競爭力。典型的運作模式是物流外包或締結戰略聯盟。

通匯公司實施「物流一體化」可以達到以下效果：

6.4.1.1 消除利益衝突

傳統的方式是，物流活動被分散在不同部門，各部門有各自追求的目標，這些目標往往相互衝突，難以形成統一的目標。為了克服部門間的利益衝突，發達國家的企業將各種物流活動集成在一個部門諸如物流部，對物流進行統一運作與管理，消除部門間的利益衝突。

6.4.1.2 提高運作效率

物流活動各項成本間存在交替損益關係。如：減少商品儲存的數量可以降低儲存成本，但由於儲存數量減少，在市場規模不變的情況下，為了滿足同樣的需求勢必要頻繁進貨，增加了運輸次數，從而導致運輸成本的上升。也就是在追求庫存合理性的同時又犧牲了運輸的合理性。如採用分項物流管理，各個部門追求自身的最優化，勢必會影響到整個系統的最優化。只有通過採用一體化物流管理把相關的物流成本放在一起綜合考慮，才能實現整個系統的最優化、實現物流總成本最低。

物流系統的構成要素既相互聯繫又相互制約，其中一項活動的變化，會影響到其他要素相應地發生變化。如運輸越集成，包裝越簡單，反之，雜貨運輸對包裝要求就很嚴格。再者，商品儲存數量和倉庫地點的改變，會影響到運輸次數、運輸距離甚至

運輸方式的改變等。因此，只有對系統各功能進行統一管理，才能更有效地提高整個系統的運作效率。

6.4.1.3 提高物流一體化競爭力

內部一體化只能實現廠商內部的最優化。很顯然，供應鏈上的所有企業各自孤立地優化其物流活動，跨越供應鏈的物流則很難達到優化。就物流成本來說，運輸成本和庫存保管成本在物流成本中占據絕大部分比例。依據美國的經驗，近20年來運輸成本在GDP中的比例大體保持不變，而庫存費用比重降低是導致美國物流總成本比例下降的最主要原因。如果僅僅實行的是內部一體化，由於沒有與供應商和分銷商實現一體化管理，供應商或分銷商往往持有大量原材料或產成品庫存，這些庫存保管成本歸根結底都要轉嫁給最終消費者，這種成本的轉移並不能提高企業的競爭力。因此，要真正做到減少甚至消除原材料和產成品庫存，降低交付成本，就必須與上游供應商和下游分銷商合作，進行統一管理，統一行動，降低整個供應鏈的成本，提高企業的競爭力。

物流一體化在汽車物流領域中已有成功的應用範例，如上海通用汽車的物流一體化運作。

隨著汽車市場競爭日益白熱化，汽車企業生產日益小批量、多樣化，這對汽車企業的物流管理提出了更高的要求。上海通用汽車物流系統的核心是全面貫徹物流一體化的戰略。把物流運行中的各個環節，包括從零部件到料架、從本地到異地、從國內到國外等方面進行閉環管理。

上海通用汽車目前有近15,000種零部件，其中國產零部件近萬種，主要分佈在蘇、浙、滬等10餘個省市的230多家國產零部件供應商，如果每家供應商都單獨向各個工廠送貨，勢必大大增加汽車零件的成本，也不利於零部件的運輸管理和質量控制，更會帶來由各自送貨引起的交貨延誤和差錯的運輸失控，導致整個零部件供應物流的非精益化運作。因此，上海通用汽車創造性地實施了以多頻次、小批量和定時性，採用閉環運作模式為特色的「循環取貨」項目。項目實施以來，零件庫存量降低了30%，倉庫面積節省了1萬平方米，總運輸車次降低了20%，綜合物流成本下降30%，均衡資源利用率提高了10%。

通匯公司作為代理企業專門從事物流業務管理職能的組織部門，通過獨立核算、自負盈虧，使得物流成本的核算變得簡單明晰，有利於物流成本的控制；通過對物流業務統一指揮、運作有利於提高物流的交付速度、物流質量、物流可靠性、柔性和勞動生產率；通過市場交易的手段從事物流運作，有利於破除來自生產部門和銷售部門的限制；與此同時，企業多餘的物流能力可參與社會經營，避免了物流能力的閒置和浪費，實現了資源共享，從而實現價值增值和物流績效的提高。

6.4.2 分析通匯公司的循環取貨運作模式

6.4.2.1 循環取貨（Milk-run）

循環取貨的方式起源於英國北部的牧場，是為解決牛奶運輸問題而發明的一種運輸方式，現引用在汽車物流行業中，中文譯名為循環取貨。是指一輛卡車按照既定的路線和時間依次到不同的供應商處收取貨物同時卸下上一次收走貨物的空容器並最終將所有貨物送到汽車整車生產商倉庫或生產線的一種公路運輸方式。對於某一個汽車整車生產商來講，可能會有十幾條甚至上百條的Milk-run路線，投入營運的車輛按照

每日整車生產計劃持續地進行零部件的運輸。該詞字面的意思描述了送奶工給若干用戶送奶並回收空奶瓶的過程。而在汽車物流中裝載貨物容器的空載和滿載，正好與送牛奶過程相反，即到汽車物流供應商處取貨時留下空容器，把裝滿貨物的容器帶走，而在送牛奶過程中是在用戶處留下牛奶而把空瓶帶走。該運輸方式適用於小批量，多頻次的中、短距離運輸要求。該運輸方式降低了汽車整車企業的零部件庫存，降低了零部件供應商的物流風險，減少了缺貨甚至停線的風險。從而使整車生產商及其供應商的綜合物流成本下降。

循環取貨是指在指定的窗口時間（Window – time，即 Milk – run 中取料、送料的時間，此窗口時間須由供應商、運輸商和汽車生產企業共同協商決定）將一定數量的零件和料箱送到汽車生產企業並將一定數量的空料箱送到供應處的閉環式運輸路徑。

循環取貨是一個閉環式運輸體系，每一條路線都有超過一家的供應商，供應商必須同意在有需要時移動其他供應商的裝有零件的料箱、料架或空料箱、料架。

循環取貨屬於及時供貨項目，它要求在計劃時間取料、送料以滿足車輛生產計劃，並保證生產線不停線。規定超出需求的零件將不予裝載。在規範的窗口時間內，若物料沒有準備好，則將用緊急送貨方式將零件送至工廠以滿足生產計劃。緊急配送的費用由責任方（供應商、承運人或汽車生產企業）負責支付。這一模式的成功關鍵在於按照一個規範的流程運行，根據汽車生產企業的生產計劃，將正確數量的零件準時送往指定的地點。

6.4.2.2 循環取貨的優缺點

循環取貨是一種非常優化的物流系統，是閉環拉動式取貨。其特點是多頻次、小批量、及時拉動式的取貨模式；它把原先的供應商送貨——推動方式，轉變為汽車總廠委託的物流運輸者取貨——拉動方式。其優點有：

（1）能夠彌補傳統運輸的缺陷，優化運輸網絡，提高零部件運輸頻次，有效控制線邊庫存的同時，還能夠有效控制運輸成本及其他潛在成本。

（2）實行 Milk – run 的供應商的初期篩選，物流數據分析、路線設計、運作監控都由汽車總廠直接參與，使得整個零部件入廠物流都處在總廠的監控之下，對於零部件入廠物流供應鏈風險的控制、預警和補救都是很有好處的。

（3）有利於運輸效率及裝載率的提高。在相同產量下，運輸總里程將大大下降，容積率可以事先計劃和在實施中盡量提高；從而運輸成本將大大下降。

（4）循環取貨在整個供應鏈中把供應商、零件分配中心、零件整合中心、料箱管理中心以及整車廠的生產線都串接了起來，這就使綜合考慮、靈活調整整個供應鏈成為可能。

（5）由於小批量、高頻次的取貨實施，在循環取貨的運輸頻次與供應商自運的運輸頻次相同的情況下，裝配線邊的零部件庫存區域和料箱、料架有了很大的節省。

（6）因為運輸的頻率增加了，許多零部件不需要進入倉庫，從而可保持較快的週轉速度和很低的或接近於「零」的庫存。

（7）循環取貨是由整車廠委託專業物流運輸承包商進行運作，運輸車輛的狀態、司機的素質和專業要求以及培訓等因素得到保證，從而使安全供貨得到保證。

循環取貨的缺點主要是協調的複雜性很大，循環取貨是基於準時制（Just In Time，JIT）供應的物流方法，各個環節都有其特別的條件和要求，如果不能滿足，就難以取

得預想的效果，甚至可能帶來缺貨停線的風險。循環取貨對時間控制得非常嚴格，如調度不當，使缺貨停線的風險大大增加，如果不能實現較準確的到貨時間，不管是早還是晚都會對生產和庫存產生一定的影響。另外，循環取貨常常是由第三方物流商來承運，對於零部件的質量檢驗和責任就會時常出現糾紛，同時既定的取貨計劃使得不合格零件的收回和返修都變得複雜和難以處理。因此，循環取貨的實施需要一定的條件。

6.4.2.3 循環取貨的流程和責任

以上海通用汽車為例，上海通用汽車2001年9月開始試運行循環取貨，並委託富有國際化運作經驗的美國 RYDER 公司進行循環取貨的路線和方案設計、更新和維護，委託另一家專業物流運輸商進行循環取貨運行，並制定了循環取貨的流程和責任，如圖6-3、表6-2所示。

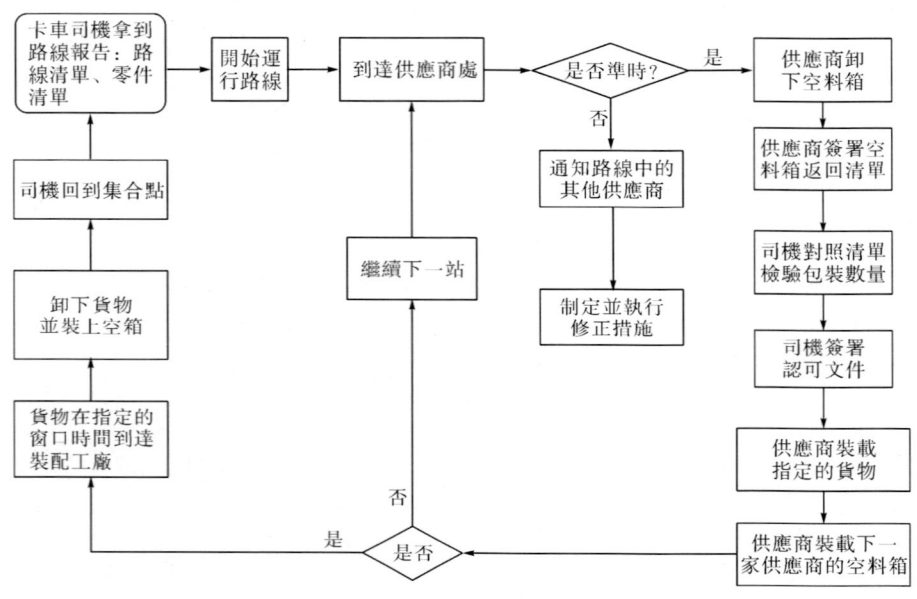

圖6-3 循環取貨的流程圖

表6-2　　　　　　　　　　循環取貨的職責表

上海通用	物流策劃管理層	承運商	供貨商
·跟蹤物流	·路線設計	·設備	·物料堆放
·供應商管理	·路線維護	·司機和資源	·違規警示報告
·供貨商培訓	·成本分析	·日常路線操作	·料箱卸貨
·料箱回收	·物流項目管理	·取貨驗證	·窗口時間
·收貨	·承運商管理	·偏離路線報告	·精確數量
·生產安排	·供貨商事先培訓	·零件誤差報告	
·生產計劃	·監控績效	·按計劃、規格操作	
·通知改變			
·供應商付款			

6.4.3 上海通用汽車與安吉天地公司的成功合作對通匯公司的啟示

安吉天地公司是上汽集團安吉汽車物流有限公司所屬的骨幹物流企業，是全國首批9家5A級物流企業之一。安吉天地公司自2003年起就為上海通用汽車提供入廠物流循環取貨業務，是目前國內最大的汽車入廠物流循環取貨網絡。安吉天地公司的循環取貨運輸模式根據不同零部件的特點量身定做，對不同零部件廠家採取不同的取貨模式：包括循環取貨、生產線直送（Direct Delivery）和準時送貨（Just in Time）等。目前50%的大件實現了每天（Day to Day）送貨，幫助客戶大大降低了庫存；同時通過GPS定位系統及可視化系統的應用，提高對日常運作的即時控管和供應鏈的可視化能力，幫助整車廠把供應鏈管理推到供應商的發運端。

在實施 Milk-run 的過程中，上海通用汽車、安吉天地公司和供應商體現了較好的協同。在突破 Milk-run 的難題上，上海通用汽車和安吉天地公司通過強化管理對其加以突破。安吉天地公司和上海通用汽車不斷溝通和反饋，設定了很多指標，包括裝載率、準點率、安全指標等。為了達到這些指標，安吉天地公司建立了非常靈活的體系保證其實現。

以準點率的考核為例，安吉天地公司在每條線路的運輸車上都安裝了GPS，平均每十分鐘發回一次確認信息，以此評估它是否能夠準點到達，準點標準是早晚不超過15分鐘。一旦出現遲到現象，不僅要分析原因，同時還要啟動應急方案。安吉天地公司會及時將信息告知上海通用汽車，對遲到車輛上的零件庫存進行預估，根據不同的情況採取不同的應對手段。如果零件庫存可以彌補遲到帶來的麻煩，對遲到的車輛就採取跟蹤措施；如果庫存量有斷貨的危險，就啟動其他路線上的運輸力量；如果發現庫存報警，就要採取緊急運送的手段，發單程車或利用二級承運商。

循環取貨是一個複雜的體系，為了避免責任不清現象的發生，上海通用汽車、安吉天地公司和供應商在保證信息溝通的順暢上也建立了相應的機制。上海通用汽車還為安吉天地公司提供了 MRP II 系統的數據接口，以便安吉天地公司第一時間瞭解供應商的詳細情況。如果發生問題，司機通常是事發現場第一時間的匯報人；安吉天地公司將詳細記錄情況第一時間報告給上海通用汽車物料計劃方面的負責人；上海通用汽車再與供應商進行第二次確認；然後是通過召開協商會，由三方共同參與制定解決方案。安吉天地公司會繼續跟蹤供應商的改善情況。如果需要加大產能投入，安吉天地公司便對運輸路線進行調整，供應商方面也會做出資金投入的努力，有時甚至為此重新引入生產線。信息流在這一運作系統中快速準確地得以傳遞，問題也相應得以迅速解決。

安吉天地公司已經開發並投入使用的具有自主知識產權的 e-logistics 系統，包括：整車倉儲管理系統、零部件運輸管理系統、零部件倉儲管理系統以及生產拉動物流配送系統等，對提升企業整體物流技術能力起到重要作用。TMS 運輸管理系統除了為客戶提供路徑優化、循環取貨計劃和運輸跟蹤等技術支持外，安吉天地公司還正在自主開發全國運輸網絡管控中心，形成整合入廠運輸、售後運輸和社會化網絡運輸業務於一體的多客戶的運輸管理信息平臺，最大可能地整合和提高運輸資源利用率，降低成本，使物流即時跟蹤更可視化。

通匯公司與安吉天地公司非常相似都屬於大型汽車製造集團，為集團提供物流服

務。安吉天地公司已經在汽車物流領域卓有成效，在整車倉儲和汽車零部件入廠配送服務等物流領域取得了良好的經營業績。通匯公司在該領域也開始嶄露頭角，安吉天地公司在提升服務能力、業務流程變革和再造、精心培育一體化供應鏈解決方案能力、企業信息化建設、企業文化建設等方面的經驗都值得通匯公司學習和借鑑。在與陝西「重型設備製造」集團的合作上除了配件運輸也可以在整車配送方面進行合作，這樣也更有利於循環取貨的完善運行。

6.4.4 對通匯公司物流信息系統的構建給出建議

6.4.4.1 應用先進的供應鏈管理思想構建物流信息網絡

供應鏈管理是進入21世紀後企業適應全球競爭的一個有效途徑。作為一種新的管理模式，它從整個供應鏈的角度對所有節點企業的資源進行集成和協調，強調戰略夥伴協同、信息資源集成、快速市場回應及為用戶創造價值等。但由於信息技術應用和網絡環境發展相對滯後於這種先進的管理模式，傳統的基於紙張、傳真的供應鏈難以實現企業與合作夥伴間信息即時的、同步的共享。目前雖然一些製造企業採用了MRPII、ERP、CRM、SCM等系統，但這些系統往往局限於企業內部，合作夥伴之間在線的電子連接（Electronic Linkage）及企業與顧客之間的接口薄弱，形成了一些供應鏈上的信息孤島，不能充分支持和體現供應鏈管理的戰略優勢和系統特徵。

電子商務是未來企業提高國際競爭力和拓展市場的有效方式，同時，電子商務也為傳統的供應鏈管理理論與方法帶來了新的挑戰。供應鏈管理與電子商務相互結合，產生了供應鏈管理領域新的趨勢——電子商務供應鏈管理（e-Supply Chain Management，e-SCM）。e-SCM的核心是高效率地管理企業的信息，幫助企業創建一條暢通於客戶、企業內部和供應商之間的信息流。

電子商務的應用促進了供應鏈的發展，也彌補了傳統供應鏈的不足。從基礎設施的角度看，傳統的供應鏈管理一般是建立在私有專用網絡上，這需要投入大量的資金，只有一些大型的企業才有能力進行自己的供應鏈建設，並且這種供應鏈缺乏柔性。而電子商務使供應鏈可以共享全球化網絡，使中小型企業以較低的成本加入到全球化供應鏈中。

從通信的角度看，通過先進的電子商務技術（如XML、OBI等）和網絡平臺，可以靈活地建立起多種企業間的電子連接，如企業間的系統（Inter-Organization Systems，IOS）、企業網站、外聯網（Extranet）、電子化市場（Electronic Market）等，從而改善商務夥伴間的通信方式，將供應鏈上企業各個業務環節連接在一起，使業務和信息實現集成和共享，使一些先進的供應鏈管理方法變得切實可行。

通過電子商務的應用，能有效地將供應鏈上各個業務環節連接起來，使業務和信息實現集成和共享。同時，電子商務（Electronic Commerce，EC）應用改變了供應鏈的穩定性和影響範圍，也改變了傳統的供應鏈上信息逐級傳遞的方式，為創建更為動態、廣泛的供應網（Supply web）關係奠定了基礎，使許多企業能以較低的成本加入到供應鏈聯盟中。

匯通公司正在籌備搭建物流信息系統，在設計中應該以適度超前的眼光來做規劃，應該考慮電子商務供應鏈管理這一新的趨勢以及一些新技術的應用。只有將系統管理技術、電子商務平臺技術、供應鏈技術、決策支持系統等有機地結合起來，並貫穿應

用於供應鏈管理的各個環節，才能實現供應鏈的科學管理。

6.4.4.2 物流信息系統的構建

從國際經驗來看，物流領域是現代信息技術應用比較普遍和成熟的領域，物流企業正在轉變為信息密集型企業群體。物流信息系統應用的落後已成為中國物流企業進一步發展的「瓶頸」。這也是通匯公司企業在發展過程中必須突破的。

信息系統是指使用系統的觀點、思想和方法建立起來的，以計算機為基本信息處理手段，以現代通信設備為基本傳輸工具，並且能夠為管理決策提供信息服務的人機系統。它具有即時化、網絡化、系統化、規模化、專業化、集成化、智能化等特點。

（1）物流信息系統的功能。從功能上講，物流信息系統是以現代物流思想體系為基礎，利用現代科學技術，在計劃、管理和控制及作業環節等方面充分利用信息、快速反饋信息，為決策提供依據並輔助決策，提高物流效率和優化供應鏈的信息系統。其目的是在提高物流業務的效率並降低成本的同時，提高對顧客的服務水準。具體來說現代物流信息系統的基本功能有以下幾個方面：

①正確掌握訂單信息並進行存儲的功能；
②正確掌握物的移動並進行傳送的功能；
③為顧客提供即時查詢物流信息的功能；
④科學管理控制各項計劃和實施的功能；
⑤準確及時獲得各種反饋信息的功能。

（2）基於管理活動層次的系統結構。管理活動分為三個層次：戰略規劃層、管理控制層、作業控制層。

①作業控制信息系統，主要目的是保證作業能有效地、高效率地完成。
②管理控制信息系統，這是部門負責人所需要的信息系統。
③戰略控制信息系統，輔助企業高層管理人員做出戰略決策。

（3）物流信息系統的功能結構。物流信息系統是基於管理活動層次的物流系統結構的一部分。物流信息系統的一級目標（主要目標）：減少物流週期的不確定性，滿足客戶對物流服務的可靠性、送達及時性、交付一致性的要求。二級目標（力求達到的目標）：經濟性、可靠性、可維護性、靈活性、可擴展性、安全性。為了達到系統的目標，物流信息系統應該包括的功能子系統有：物品管理子系統、存儲管理子系統、配送管理子系統、運輸與調度子系統、客戶服務子系統、財務管理子系統、人力資源管理子系統、質量管理子系統等。

6.4.4.3 實施物流信息系統應該達到的預期效果

（1）有效地組織跨地區的業務。作為物流服務企業，其核心的業務就在於對物流進行有效的管理。物流信息系統把運輸分為接單、發運、到站、簽收幾個部分。各個業務部分可以在不同的地方，以不同的用戶身分通過互聯網進入系統，然後進行業務數據的輸入。針對物流運輸模式的多樣性，系統可以提供短途和長途運輸模式，提供火車運輸、汽車運輸、輪船運輸和飛機運輸等方式。在貨物運輸過程中提供準確的信息，使下一站的中轉站可以及時地瞭解上一站發送貨品的信息，及時地安排交通工具和倉庫庫位。

（2）及時對倉庫進行排庫和盤點。物流信息系統可以提供可視化的貨品排庫功能。同時系統提供對貨品的各種統計查詢以及智能化的貨品先進、先出功能，極大地方便

了倉庫管理者，並且為物流企業客戶提供真正的物流服務奠定了基礎。這種服務就是完全按照客戶對物品的調撥指令以及按照客戶對於物品的調撥原則，對客戶倉儲的物品進行管理。

（3）提高客戶服務水準。客戶最需要瞭解的是物品的流通過程以及物品是否安全準確地到達指定的地點。這是所有物流企業為客戶提供服務的關鍵。通過物流信息系統，客戶可以使用物流企業提供的用戶查詢口令和密碼，在線查詢所有交運物品的狀態。也就是說客戶可以隨時瞭解自己的物品是否發運、在途中、到站以及簽收。貨品的達標率、破損率等都能夠在線查詢。

（4）滿足企業加快資金週轉的要求。通過物流管理系統，無論是物流服務企業還是客戶，都能夠及時瞭解到每一批交運物品的簽收情況，可以盡早制訂資金的運作計劃。

（5）節約通信費用。物流企業的業務具有跨地域廣的特點。過去傳統的聯繫方式都是採用電話和傳真進行信息的交流，但是電話不能存底，傳真的文字不能用於數據處理，而且長途通信費用較高，這對於物流企業來說是非常大的負擔。物流管理信息系統採用的是互聯網絡構架的信息交流系統，因此通信費用可以大大地降低。

6.4.5 通匯公司該如何做好 VMI 並配合循環取貨的推行

6.4.5.1 供應商管理庫存（VMI）

供應商管理庫存（Vendor Management Inventory，VMI）是一種在用戶和供應商之間的合作性策略以及對雙方來說都是最低的成本優化產品的可獲性，在一個相互同意的目標框架下由供應商管理庫存，並且經常性監督和修正該目標框架以形成一種連續改進的環境。運作 VMI 的工作原則是：

（1）合作性原則（合作精神）。在實施 VMI 時，相互信任與信息透明是很重要的，供應商和用戶都要求有較好的合作精神，才能相互保持較好的合作。

（2）互惠原則（雙方成本最小原則）。VMI 不是關於成本如何分配或誰來支付的問題，而是關於減少成本的問題。通過 VMI 策略可降低雙方的成本。

（3）目標一致性原則（框架協議）。雙方都明白各自的責任，觀念上達成一致的目標。如庫存放在哪裡，什麼時候支付，是否支付管理費，要花費多少等問題都要作出回答，並體現在框架協議中。

（4）持續改進原則。該原則使供需雙方能共享利益和消除浪費。VMI 的主要思想是供應商在用戶的允許下設立庫存，確定庫存水準和補給策略，擁有庫存控制權。VMI 運作的基本目標大致有以下幾點：

①降低供應鏈的庫存成本；
②改善企業資金流；
③提高服務水準；
④提高相互信任度；
⑤提高企業的核心競爭力。

6.4.5.2 循環取貨的推行條件

VMI 雖然強調降低供應鏈整體庫存，但卻把太多的責任放在生產供應商身上，供應商對庫存的差額負全部責任；VMI 沒有考慮物流承運商的協作，承運商的能力限制

會導致運輸時間的延遲，從而破壞供應鏈的效率。Milk-run 能夠彌補 VMI 的一些缺陷，但是仍然讓供應商和物流承運商承擔庫存的壓力。對於通匯公司而言，要同時接收生產零部件和銷售零部件，要保證生產線不停，銷售也不中斷，庫存壓力就更大。要降低庫存和推行 Milk-run 需要從以下幾個方面努力：

（1）提高汽車總裝廠生產的穩定性和連續性。通匯公司依據總裝廠的作業計劃實施物料配送。總裝廠作業計劃一般為月計劃，物資採購部根據作業計劃採購該月所需零件，之後，各供應商負責在接到採購員要料要求時將零件送至通匯公司倉庫。最後，通匯公司按需將零件送至生產線旁。按照這樣的流程，總裝廠的生產計劃的連續性和穩定性是觸發整個流程的重點，總裝廠的生產計劃決定著零部件供應商的備貨、庫存、生產等。對於生產能力不穩定和生產計劃不連貫，其物料需求、物流種類和數量無規律變動的企業，供應商及物流承運商的庫存水準難以降低，循環取貨方式也並不適合。

（2）選擇可靠的供應商。在整個物流取貨系統中，由於實際的交通條件限制，精確的到貨時間無法保證，因此就需要一定量的安全庫存來進行緩衝。在循環取貨過程中，供貨時間規定得較為嚴格，而且取貨經常由第三方物流承運商來執行，因而車輛取貨時基本無法進行質量檢驗，而是要入廠時由製造廠的質檢員進行檢驗。如果出現不良品，根據循環取貨的流程，卸貨之後車輛隨即離開，不合格品在下一輪循環中與料箱一起帶回供應商。但現實中常常會需要供應商進廠修補，或是重新單獨送貨，不僅增加成本，也具有很大的風險。所以說，必須謹慎選擇供應商，參與循環取貨的供應商其產品質量必須是可靠的，穩定的。

（3）信息共享。循環取貨不斷追求的目標就是希望能夠做到同步供應，因而需要把裝配廠的採購計劃及時發送給供應商及第三方物流服務商，供應商也需要對交貨要求做出及時的回應，這就必須建立一個高質量的信息平臺，實現信息共享的及時性、有效性和安全性。在遇到緊急情況時，信息共享尤為重要。如在運輸中突發事故或者時間超過時間窗，GPS 車輛監控系統發出警報，事故的詳細信息通過高效的信息平臺及時傳輸到各部門，便於各部門及時做出應急處理，防止缺貨現象的發生。高度信息化、及時有效的信息共享是實施循環取貨的基礎。

當前，國內大多數企業可能還無法達到國外那麼先進的信息共享程度，可以根據自身的信息化基礎決定使用 Internet、e-mail、電話、傳真的手段進行信息交流。實力較強的第三方物流企業一般擁有較先進的信息化系統，比如上海通用汽車，安吉天地公司和零部件供應商就可以通過安吉天地公司的物流管理系統進行即時的信息交換。

實訓題

1. 曾有人提出將銷售公司的整車配送和配件公司的倉儲和配件運輸業務納入通匯物流公司，整合二者的倉庫和運輸資源等，減少物流運作中倉庫管理的難度。但如此一來通匯公司又與集團的眾多銷售和售後服務網點建立了供需關係，加大了公司整體物流運作的難度，該提議也就被暫且擱置。隨著通匯公司一天天發展壯大，銷售配件需求的管理問題也是公司管理層不得不面對的。如何解決這個問題，你有什麼創意方案？

2. 表 6-1 為實施循環取貨以前，集團簡化的供應商及零件配送信息。假設其零件

需求均勻，即每日零件消耗相同。請結合表 6-1 中的相關數據，自己查閱資料學習循環取貨線路規劃的知識，協助通匯公司設計整體的 Milk-run 實施方案。

3. 假設通匯公司倉庫系統的庫存零件總類有 4,421 種，按供應金額對品種進行分類，具體如表 6-3 所示。

表 6-3　　　　　　　　　按供應金額排列的零件類別表

供應金額(M)的分類(萬元)	品種(種)	品種累計(種)	占總品種數的百分比(%)	占總品種百分比累計(%)	供應金額累計(萬元)	供應金額累計(萬元)	占供應總金額的百分比(%)	占供應總金額的累計(%)
M>6	60	60	1.4	1.4	5,800	5,800	69	69
5<M<6	268	328	6.1	7.5	500	6,300	6	75
4<M<5	55	383	1.2	8.9	250	6,550	3	78
3<M<4	95	478	2.2	11.1	340	6,890	4	82
2<M<3	170	648	3.8	14.9	420	7,310	5	87
1<M<2	352	1,000	8.0	22.9	410	7,720	5	92
M<1	3,421	4,421	77.1	100	670	8,390	8	100

另外，集中翻包作業針對存儲區內的各類零件進行，原則上是先按大小件區分，再在每一種類零件內集中作業。如能合理地規劃從翻包到線旁配送的各個環節，將有效避免叉車、拖車等拉動工具走行路線的交叉，充分利用運力，降低配送過程中的安全隱患。請就庫存控制及倉庫管理提出自己的方案及意見。

參考文獻

[1] 謝濱. 運作管理案例集 [M]. 北京：高等教育出版社，2005.

[2] 崔介何. 物流學 [M]. 北京：北京大學出版社，2010.

[3] 魏修建. 電子商務物流 [M]. 北京：人民郵電出版社，2008.

[4] 陶世懷. 電子商務概論 [M]. 大連：大連理工大學出版社，2007.

[5] 汪金蓮. 汽車製造廠零部件入廠物流循環取貨運輸路線規劃和優化算法的研究 [D]. 上海交通大學，2009.

[6] 徐秋華. Milk-run 循環取貨方式在上海通用汽車的實踐與應用 [J]. 汽車與配件，2003（3）.

[7] 夏文匯. 現代物流運作管理 [M]. 2 版. 成都：西南財經大學出版社，2010.

[8] 夏文匯. 現代物流管理 [M]. 2 版. 重慶：重慶大學出版社，2008.

第 7 章
重慶建設雅馬哈摩托車有限公司推進銷售物流策略案例

7.1 公司概況

　　重慶建設雅馬哈摩托車有限公司，是由建設工業有限責任公司與日本雅馬哈發動機株式會社共同出資創辦的大型摩托車企業，於 1992 年 11 月經重慶市人民政府批准成立，1994 年正式投產。公司總投資額 8,100 萬美元，註冊資本 6,500 萬美元。公司實行董事會領導下的總經理負責制，董事會下設執行委員會，對董事會負責。

　　公司自創立以來，始終堅持「用戶至上，高質量主義，以人為本，重視環境，中日真誠合作」的經營方針，緊緊圍繞「創中國一流企業」的經營目標，裝備了世界先進水準的鑄造、機加、焊接、塗裝、總裝和物流生產線，設計上採用日本雅馬哈先進的 CAD 圖形工作站和先進檢測手段，運用 JYMAX 計算機生產管理系統進行生產、採購、財務等管理，通過開展「5S」、「TPM」、「QMS」等活動不斷改善經營管理，先後建立並通過了 ISO9002：1994 版和 ISO9001：2000 版的質量保證體系認證，2006 年通過了 ISO14001 環境質量管理體系認證，為向用戶提供高品質的世界名牌摩托車奠定了堅實的基礎。

　　公司主要車型有：「天劍」YBR125、「天劍王」YBR250、「天戟」YBR125E、「勁悍」YBR125SP、「勁龍」JYM250 太子車、「勁飆」JYM200 城市道路車、「勁豹」JYM150－A/B、「勁虎」JYM150 輻條輪、壓鑄輪摩托車、TT－R50 兒童越野車、「勁龍」JYM250J、JYM150J 公安車、公務車等。

　　至 2009 年底，該公司生產的 JYM150、JYM150－A/B 系列摩托車榮獲重慶市名牌產品稱號。

　　JYM150A/B 和 JYM250 被評為重慶市高新技術產品。勁豹、勁龍、風帆、天劍等品牌在消費者中擁有較高的知名度，建設·雅馬哈也榮獲「知名商標」稱號。1999 年 10 月公司通過日本雅馬哈出口車質量保障體系認證，成為雅馬哈最重要的海外出口基地之一。公司還多次榮獲重慶市質量效益型企業、重慶市重合同守信用企業、重慶市十佳外商投資高營業額企業、外商投資出口創匯企業等稱號；2004—2008 年連續 5 年榮獲重慶市「十佳」外商投資企業的榮譽稱號，並榮獲 2007 年中國外商協會履行社會

責任貢獻突出獎。

從公司2008—2010年銷售現狀分析，2008年，受國際金融危機的影響，公司緊跟市場發展態勢，通過自身的不懈努力，2009年銷售業績保持了良好的發展勢頭。從2009年1~8月全機型出貨完成情況來看，總體銷售情況良好。見圖7-1。

(單位：千臺)

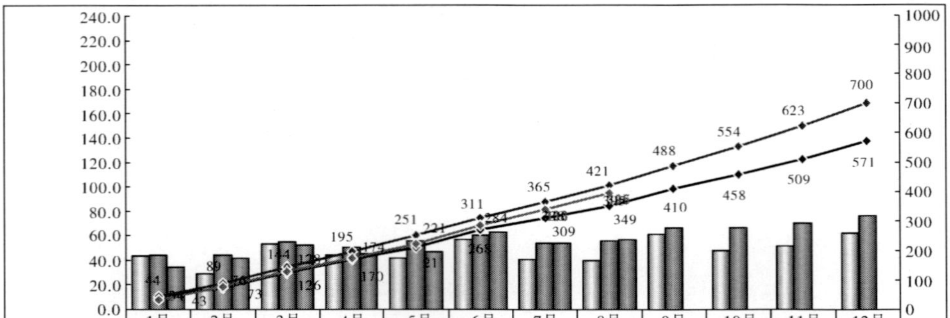

	1月	2月	3月	4月	5月	6月	7月	8月	9月	10月	11月	12月
2008年月實績	43.4	29.5	52.7	44.2	41.4	57.1	40.7	40.1	61.2	47.6	51.1	62.4
2009年月計劃	44.4	44.5	55.1	50.9	55.7	60.2	53.9	56.2	66.8	66.0	69.7	76.5
2009年月實績	34.4	41.2	52.5	45.5	47.2	62.6	54.1	57.0				
2008年累月實績	43.4	72.9	125.6	169.8	211.2	268.3	309.0	349.0	410.3	457.8	508.9	571.3
2009年累月計劃	44.4	88.8	143.9	194.8	250.5	310.8	364.7	420.9	487.7	553.8	623.5	700.0
2009年累月實績	34.4	75.7	128.2	173.7	221.0	283.6	337.7	394.7				

圖7-1　2008年、2009年重慶建設摩托車銷售增長態勢圖

資料來源：建設雅馬哈公司內部資料。

隨著國內排放標準政策的出抬，2010年摩托車整體銷售態勢良好，根據工業和信息化部網站2010年6月17日公布的數據，2010年1~5月，全國摩托車累計產銷1,195.44萬輛和1,170.6萬輛，同比分別增長21.72%和19.07%。2010年1~5月，摩托車出口量排名前十位的企業分別是隆鑫摩托、銀翔、力帆、廣州豪進、宗申、金城、廣州大運、航天巴山、建設股份和大長江，共出口摩托車157.05萬輛，占摩托車出口總量的49.90%。2010年1~8月，摩托車累計產銷1,863.5萬輛和1,825.93萬輛，同比增長17.35%和14.31%，增幅比1~7月回落4.38和3.47個百分點。8月份，摩托車出口69.59萬輛，環比下降4.92%，同比增長33.83%。1~8月，摩托車累計出口金額28.84億美元，同比增長31.70%。但摩托車行業市場分析人士認為，8月份摩托車產銷量環比和同比均明顯下降，是全面實施國內排放標準的政策顯現。

7.2　行業背景

自2002年摩托車市場結構和產品結構調整以來，摩托車市場競爭更趨激烈，從無序轉向有序，從盲目邁向理智與成熟。行業管理協調部門和主要生產企業將站在履行世貿組織規則的高度來審視問題、定位取向、理順思路和調整戰略戰術。

摩托車產業發展的積極因素是：一是國家繼續實行穩健的貨幣政策，著力擴大內需，拉動消費增長；二是國家下決心繼續整頓和規範市場經濟秩序，品牌車將乘勢擴

大市場佔有率；三是國家加快西部大開發及對「三農」的扶植政策將有效拉動城鄉居民消費；四是國外市場廣闊，潛在需求量大。

摩托車產業發展的消極因素是：一是企業效益下滑，職工下崗增多，城鎮居民收入減少，社會購買力削弱；二是消費熱點（如住房、教育、醫療、社保、債券、股票等）增多，消費資金投向分流；三是城鄉居民儲蓄不斷上升；四是主要大中城市「禁摩」現象突出，導致城市市場進一步萎縮。

中國摩托車工業包括國有、集體、中外合資、民營等整車企業，據2003年初步統計，資產總額達560億元，其中流動資金370億元，固定資產淨值190億元。截至2003年，摩托車工業總產值550億元，工業增加值100億元，「八五」期間摩托車企業累計上交稅金62.6億元。「九五」前四年累計上交稅金超過130億元，1986—1999年累積出口摩托車105萬輛，創匯6.25億美元。摩托車工業在中國汽車工業中佔有相當的比重，1998年全國汽車工業總產值（含汽車、改裝車、摩托車、發動機及零部件）2,787.3億元，其中汽車1,510.2億元，摩托車554.4億元。

摩托車工業的發展創造了相當可觀的就業崗位，據2003年初步統計，直接從事整車生產的職工人數為20.8萬人，發動機、零部件生產企業職工人數約為100萬人，經銷和服務維修從業人員約30萬人。全國摩托車行業從業人員總計達150萬人以上。

摩托車產業作為國民經濟的重要組成部分，現初步計算，年產值大約占國內生產總值的1%，在生產企業集中的地區，摩托車產業已經成為該地的支柱產業。

中國摩托車主要產地集中在廣東、重慶、浙江、江蘇、河南、山東等省市。截至2005年底，具備摩托車生產資格的企業（《摩托車生產企業及產品公告》，以下簡稱《公告》）共108家，《公告》內摩托車型號10,465個。摩托車產品集中在小排量兩輪摩托車，特別是125ml排量兩輪摩托車產量占總產量的50%左右，125ml、110ml、100ml、50ml四種排量兩輪摩托車產量之和占總產量的85%左右。

目前，由於國內很多城市「禁摩」，許多企業把市場開拓重點轉向了城鎮和農村市場，企業開始有步驟地建立和完善農村市場銷售和服務網絡。中央已將「新農村建設」列入當前工作的重中之重，廣大農村、城鄉結合部已成為中國國內摩托車市場發展的熱點，今後，小城鎮、農村摩托車需求量會逐步上升，摩托車質量檔次會隨著全國達到小康的進程而不斷增長和提高。

隨著摩托車產量的不斷增加，國內市場競爭日益激烈，利潤率不斷降低，企業紛紛將目光瞄準國際市場，摩托車出口增長迅速，2005年《公告》內企業出口摩托車占總產量的30%左右。中國摩托車行業經過20餘年的發展，走過了引入期、成長期和擴張期。自1993年成為世界摩托車生產大國以來，中國摩托車產銷量一直以每年10%左右的速度穩步上升，2006年1～9月，全國累計產銷摩托車1,373.61萬輛和1,358.40萬輛，同比增長28.8%和27.7%。2006年重慶市摩托車產業產銷量總體增長迅速，摩托車產銷量占據了全國40%的份額，產業集群的整體實力強勁。重慶摩托車出口快速增長，主要緣於以下三個方面的原因：一是國家為規範摩托車出口制定的政策取得較為明顯的成效，不但提高了摩托車出口的「門檻」，也打壓了非法拼裝摩托車，進一步整頓了摩托車的出口秩序。二是重慶市摩托車企業能夠認清形勢，不再簡單採用價格策略搶占市場，而重視產品的差異化。三是大多數摩托車企業進行了產品結構調整和產品更新換代，並研發新產品等，能夠不斷適應國外市場的需求。

隨著摩托車行業的不斷發展，政府部門對摩托車生產企業和摩托車產品的管理逐漸加強；有關摩托車環保、節能、安全等方面的技術法規越來越完善。在行政管理、技術法規、市場競爭等多種力量的共同作用下，摩托車行業必將走上管理規範、資源整合、優勝劣汰的發展之路。為適應行業管理、加強技術創新、注重品牌建設、開拓國際市場將是摩托車行業健康發展的必由之路。

中國的摩托車產業經過多年的高速發展，已經進入成熟期。面對國際金融危機和國內摩托車市場日益激烈的競爭以及各地方政府出拾的「禁摩」令、節能減排等措施的不利影響，一些對手紛紛採取應對措施，如宗申公司的發展戰略重點轉向了電動摩托車，2010年10月22日，國內首款國標電摩——宗申派姆「多倫多」正式在「重慶摩博會」上市。

7.3　公司創新行銷工作思路

面對不利形勢，重慶建設雅馬哈摩托車有限公司2010年7月14日～16日，在上海召開以「領跑新時代」為主題的2010年建設（重慶）摩托車上半年行銷工作會。在會上提出了2011年行銷中期規劃、系統化銷售培訓、信息化手段運用等工作目標，旨在通過培育打造知識化、專業化、信息化的銷售平臺，走高投入、高回報、扁平化的差異化發展之路。

公司認為，當前中國摩托車行業已經進入技術創新時代，技術創新產品嚴格的排放標準要求行業各大品牌必須要有先進的核心技術作支撐，方能適應時代發展的要求。幾大合資品牌在核心技術支撐上得天獨厚，已經占據了摩托車市場競爭的先機。再看建設（重慶）摩托車與日本雅馬哈28年的精誠合作，目前已經掌握了雅馬哈MM核心動力技術，擁有合資品牌的技術優勢，再加上擁有國內品牌的成本優勢，其雙重優勢為建設（重慶）摩托在技術創新時代的發展、壯大提供了難得的機遇。因此，全體職工必須開拓創新、團結奮進、腳踏實地做好各個方面的工作：一是面對摩托車產業的市場競爭格局，既要提高摩托車產品的終端銷售能力，又要強調銷售物流的快速反應和物流客戶服務的質量及品質；二是根據當前行業發展形勢及規律，制定建設（重慶）摩托發展的三年中期規劃，重點培育打造知識化、專業化、信息化的銷售平臺，走高投入、高回報、扁平化的差異化發展之路。要實現這一目標，就必須重點做好以下工作：

7.3.1　進一步完善一級代理商平臺建設

從組織構架、銷售網絡、資金管理等多方面入手，建立科學完善的管理規章制度，進一步完善一級代理商平臺建設，提升代理商自身能力建設，打造一支有競爭力的代理商隊伍。目前擬在全國目標市場和發展較為穩定的地區試點建立摩托車銷售物流中心和票務處理中心，減少各級代理商的庫存，加快資金的流轉；進一步強化銷售物流配送的隊伍建設，快速實現終端物流配送，確保80%以上銷售員配備專用交通工具，提升物流配送半徑的服務能力和物流管理工作效率。

7.3.2 積極為經銷商融資排憂解難

正確處理「銀企關係」。目前公司和交通銀行親密合作，為優質經銷商提供專項借款，解決經銷商的融資問題，拓展網絡，擴大銷量。與捷信擔保公司進行戰略合作，對用戶發放低息貸款，解決零售商的流動資金週轉困難的問題。

7.3.3 著手組建建設摩托車銷售商學院

組建建設摩托車銷售商學院，選擇 10～15 個核心銷售省份成立區域性商學分院，以縣級經銷商為分院班組單位，以鄉鎮網點為班組成員單位，對老板、操盤手、銷售主管和渠道管理人員進行系統化的專業培訓，用知識武裝頭腦，用學習擴充思路，用素質贏得競爭，打造一支知識化、團隊化、具有核心素質競爭優勢的銷售隊伍。

7.3.4 充分發揮信息技術在行銷管理中的作用

將公司最新開發的銷售時點信息系統盡快在銷售公司總部、各工作站和一級經銷商投入使用並推廣，確保公司能夠及時準確地把握一級經銷商在成車、配件及服務三包方面的管理情況，為公司經營決策分析提供準確的信息支撐。

7.4 案例評析

7.4.1 公司提出的市場行銷及其銷售物流工作要點，適應了當前摩托車市場的環境嗎？

（1）2004 年美國市場行銷協會（AMA）對市場行銷重新定義為：行銷既是一種組織職能，也是為了組織自身及相關者的利益而創造、傳播、傳遞客戶價值、管理客戶關係的一系列過程。摩托車企業的利益相關者不僅包括中間商，還包括社會公眾。公司提出的行銷工作要點沒有對社會公眾的利益給予足夠的重視。因為石油作為一種不可再生的、不清潔的能源，當大量的燃油摩托車推向市場時，一方面滿足了摩托車消費者的需求，另一方面它所帶來的廢氣污染，又傷害了社會公眾的利益。解決這一矛盾的辦法之一就是開發清潔燃料的摩托車，雖然技術上還有很多難點，但公司提出的中期規劃中都沒有涉及這個問題，這不能不說是一大缺陷。現在國內有些企業對行銷的理解還存在誤區，還停留在行銷學發展的初級階段，即推銷階段。其本質上還未區分市場行銷與推銷的區別。

（2）市場行銷環境是指存在於企業行銷系統外部的不可控或難以控制的因素和力量，這些因素和力量是影響企業行銷活動及其目標實現的外部條件。它具有客觀性、差異性、多變性和相關性的特徵。其中政治、法律、技術環境是重要的組成部分。在全球氣候變暖的背景下，企業完全可以預見到國家將會出抬強制推行的、越來越嚴格的機動車尾氣排放標準，對此企業必須給予高度重視，並提早採取戰略性的對策。

科學技術是第一生產力，科學技術的發展對一個產業的發展和興衰具有重要影響。電力作為一種可再生的清潔能源應用於汽車、摩托車等交通運輸工具具有廣闊的前景。

電動摩托車一旦真正實現了商業化，將會對燃油摩托車產生極強的替代性，會在很大程度上衝擊燃油摩托車的傳統市場，必將會引發摩托車產業的大調整。所以，摩托車企業必須對此給予高度重視。

（3）戰略就是一種對全局的或者是對全局的成敗有決定性影響的局部環節的謀劃。公司提出的行銷工作要點，作為對企業生死攸關的行銷工作的指導方針，應該具有全局性、長遠性、競爭性和穩定性。不應該只注意到企業與中間商利益的協調，還應該關注到與政府、社會公眾這樣的對企業生死存亡有重要影響的利益相關者的利益協調。企業的發展戰略必須要考慮與政府的目標、社會公眾的長遠利益相一致，才能實現「雙贏」、「多贏」的局面，最終企業才能獲得可持續的發展。

（4）差異化戰略是處在成熟產業中常用的行銷策略之一。企業充分發揮自身在價值鏈上各個環節的優勢，實現與競爭對手產品的差異化，進而更大程度地滿足顧客需求，以實現讓顧客滿意的宗旨。中國的摩托車產業經過近幾十年的發展，已經進入到成熟期，但產品同質化程度很高，競爭非常激烈，導致利潤下降。要想擺脫這一局面，利用科技手段，注意運用最新科學技術成果，開發市場前景廣闊的清潔燃料的摩托車，無疑是一個重要途徑。宗申作為本公司的主要競爭對手之一已經在這方面先行一步，企業若不奮勇前行，前景堪憂。

7.4.2 運用市場行銷學和物流管理理論知識，評價公司提出的工作思路的可行性

（1）分銷渠道是指促使產品和服務能夠順利地經由市場交換過程，轉移給消費者消費的一整套相互依存的組織。包括商人中間商、代理中間商，還包括處於渠道起點和重點的生產者、中間商和最終消費者。

分銷渠道具有研究、促銷、接洽、談判、訂貨、配合、物流、融資、風險承擔、付款、所有權轉移和服務等職能 。

（2）常見的生產者可以借助的維持渠道成員忠誠的權力有：

①感召力。管理學大師彼得·德魯克認為，組織的生命力在於組織目標對全體成員的感召力。要想維持渠道成員的忠誠，生產者首先要努力打造自身的品牌，提升品牌價值，使得中間商對生產者心懷敬意，產生願意與生產者長期合作的願望。生產者擁有的品牌價值越高，對中間商的感召力也就越強。

②獎賞力。生產者給執行了某種職能的中間商額外的報酬。如，對中間商按銷售額實行分級累進提成獎勵。

③專長力。專長力是指生產者因擁有某種專業知識而對中間商形成的控制力。如生產者可以通過專業知識培訓形成專長力，這有利於通過中間商提高服務價值和形象價值，進而提高顧客滿意度。

④強制力。強制力是指生產者對不合格的中間商（對顧客服務差、不實現銷售目標或不執行公司銷售政策，如竄貨等）威脅終止合作關係或改變合作條件而形成的權力。生產者的實力越強，向中間商提供的服務越多，中間商對生產者的依賴性越強，這種權力也就越大。

⑤法定力。法定力是指生產者要求中間商履行雙方合同約定而執行某種職能的權力。

（3）公司提出了四個方面的行銷工作要點，就是為了提高公司對渠道成員的控制能力，贏得與中間商的真誠合作，進而實現「雙贏」的重要舉措。這對於建設一支穩定、高效的中間商隊伍，切實解決他們的資金困難，充分調動他們的積極性是非常必要的。因而，公司提出的四個方面的行銷工作是合理的，也是可行的。但是要做好這四個方面的工作，公司應該密切注重和穩定與中間商合作關係的基礎，建立與供應商合作關係的基礎條件就是公司能否生產出具有核心競爭力的主機產品。這也是企業綜合實力的表現之一。

7.4.3 從公司物流行銷戰略層面分析，企業該如何貫徹實施其物流行銷戰略

7.4.3.1 以需求為導向的物流作業目標

現代物流作業的重要理念之一是以客戶為中心，這是公司物流提高經濟效益和提升企業競爭力的關鍵。物流行銷就是以物流服務為基礎，建立、維持、強化物流服務中與客戶的關係，並使之商品化。在實際運作中要識別不同的終端客戶物流服務市場，設計物流行銷方案，用顧客的滿意來優化物流的作業和管理。

在中國經濟持續增長和現代物流市場需求不斷發展和擴大的前提條件下，通過建立現代物流行業規範和市場准入限制等措施，限制小於規模經濟的第三方物流企業的發展與註冊；通過鼓勵合資、合作、兼併、整合等措施擴大現有物流企業的規模。必須按照科學的、規模經濟的道路發展，必須提高企業的整體經營規模和水準，必須扶持和發展一批規模較大，技術水準較高，能夠提供綜合物流服務的企業，使它們成為這一行業發展的主導力量。在我們已經加入世界貿易組織（WTO）的今天，中國的物流企業行銷必須通過規模化發展的道路，參與全球化的物流市場競爭，積極應對前所未有的機遇和挑戰。現代企業就必須研究物流行銷戰略活動。

然而，物流行銷是一個整合過程，物流行銷過程幾乎跨越所有職能（通關、商檢、採購、運輸、代理、保管、存貨控制、配送、包裝、裝卸、流通加工及相關物流信息等），每次與特定的職能部門接觸都可能要求具有不同層次的市場行銷專業知識。這就需要不斷地與不同客戶和供應商溝通，建立一種良好的客戶關係，通過建立客戶檔案，分析客戶需要，及時滿足他們的需要。

物流行銷戰略主要是指與物流企業的內部和外部的合作夥伴建立一種「供應鏈關係」，並明確實現其價值的策略和方法，使之建立的供應鏈關係的物流作業和整個供應鏈中與之關聯群體的需求保持一致，或創造新的物流需求，從而實現物流行銷自身利益的一種謀劃和方略。物流行銷與一般意義的行銷活動相比有著自身的特點：即在現代物流中，供應商與客戶之間相互作用的重點，正在從傳統交易行為轉向夥伴關係，使客戶和客戶群自始至終能實現價值最大化。

從物流發展趨勢看，物流分銷在數量上將逐步減少，但每個中心的商品數量、品種、類別將會增加。未來的物流分銷中心是一方面規模更大，另一方面日常所需處理的訂單更多。同時伴隨著裝運頻次的加快和收貨、放置、揀貨及裝運等作業的增加，這一趨勢對實現物流顧客滿意度提出了更高的要求。也就是，在物流企業供應鏈系統中同步化順暢運行，避免不必要的停滯或過大的庫存。圍繞物流作業決策的時間限制，物流企業應特別重視物流行銷的導向作用。

物流行銷鼓勵在物流作業中把需求作為目標，從而能更快地把注意力集中到主要問題上來，即滿足客戶需要並建立客戶的忠誠度。成功的企業和他們的客戶隨時保持溝通並傾聽他們的意見，物流作業過程中應使產品增值。成功的企業將自己與供應商、與顧客發展成為真正的合作夥伴關係，從而在信息共享、相互商定計劃和「雙贏」協議中受益。運作高效、反應迅速的物流作業是實現這一目標的關鍵。

7.4.3.2 樹立顧客至上的經營理念

物流行銷中的顧客導向必須站在其合作夥伴的高度，使創意、概念和過程形象化。當物流真正以顧客為導向時，物流部門把關於其他群體的信息運用到決策中，就會產生更強有力的行銷組合，就會有更高效的物流。現在有一種普遍的認識：市場行銷應當放在整個物流業務流程的範圍中加以考慮，這個流程的目的是創造一流的客戶價值。要實現這一目的往往需要把以前分散的不同業務的職能部門要素加以整合。這些要素包括：研發、價值管理、後勤、訂單處理和客戶服務。有效的管理這些彼此相關又獨立作業的流程，需要對其進行有針對性的設計工作計劃和實施方案，用較少的成本提高產品的附加值，創造卓越的客戶價值，才能建立持久的客戶關係。

為了以最小的成本實現客戶價值的最大化，企業經常會重新安排作業流程。有些物流資源要素要增加、減少、組合或平行執行等，這種再造工作流程的基礎被稱作關係鏈，即業務流程的所有目標都是為了在價值鏈上自始至終創造和維持互惠互利的關係，最終實現客戶價值的增加，以充分滿足客戶的需求和慾望。

7.4.3.3 公司物流行銷戰略實施過程

物流部門對於行銷過程的概念化、計劃和實施負有直接的責任。對過程的理解越透徹，物流行銷的效率就越高。物流市場行銷過程及管理一般包括以下幾個階段：

（1）明確界定企業的使命。物流企業的使命是做好所有其他工作的基礎。它從根本上明確企業存在的理由，並成為資源排序和分配的重要依據。一個有市場導向的物流企業能更加以顧客為中心，更有可能把與顧客有關的問題放在更高的位置上。這樣的企業中，物流管理職能傾向於採取特殊的措施，對內外部合作夥伴的要求做出回應。

（2）以物流市場行銷目標為先導。市場行銷導向的目標是從所服務的客戶和整個組織的角度出發來定義物流存在的理由和目的。其目標包括：

①制定物流策略，以確保所需材料的流動能夠支持生產和流通；
②制定和執行物流作業和物流業績衡量系統；
③有效管理物流渠道並改進和提高供應商以及用戶的運作；
④與供應商和用戶建立即時信息系統；
⑤建立對動態市場條件具有適應性和反應力的組織結構；
⑥與內部顧客建立穩固的合作夥伴關係；
⑦與用戶一起合作開發或獲得處於領先地位的技術。

物流企業對於不斷變化的內外部需求，圍繞顧客制定的目標應當感覺靈敏、反應迅速，始終確保把注意力集中到企業最重要的問題上來。

（3）建立物流信息數據庫。完整的數據信息分類是信息化的基石及先決條件。除了將商品系統化加以分類外，利用分類結果建立商品數據庫、用戶數據庫、供應商數據庫等是一項不可或缺的工作。完整的物流作業數據庫應收集有關的詳細資料，如條形碼、規格、用戶、商圈、地理信息、交通狀況等。將收集的信息整理成每個月的行

銷分析資料並轉為檔案格式，整理供應鏈中不同環節的企業，根據不同需求，作各種不同的數據分析和處理，定期或不定期的形成各種行銷分析報告，提供給使用者。同時也可提供在線查詢服務，使客戶可以在線查詢相關信息。建立一個完整的數據庫，對整個供應鏈來講，無論是對製造商、批發商、零售商或顧客都有極大的幫助。建立共同的數據庫對整個供應鏈是非常有益的。比如：對於製造商/供貨商來講，建立數據庫，有利於商品信息收集、消費狀況分析、經營計劃的制訂以及提高企業對市場變化的適應能力等。對於零售商來講，建立數據庫有助於及時掌握市場行情變化，提升企業獲利空間，及時準確的進貨還可以節省人、財、物力，減少重複作業，可以幫助企業建立有效的進、銷、存和行銷分析系統。

物流企業如果沒有完善的信息收集、分析、分解和儲存系統，就難以做到以市場為導向。信息收集、處理和使用的質量越高，物流企業就越能做到以市場行銷為導向。沒有連續、可靠的信息輸入，決策就是任意的，就難以對影響物流企業內外部關係的動態環境做出靈敏的反應。

（4）制定物流市場行銷策略。物流企業推行的最佳策略是不存在的，但存在一系列可供選擇的方案。物流企業必須瞭解市場，並能選擇滿足不同客戶特定需要的方法。例如，剛進入物流市場時，可以採用交易行銷策略，也稱為市場行銷組合策略，即4P策略：產品（Product）、價格（Price）、促銷（Promotion）、渠道（Place），以提高市場佔有率；在有效進入物流市場後，應該選用物流整合行銷策略，即4C策略：顧客（Customer）、成本（Cost）、便利（Convenient）、溝通（Communication），以建立和提高顧客的忠誠度。

（5）選擇物流目標市場。在企業的內、外部可能有為數眾多的目標市場。為了選擇哪些是主要目標市場，哪些是次要目標市場，物流企業必須明確它與特定客戶的所有交往，然後，記錄交換的頻率以及它們的價值。雖然所有的關係都有潛在價值，但是在選定的時間點上某些關係要比其他關係更具實際價值。每個客戶（目標市場）在不同的時間內有不同的需求。在客戶內部和客戶之間一定存在著某些共性因素且不隨時間推移而變化。

目標客戶的細分可以根據企業內的許多變量，包括所尋求的利益、需求結構、文化背景、使用率、成本因素、大小、動力和地點等；客戶為了尋求不同的利益，具有不同需求結構、不同的產品使用率、承擔有差異的成本及獨特的地點要求等。所有上述因素可以分別對企業內部或物流供應鏈中的細分市場構成決定性的影響。一種有效的用於市場細分的方法是對物流個性服務、運輸特性、物流標準以及物流形態的分析。這樣可以建立物流配送市場；也可以定位跨省的長途運輸市場；或選用配送中心的物流加工市場；亦可進入口岸物流市場等。對於所有細分的工作來說，一個關鍵問題是「應該以什麼為基礎對需求進行劃分，才能夠使物流企業在提供最大附加價值時，得到最大利益」。這個問題是物流企業在識別市場時需要面對的最基本的問題。

（6）制定物流服務策略。公司物流服務提供的產品，包括物流服務、談判技巧、技術知識、物流網絡等，提供的物流服務產品主要是無形的、是一個服務過程，通過研究提供顧客滿意度的服務來獲取收益的。物流服務策略就是企業為客戶提供的服務戰略，是整體的、務實的服務觀點、服務政策、服務方法等，其效果可以用物流服務水準來衡量。

7.5 提出 POS（銷售時點信息）系統銷售改進策略

結合建設雅馬哈摩托車公司生產經營的實際，提出其 POS 系統的建立對策及其改進方案。POS 系統是指通過自動讀取設備（如收銀機）在銷售商品時直接讀取商品銷售信息（如商品名、單價、銷售數量、銷售時間、銷售店鋪、購買顧客等），並通過通信網絡和計算機系統傳送至有關部門進行分析加工以提高經營效率的系統。建設雅馬哈摩托車公司利用 POS 信息的範圍從企業內部擴展到整個供應鏈，增強了公司銷售物流的競爭力。以下具體分析建設雅馬哈摩托車有限公司的 POS 系統：

7.5.1 POS 系統的特徵

POS 系統有四個特徵：①單品管理、職工管理和顧客管理；②自動讀取銷售時點的信息；③信息的集中管理；④連接供應鏈的有力工具。下面對這四個特徵進行詳細的說明：

7.5.1.1 單品管理、職工管理和顧客管理

零售業的單品管理是指對店鋪陳列展示銷售的商品以單個商品為單位進行銷售跟蹤和管理的方法。由於 POS 信息即時準確地反應了單個商品的銷售信息，因此 POS 系統的應用使高效率的單品管理成為可能。

職工管理是指通過 POS 終端機上的計時器的記錄，依據每個職工的出勤狀況、銷售狀況（以月、周、日甚至時間段為單位）進行考核管理。

顧客管理是指在顧客購買商品結帳時，通過收銀機自動讀取零售商發行的顧客 ID 卡或顧客信用卡來把握每個顧客的購買品種和購買額，從而對顧客進行分類管理。

7.5.1.2 自動讀取銷售時點的信息

在顧客購買商品結帳時 POS 系統通過掃描讀數儀自動讀取商品條形碼標籤或 OCR 標籤上的信息，在銷售商品的同時獲得即時（Real Time）的銷售信息是 POS 系統的最大特徵。

7.5.1.3 信息的集中管理

在各個 POS 終端獲得的銷售時點信息以在線連結方式匯總到企業總部，與其他部門發送的有關信息一起由總部的信息系統加以集中並進行分析加工，如把握暢銷商品和滯銷商品以及新商品的銷售傾向，對商品的銷售量和銷售價格、銷售量和銷售時間之間的相關關係進行分析，對商品店鋪陳列方式、促銷方法、促銷期間、競爭商品的影響進行相關分析等。

7.5.1.4 連接供應鏈的有力工具

供應鏈參與各方合作的主要領域之一是信息共享，而銷售時點信息是企業經營中最重要的信息之一，通過它能及時把握顧客的需要信息，供應鏈的參與各方可以利用銷售時點信息並結合其他的信息來制定企業的市場行銷計劃和物流計劃。目前，領先的零售商正在與製造商共同開發一個整合的物流系統，整合預測和庫存補充系統（Collaboration Forecasting and Replenishment，CFAR），該系統不僅分享 POS 信息，而且聯合進行市場預測，分享預測信息。

7.5.2 POS 系統的建立步驟

POS 系統的建立由以下 5 個步驟組成：

（1）商店銷售商品都貼有表示該商品信息的條形碼（Barcode）或 OCR 標籤（Optical Character Recognition）。

（2）在顧客購買商品結帳時，收銀員使用掃描讀數儀自動讀取商品條形碼標籤或 OCR 標籤上的信息，通過店鋪內的微型計算機確認商品的單價，計算顧客購買總金額等，同時返回給收銀機，打印出顧客購買清單和付款總金額。

（3）各個店鋪的銷售時點信息通過 VAN 以在線聯結方式即時傳送給總部或物流中心。

（4）在總部、物流中心和店鋪利用銷售時點信息來進行庫存調整、配送管理、商品訂貨等作業。通過對銷售時點信息進行加工分析來掌握消費者購買動向，找出暢銷商品和滯銷商品，以此為基礎，進行商品品種配置、商品陳列、價格設置等方面的作業。

（5）在零售商與供應鏈的上游企業（批發商、生產廠家、物流業參與者等）結成協作夥伴關係（也稱為戰略聯盟）的條件下，零售商利用 VAN 以在線聯結的方式把銷售時點信息及時傳送給上游企業。這樣上游企業可以利用銷售現場的最及時準確的銷售信息制訂經營計劃、進行決策。例如，生產廠家利用銷售時點信息進行銷售預測，掌握消費者購買動向，找出暢銷商品和滯銷商品，把銷售時點信息（POS 信息）和訂貨信息（EOS 信息）進行比較分析來把握零售商的庫存水準，以此為基礎制訂生產計劃和零售商庫存連續補充計劃（Continuous Replenishment Program，CRP）。

7.5.3 POS 系統建立及其應用價值

POS 系統的建立及其應用價值見表 7-1。

7.5.4 加強公司區域銷售物流配送體系的建設

從總體上說，要完善公司區域中心城市的物流配送體系，應主要抓住三個方面的內容：①物流配送網絡的建設；②物流配送結點的培育；③公司物流配送政策的制定。這三方面內容相互作用、相互影響，共同產生效應，在效能集成的基礎上，形成一個完整高效的區域中心城市銷售物流配送體系。

7.5.4.1 物流配送網絡的建設

物流配送網絡的建設主要包括配送結點的建設和配送通道的建設兩個方面，而每一個配送結點既是集貨、保管、分揀、加工、送貨的物理結點，同時也是一個收集、發布和處理信息的信息結點。因此，物流配送網絡的建設應是物理網絡和信息網絡建設的統一。

（1）區域中心城市物流配送服務圈。要建設高效率的物流配送網絡，首先應當確定合理的物流配送服務圈。物流配送服務圈的構築應以中心城市及其經濟影響或輻射範圍為重點，以社會化的物流配送結點（包括物流園區中的配送功能區以及社會化的物流中心或配送中心）為依託，以第三方物流企業為主體，以服務於該範圍內的各類製造企業、各類商貿企業、各類開發區、各類貿易批發市場等為主要服務對象，構築

表 7-1　　　　　　　　POS 系統的建立及其應用價值表

系統水準	效率化	應用價值
作業水準	收銀臺業務的省力化	商品檢查時間縮短 高峰時間的收銀作業變得容易 輸入商品數據的出錯率大大降低 核算購買金額的時間大大縮短 店鋪內的票據數量減少 現金管理合理化
	數據收集能力大大提高	隨時收集信息發生時點 增加信息的依賴性 數據收集的精準化、迅速化和即時化
店鋪營運水準	店鋪作業的合理化	提高收銀臺的管理水準 貼商品標籤和價格標籤、改變價格標籤的作業迅速化和省力化 銷售額和現金額隨時把握 檢查輸入數據作業簡便化 店鋪內票據減少
	店鋪營運的效率化	能把握庫存水準 人員配置效率化、作業指南明確化 銷售目標的實現程度變得容易測定 容易實行時間段減價 銷售報告容易形成 能把握暢銷商品和滯銷商品的信息 貨架商品陳列、布置合理化 發現不良庫存 對特殊商品進行單品管理成為可能
企業經營管理水準	提高資本週轉率	可以提前避免出現缺貨現象 庫存水準合理化 商品週轉率提高
	商品計劃的效率化	銷售促進方法的效果分析 把握顧客購買動向 按商品品種進行利益管理 基於銷售水準制訂採購計劃 有效的店鋪空間管理 基於時間段的廣告促銷活動分析

中心城市高效率的物流配送網絡。同時，合理的配送半徑是構築中心城市高效率的物流配送網絡的重要基礎，確定中心城市物流配送服務圈的半徑不應單純以時間或距離來確定，而應根據中心城市對所在區域的經濟影響範圍或經濟輻射範圍來確定。其中應重點確定中心城市市域物流配送和區域物流配送兩層物流配送服務圈。

①市域物流配送服務圈。市域物流配送是以區域中心城市範圍內的客戶為服務對象，由於城市範圍一般處於汽車運輸的經濟里程，這種配送方式可直接配送到最終用戶，一般採用汽車進行配送。所以，構築市域物流配送服務圈時，應以中心城市中的配送結點和市域道路網為依託，形成面向中心城市自身範圍內的重要產業基地、商品

集散地、城市消費功能區的市域配送物流服務圈,重點是提高面向商貿企業的物流配送效率。

②區域物流配送服務圈。區域物流配送是以較強的輻射能力和庫存準備,向區域中心城市經濟輻射區域範圍內的客戶提供配送服務。構築區域物流配送圈,應以中心城市配送結點以及中心城市到經濟輻射區域內其他城市的綜合配送網絡為依託,以經濟輻射區域其他城市市域內的物流配送中心和城市道路網絡為支持,形成面向整個經濟輻射區域的貨物分撥及用戶終端物流配送服務圈。

(2) 物流配送結點的建設。

①確定配送層次。就覆蓋整個區域的物流配送需求而言,配送結點可考慮分為兩個層次來建設,即建設一個市總配送中心和若干個城區配送中心。

②確定配送結點的佈局和規模。在確定配送結點佈局和規模問題上,可考慮借鑑國外物流發達國家的先進經驗,同時結合區域中心城市及其輻射區域的實際情況,綜合考慮空間服務範圍、貨物需求量、城市土地利用現狀、規模效益、城市總體規劃、配送貨物的流量和流向以及道路通達性等多方面因素。其中配送型物流園區佈局除考慮常用的區位因素和非區位因素外,更要研究主要的經濟輻射方向的物流配送需求,從而在選址時注意考慮臨近主要輻射方向的重要交通樞紐。同時中心城市和區域內各其他城市的配送結點的選址要從整體出發,相互協調、相互統一,充分考慮現有和規劃建設的綜合運輸網絡,使中心城市與區域內其他城市的配送結點之間具有良好的通達性。

③信息系統的建設。在建設各層次的配送中心時,應同時加強各配送中心的信息網絡建設。信息網絡的建設應考慮與電子商務相結合,建立起支持電子商務的高效率的物流配送系統,完成與貨主企業、銀行、保險、稅務、商檢、海關等聯網,實現信息互換,通過建立網站或通過區域物流信息平臺以標準格式支持數據傳輸和處理,發布信息、接受訪問,並完成電子商務交易功能。

(3) 物流配送通道的建設。物流配送通道與通常所說的一般貨運道路有所不同,它是指連接配送中心與其他主要物流節點(包含物流園區、物流中心、大型交通樞紐站場等)的貨運道路。物流配送通道網絡就是連接物流園區、物流中心、配送中心等之間以及它們和外部交通基礎設施之間的貨運道路系統。物流配送通道網絡規劃的主要目的是構建快速暢通的貨運道路體系,保證配送中心與物流園區、物流中心等各結點之間的各項物流功能順利實施,達到貨暢其流的目的。物流配送通道的建設相應地包括兩個方面:總配送中心與經濟輻射區域各其他城市配送結點之間的中長途配送通道;總配送中心與各城區配送中心以及各城區配送中心向終端客戶配送的短途配送通道。中長途配送通道應主要立足於中心城市與區域內其他城市之間的綜合運輸網絡干線,因此,應當注意區域內綜合運輸網絡規劃和建設的協調統一。短途配送通道主要依託城市干道,其實質是配送車輛的通行權和停車權的分配和保障問題。

7.5.4.2 信息化、專業化物流配送結點的培育

合理和高效率的物流配送體系離不開信息化、專業化、規模化和社會化的現代物流配送結點企業,物流配送結點企業的培育主要是組建現代化的物流配送企業,組建的方式主要是對現有的從事物流配送的企業實施整合改造,改造中要充分發揮現有的運輸、倉儲、批發類和連鎖類企業等潛在的資源和網絡優勢,以整合、改造為主線,

發展壯大一批現代化的第三方物流配送企業。採取的措施包括：選擇現有具有較強實力的傳統運輸、倉儲、批發類和連鎖類企業採取兼併、聯合、聯盟、入股、控股等資產重組方式調整經營結構和經營方式。加強配送企業的信息化建設，通過物流配送管理信息系統完善儲存、分揀、裝配、條碼生成、掛標刷標、集貨配送等功能。在整合現有物流配送企業的基礎上，再通過合資、獨資等形式積極引進一批高水準的國內外第三方物流配送企業，逐步發展信息化、專業化、規模化和社會化的現代物流配送企業。

7.5.4.3 物流配送政策措施與建議

制定物流配送政策的主要目的是為物流配送網絡建設和物流配送企業培育提供政策保障和支持，以便保證物流配送網絡建設和物流配送企業培育的順利實施。

（1）支持物流配送網絡建設的政策。物流配送網絡建設的政策保障措施包括配送結點建設的政策保障措施和配送通道建設的政策保障措施。其中，配送結點建設的政策保障措施主要包括：確定建設主體和投融資體制、確定建設配送結點的有關優惠政策、確定建立物流配送標準化體系的有關措施等。配送通道建設的政策保障措施主要是配送通道建設的有關優惠政策以及交通管理組織和優化。

（2）支持物流配送企業培育的政策。物流配送企業培育的政策保障措施主要是建立規範的物流配送市場管理體制。在物流配送向現代化發展的趨勢下，原有市場管理體制與現代物流配送發展不相適應的因素，制約著物流配送企業的健康發展。建立規範的物流配送管理體制的手段包括直接管理和間接管理兩種方式，直接管理包括鼓勵政策、限制政策、准入政策等，間接管理包括各種金融政策、稅收政策等宏觀調控手段。由於中國現階段物流配送還處於起步階段，對物流配送企業的准入管理應以限制為主。如在美國，物流配送業的發展以及物流配送企業開展配送業務方面大體經歷了管制到放鬆管制，然後發展到企業自行選擇三個階段。借鑑國外物流配送發展的經驗，公司中心城市物流配送市場准入中應加強技術資格的要求，如註冊資本要求限制、技術人員要求限制等，以改變物流配送市場在低水準服務的層次上惡性競爭的局面，給資質等級較高的配送企業創造發展的利潤空間，促進物流配送企業開展增值性的物流配送服務。

在加強物流配送企業市場准入限制的基礎上，政府應通過財政、稅收等手段鼓勵物流配送業務的整合，提升物流配送企業的供給能力。如為國內外大型物流配送企業在中心城市設立分支機構提供方便，在經營範圍、註冊資金、交通管制、工商監管和財政稅收等方面，與當地企業一視同仁，以便使他們與當地配送企業相互競爭和協調發展等。總之，中國已經明確將發展商品配送作為深化流通領域改革，實現流通現代化的一項重要內容列入中國流通產業發展政策。

實訓題

討論：公司是否應該研發電動摩托車。

建議：分別由3~5人組成正反兩方，模擬公司中高層行銷與物流戰略研討中的不同意見方，要求雙方綜合運用所學市場行銷學以及物流管理學專業理論知識，展開辯論。

正方：公司應該積極研發電動摩托車。
主要觀點如下：

（1）企業應該堅持以社會利益為中心的行銷觀念。在當前資源短缺、全球氣候變暖，發達國家實行綠色排放壁壘，保護市場的情況下，公司不能不正視燃油摩托車的缺陷，不能不正視石油是一種不可再生的，有污染的能源這一現實。發展電動摩托車是大勢所趨。

（2）節能減排是國家既定的方針。從2010年7月開始國家已經對機動車尾氣排放實行了更加嚴格的限制標準，企業只能順應這一宏觀行銷環境的變化，才能在競爭中立於不敗之地。

（3）已經有競爭對手研發電動摩托車，並在「車博會」上展出。在政府的積極倡導和支持下，電動汽車將逐步在全國開始應用於城市公交，重慶市的電動公交車也即將投入商業營運。可以預見，電動摩托車正式投放市場已是指日可待。電動摩托車一旦上市，對燃油摩托車的衝擊不可小視。

反方：公司現在不應該研發電動摩托車。

（1）公司有能力達到國家推行的機動車尾氣排放標準。公司通過與日本雅馬哈的長期合作，擁有較強的燃油摩托車的研發、生產能力，完全可以適應國家的機動車尾氣排放新標準，不必擔心國家政策的變化。正由於這一政策的實施，將會引發二、三線品牌摩托車企業的洗牌，公司應該緊緊把握這一難得的發展機遇，專注於燃油摩托車的開發與生產，爭取做大做強。

（2）公司有多年研發、生產燃油摩托車的優勢，研發電動摩托車，不符合揚長避短的常理。

（3）電動摩托車技術上還不成熟，離商業化生產、投放市場還有相當長的距離。對於研發電動摩托車，並在2010年的車博會上展出，這只是虛張聲勢，不足為患。

（4）研發電動摩托車所需投入較大，投入週期長，見效慢，現階段國內摩托車行業競爭激烈，利潤率低，公司難以負擔。

主要參考文獻

1. 吳健安. 市場行銷學［M］. 北京：高等教育出版社，2005.
2. 《重慶建設雅馬哈摩托車有限公司工作報告》及其有關媒體信息，2005—2010年.
3. 夏文匯. 現代物流管理［M］. 2版. 重慶：重慶大學出版社，2008.
4. 汝宜紅，等. 配送中心規劃［M］. 北京：北方交通大學出版社，2002.
5. 鄭彬. 物流客戶服務［M］. 北京：高等教育出版社，2005.
6. 重慶市經濟信息中心，重慶市綜合經濟研究院. 重慶2007年經濟展望［M］. 重慶：重慶出版社，2006.

第 8 章
重慶市 A 區物流園區規劃與建設案例

8.1 背景分析

8.1.1 案例背景

從國內外的社會發展形勢看，全球經濟一體化的發展推動地區產業結構的調整和優化，進而加快物流向專業化、社會化、規模化、信息化、網絡化的轉變。降低物流成本、提高物流服務水準已成為中國經濟持續健康發展的基本要求。近幾年中國社會物流總值大幅增長，物流需求彈性逐年增高，經濟增長越來越依賴於物流的發展，物流業作為朝陽產業已引起中央和有關部委、各地方政府的高度重視。2004 年，國家發展和改革委員會等九部委正式下發《關於促進中國現代物流業發展的意見》，提出了推進中國物流發展的具體措施。《中共中央關於制訂國民經濟和社會發展第十一個五年規劃的建議》明確提出，物流是現代服務業，要大力發展，堅持市場化、產業化、社會化方向。在重慶市出拾的《重慶市人民政府關於加快現代物流業發展的意見》以及《重慶市國民經濟和社會發展第十一個五年規劃——現代物流業發展規劃》中，重慶市政府提出將現代物流業培育成重慶市國民經濟新的增長點和新興支柱產業，力爭使重慶市成為全國現代物流網絡中的重要樞紐和節點。

據重慶市統計局資料顯示，2010 年，重慶市 GDP 總量為 7,890 億元，增速達 17.1%，增速全國排名第二、西部第一。重慶現轄 19 個區，17 個縣，4 個民族自治縣。重慶人口總量為 3,144 萬人，2010 年人均 GDP 為 25,095 元。2011 年，重慶市生產總值預計增長 13.5%，一般預算收入增長 15%，城鄉居民收入分別增長 13.5% 和 18%，居民消費價格總水準漲幅控制在 4% 左右。

A 區作為重慶市六大區域性中心城市之一，具有發展現代物流業的先決條件，A 區歷為渝西、川東南和黔西北地區重要的物資集散中心，也是渝西、黔東南和重慶市市區交通的必經之地，也是重慶市向東南方向的出海通道，在整個重慶市和西南地區佔有非常重要的物流地位。在重慶市物流業發展規劃中，A 區被列入八大區域型物流基地之一。「十一五」期間，A 區將努力打造成重慶市西部的商貿物流中心和川渝經濟帶上重要的現代商貿中心，充分帶動 A 區及周邊地區各個相關產業的發展。A 區物流園區的規劃建設順應了時代發展的要求，為 A 區的物流產業發展以及為 A 區打造重慶市

西部商貿物流中心和川渝經濟帶商貿物流城市提供了重要支撐。

A 區物流園區的規劃和建設，一方面積極順應了重慶市「十一五」物流發展規劃關於大力發展現代物流、培育物流節點、開拓物流市場、優化社會結構的要求，通過園區建設，完善重慶市及周邊，特別是渝西經濟帶上的物流網絡，促進整個重慶市和西南現代物流的發展；另一方面，建成後的物流園區將為 A 區各產業發展提供重要的支撐作用。該園區將使 A 區在渝西、川東南和黔西北地區物資交流的窗口地帶中的地位大大提升，在實現與西部陸路貿易通道對接的同時，通過園區良好的物流基礎設施為 A 區市各產業發展提供現代化的物流服務。最大限度降低物流社會成本，提高城市物流水準，擴大 A 區在重慶市、西南乃至全國的影響，實現對整個渝西、川東南和黔西北地區的輻射和區域互動，形成區域優勢互補、相互促進、共同發展的格局，從而促進整個地區的經濟與社會發展。

8.1.2 園區規劃目標

8.1.2.1 近期目標

在 A 區市政府大力發展 A 區物流戰略思想指導下，充分利用地理區位優勢和經貿發展需求優勢，力爭在 2010 年末（第一期工程），在南大街區域範圍內建立起一個設施齊全、功能完善，在渝西經濟走廊具有重要影響的現代化專業物流園區。園區各項配套設施基本到位，各專業交易批發市場和商圈經營步入正軌，建成渝西地區設施最為齊全、服務最為完善的物流中心，承擔 A 區及周邊地區 40% 以上的物流量，實現對整個川東南和黔西北地區的輻射。

8.1.2.2 遠期目標

在完成近期目標的基礎上，利用招商引資優惠政策及低成本人力資源，引進更多國內外先進物流企業進駐園區，擴大園區各交易批發市場和商圈規模及範圍，建立配套的生活服務區；同時，進一步擴大園區物流中心的服務規模，提高整個物流園區的服務水準和能力，力爭在 2015 年末（第二期工程）物流園區承擔 A 區及周邊地區 80% 以上的物流量，在 A 區形成以物流園區為核心、周邊物流設施為銜接、社會零散物流設施為補充的一體化現代物流網絡體系，成為橫貫川渝黔的快捷物流通道和在重慶市乃至西南地區具有重要戰略地位的物流節點。

8.1.3 園區發展定位

A 區物流園區是由 A 區城市及周邊地區較為廣闊範圍內的物流活動相關的各種服務方式、經營業態和具體物流運作綜合而成，是為專業化物流企業及工商企業的物流活動、物流管理提供運作設施和集成環境的大型物流園區。按照園區建設的原則和指導思想，A 區物流園區應建設成為以商貿流通為主的多功能區域性（城市）物流園區，在發展戰略上應從 A 區市、區域結合部、物流帶動產業開發等 3 個方面進行市場定位。

8.1.3.1 中心城市物流園區

一個物流園區，從功能和作用的角度，首先必須定位於經濟活動範圍和總量均較大的中心城市的物流組織中心。A 區市作為重慶市六大經濟中心城市之一，其物流園區在發展目標定位上應成為中心城市物流園區，主要為中心城市及其輻射範圍內提供物流組織管理、城市物流服務。以中心城市內外交通銜接及城市道路交通為支持，以

大批量城市間的物流組織、區域分撥和小批量快速優質的市內物流配送服務為特徵。

8.1.3.2 區域結合物流園區

A 區位於成渝經濟帶和渝西經濟走廊，地處川、滇、黔三省接壤地帶，從區域佈局的角度，A 區具有較為典型的區域結合部特徵。近幾年中國區域經濟發展較快，不同經濟區域在經濟發展中的互補和交流方面的特徵較為明顯，這種交流和互補，帶來了大量的物流管理與服務的需求，對為區域經濟服務的物流組織管理基礎設施提出了要求。以 A 區在區域經濟發展中的地理位置特點以及 A 區在渝西經濟發展中的地位和作用，A 區物流園區定位於區域結合部的物流園區，為區域內城際物流的組織提供支持，以大規模和大交通方式為區域物流提供集疏服務。

8.1.3.3 區域交通運輸樞紐

渝西地區以 A 區為中心的交通運輸佈局和結構特點，加之 A 區位於成渝經濟帶，地處川、滇、黔三省接壤地帶，擁有長江上游重點港區，無論從省域物流組織，還是區域物流組織，其交通運輸樞紐的地位均毋庸置疑，A 區物流園區在功能和作用方面的特點表明，其將成為區域重要的交通運輸樞紐。因此，將 A 區物流園區建設成為區域範圍內以運距長、運量大為交通運輸特徵，以成渝鐵路、成渝高速公路、永瀘路等為集疏支持系統，以高速交通與城市快速交通系統為支持的物流園區，應是必然的選擇。

8.1.4 服務市場定位

A 區物流園區是一個具有區域服務能力的物流園區，由在 A 區城市、周邊地區、經濟區域等較為廣域的範圍內的物流活動相關的各種服務方式、經營業態和具體物流運作綜合而成，是為專業化物流企業的物流業務和工業、商業企業的物流管理提供運作設施和集成環境的大型物流園區。

A 區物流園區的總體市場地位，是通過各具功能和作用的物流服務設施對 A 區市及周邊地區的物流服務需求的適應和滿足所決定的，這些具體服務和與其定位相匹配的服務設施主要包括 4 個方面。

8.1.4.1 以公共物流中心為基礎的服務市場

物流園區是各種物流服務功能的基礎設施的集合體，設立園區首先必須具有滿足各種物流服務需求的能力，建設公共物流中心正是以滿足區域範圍內物流組織管理需求為服務市場定位。這種服務定位是一種較為廣泛意義上的由物流中心的特性決定的，其一是為特定或一般意義上的企業提供區域分撥服務；其二是為運輸企業提供規模化區域運輸組織的場所；其三是為區域運作的企業提供倉儲服務及以倉庫為依託的增值服務。

8.1.4.2 以公共配送中心為基礎的服務市場

A 區物流園區建設配送中心，是以 A 區市範圍內的城市配送服務為市場定位的，滿足相應的物流服務需求。配送中心的服務定位包括：單個企業以 A 區市為中心在一定距離範圍和滿足客戶服務要求的 BtoB、BtoC 產品配送服務；多企業的共同配送，基於配送中心的倉儲及增值服務，為提高配送運輸企業效率的城市運輸組織服務。

8.1.4.3 以製造業的地區分銷中心為基礎的服務市場

製造業的地區分銷中心也被稱為 RDC，建立這樣的地區分銷中心，是使物流園區具備對製造企業的物流管理提供專門的服務或設施需求支持，將有助於引導生產企業

採用現代物流管理技術,滿足大型製造業企業進行流通、銷售渠道變革後,在降低物流運作成本和尋求物流利益的驅動下,滿足物流園區的相應物流基礎設施和運作環境的需求。

8.1.4.4 以大型商業零售業的配送中心為基礎的服務市場

建設適應大型商業零售企業物流運作需要的配送中心,是以 A 區市商業企業的城市配送服務的組織管理為園區的具體服務市場定位,目的是為商業企業建立統一的採購管理提供支持,加上配送中心以交叉理貨功能為核心服務,以信息化程度和自動化程度為特色的高質量倉庫系統,可以通過提高城市商業活動的效率而使園區物流設施獲得市場發展機會。

8.2　A 區物流園區功能規劃與設計

8.2.1　物流園區選址

物流園區選址一般應遵循以下原則:①位於城市中心區的邊緣地區,一般在城市道路網的外環線附近。②位於內外交通樞紐中心地帶,至少有兩種以上運輸方式連接,特別是鐵路和公路。③位於土地開發資源較好的地區,用地充足,成本較低。④位於城市物流的節點附近,一般有較大物流量產生。⑤有利於整個地區物流網絡的優化和信息資源利用。

擬建的 A 區物流園區位於南大街辦事處,該區域鄰近成渝鐵路、永瀘公路、永峰公路、永吉路、一環路、永津路以及規劃的內環路和科園路。在該區域內,已建有 A 區火車站,規劃建設 A 區一級貨運站和重慶市農貿批發市場三級貨運站,是 A 區和周邊各相關地區貨運聯繫的主要交通樞紐地區;該區域擁有 A 區家電等 9 個批發市場,經營面積約為 177,754 平方米;即將入駐以及正在建設的企業占地 1,163 畝(1 畝 = 666.67 平方米,後同),流通企業占地 1,542 畝。從 A 區現有的條件看,園區選址比較合理。

8.2.2　物流園區功能規劃

A 區物流園區的服務功能建立在市場服務定位基礎上。由於市場定位是在需求的基礎上通過功能不同的物流中心和配送中心的服務所體現,因此,園區的服務功能主要表現為基於各個中心的總體功能以及為園區提供輔助服務的服務功能。根據 A 區物流園區的發展框架及其市場定位,其服務功能的總體定位將體現為物流中心運作、物流信息交換、物流園區管理和物流市場監控四大服務功能。

8.2.2.1 物流組織與管理的功能

該功能表現為園區內各個物流服務企業和物流中心以園區為依託,進行物流組織管理與服務運作,主要包括:貨物運輸、分揀包裝、儲存保管、集疏中轉、市場信息、貨物配載、流通加工、業務受理等。通過不同節點將這些功能進行有機結合和集成,從而在園區形成了一個社會化的高效物流服務系統,為服務目標客戶提供高質量的物流服務支持,並能夠對物流服務過程中的突發情況與個性化服務要求迅速作出反應,支持個性化、差異化和公共化的銷售和行銷方案。

8.2.2.2 物流信息交換功能

該功能表現為在園區物流信息系統的支持下，園區物流系統擁有「隨機應變」的能力，可根據情況的變化保證物流系統服務的持續改善，並使園區內（甚至 A 區全市範圍內）各個物流服務企業間、物流服務企業與目標企業間以及園區管理系統同上述各方面之間保持暢通和及時的服務信息傳遞與運作指令傳遞。

8.2.2.3 商品交易功能

該功能主要表現在物流園區依託南大街現有的幾大交易市場，大力發展大市場、大流通、大交易。憑藉南大街周邊優越的交通資源與市場資源，將物流與商流相結合，將其轉變為批發與零售相結合的重慶市西部商貿中心。在這個商貿中心，不僅可以完成以幾大專業交易市場為核心的系列配套產品與服務的批發與零售業務，而且還提供網上採購招標、電子支付與結算等電子商務平臺。

8.2.2.4 公共管理及服務功能

該功能主要包括以園區管委會為核心的園區管理系統及為各類物流企業服務的仲介服務系統。以園區管委會為核心的園區管理系統為企業進入園區提供政策環境支持與基礎環境支持，包括建設配套良好的物流系統基礎設施與必要的市政設施，制定與執行園區企業准入與淘汰規則、進入園區企業優惠政策以及調節和處理企業運作中遇到的各類困難和問題，支持園區內物流服務企業正常運作經營。仲介服務系統包括檢驗檢疫、金融、保險、諮詢、法律等服務。該園區的具體功能設計詳見表 8-1。

表 8-1　　　　　　　　　　A 區物流園區功能設計表

序號	功能	服務內容
1	存儲與集散	接收到達貨物，並進行分揀、儲存，將本市發出貨物進行集中，通過直接換裝方式向外發運
2	貨物中轉	實現公、鐵聯運，為進出口貨物、國內跨海運輸提供便利條件；銜接干線運輸與支線配送的作用
3	貨物配送	物流園區向配送中心、配載中心或區域物流節點實施日常配送；物流園區針對工商企業提供配送服務
4	流通加工	對商品進行包裝整理、加固、換裝、改裝、條碼印製等
5	商品交易	農副產品、禽苗、日用百貨、家電、建材等專業批發交易
6	口岸功能	設置海關、衛檢、動植物檢疫檢驗機構，為以 A 區為生產、加工基地或者最終銷售市場的製造商、分銷商提供儲存、保管、運輸、加工、貨代等服務
7	商品檢驗	商品檢驗與養護、商品檢疫等
8	物流信息服務	通過信息系統完成物流狀態查詢、物流過程跟蹤、物流要素信息記錄與分析以及方便報關、結算、利稅等單據處理
9	物流諮詢與培訓	物流系統規劃與設計、物流培訓、物流項目諮詢等
10	商品展示	物流園區將通過設立商品展示廳，提供貿易機會
11	電子商務	物流園區可以利用大量的倉儲資源、專業的配送服務，開展 A 區市電子商務 B to C 或 B to B 的試點工作
12	公共管理及服務	行政管理及金融、保險、諮詢、法律等服務

8.2.3　物流園區建設內容規劃

A 區物流園區建設是在綜合開發發展模式背景下建立的一個集專業批發交易市場、物資存儲、流通加工、商務辦公以及生活配套等為一體的綜合性、功能性物流園區。根據前面的功能分析，將 A 區物流園區在建設內容上按區域劃分為物流核心發展區、商業貿易區和生活配套區等三個區域。

8.2.3.1　物流核心發展區

物流核心發展區是 A 區物流園區的主體部分，是 A 區物流園區乃至 A 區物流產業發展壯大的重要支撐，全方位為工業、農業、服務業及其配套企業和第三方物流企業提供優質服務，所以，在規劃建設內容上應是園區規劃的主體建設內容。根據前面園區的功能分析，將物流核心發展區的建設內容主要分為以下幾個部分：

（1）貨物倉儲區。貨物倉儲區主要由單層倉庫構成，為園區內的各入駐企業、流通加工企業和客戶提供貨物存儲服務，包括貨物進貨後和發貨前的檢驗、理貨、入庫、備貨和驗收等服務。針對倉儲區所提供服務對象類型不同的情況，將核心區內的貨物倉儲區分為三個主體區域：農業貨物倉儲區、商貿貨物倉儲區和工業貨物倉儲區。在 A 區進出口岸貨運量達到一定規模時，還可根據需要將貨物倉儲區內的部分倉庫改建成保稅倉庫或海關監管倉庫，為 A 區及周邊地區的國際物流提供良好的倉儲平臺。

（2）配送揀選區。配送揀選區是為園區物流運作提供主要支撐的區域，通過高效的配送揀選實現快速物流、規模物流，減少庫存，降低物流成本。由於各個產業的配送揀選要求不同，中心配送揀選區按產業性質不同應分別設置農業配送揀選區域，商貿配送揀選區域以及工業配送揀選區域。

（3）流通加工區。流通加工區主要是對商品提供進行包裝整理、加固、換裝、改裝、條碼印製等服務的場所，根據各個產業對流通加工設備、環境等具體要求的不同，將中心流通加工區具體劃分為三個主體區域：農業流通加工區，商貿流通加工區以及工業流通加工區。

（4）露天堆場。部分物資到達園區後由於不能立即進入倉庫進行堆放，需要有一定面積的堆場進行暫存。還有一些物資由於對存放的環境要求不高，可以在露天環境下進行存儲，從而達到減少倉儲投資成本。因此，在園區內需要一定面積的露天貨場為上述物資提供暫儲或長期存儲服務。

（5）集裝箱作業區。隨著物流國際化趨勢的發展，將有大量的物資以集裝箱為主要載體進行運輸。因此，需要配置專門的拼拆箱庫對集裝箱進行拼拆箱作業。除此之外，由於拼拆箱作業不可能在短時間內完成，需要一定面積的集裝箱堆場為集裝箱貨物的拼拆箱過程提供緩衝支持。集裝箱作業區應在 A 區火車站片區以及朱沱港片區周邊建立，以便集裝箱業務的開展。因為朱沱港片區周邊將建立新的港區物流園區，在這裡主要考慮在火車站片區建立集裝箱作業區。

（6）運輸貨車停靠區。貨車停靠區是為大中型貨車提供停靠服務，實現公路貨運車輛的集中調配以及公路運輸與其他運輸方式的順利銜接。貨車停靠區內的車輛主要由第三方物流企業進行統一調度和管理。

（7）公路鐵路專用線。建議和鐵路有關部門協商，在物流園區內建立新的鐵路專用線，以實現鐵路運輸和公路運輸、鐵路運輸與倉儲的順利對接，減少物流作業環節，

提高物流作業的效率。但由於新建專用線審批程序較為繁瑣，需要市政府相關部門和鐵道部相關審批部門協商解決，因此，具體專用線建設暫不列入本規劃討論範圍。

（8）商務區。商務區主要為園區內的供需雙方企業提供信息交流平臺、網絡交易平臺、商務談判環境以及企業辦公環境。商務區主要以綜合商務服務大樓為主體建築，以通信網絡、電子信息平臺等為輔助設施。按照不同商務類型進行樓層區域劃分，如一樓到二樓主要是公共類商務辦公區域，內設相關產業物流信息發布大廳、產品展示大廳以及有關政府機構；二樓以上則為各企業商務辦公區域，開展貨代業務、企業內部運行管理等。

物流中心的建設內容除了以上主要的建設區域外，還包括輔助性區域、生活區等建設內容，各個區域功能分佈如表 8-2 所示。

表 8-2　　　　　　　　　　　主體區域功能分佈表

序號	名稱	功能	組成
1	普通貨物倉儲區	一般貨物的存儲、揀選	室內倉儲區、室外倉儲區
2	特殊貨物存儲區	特殊貨物的儲存、揀選	具有特殊存儲設備要求的貨物存儲庫
3	海關監管倉庫	對要進行通關和轉關的貨物進行監管	具有特殊監管設備的倉儲區
4	保稅倉庫	為進出口貿易貨物的暫存提供保稅服務	根據服務產業進行分區
5	配貨揀選區	貨品的分類、揀選	揀選區 配貨區
6	接、發貨區域（緊連貨物倉儲區內）	接受貨物 數量檢驗、入庫 備貨 驗收 發貨 車輛調度	發貨區 收貨區 接、發貨工作站 調度室 接、發貨辦公室
7	露天堆場	為貨物提供暫存或長期存儲服務	根據服務產業進行分區
8	流通加工區	根據交易中客戶的需要，對產品進行一定程度上的專業化加工	根據服務產業進行分區
9	集裝箱處理區	對到站的集裝箱進行堆箱、拆箱、拼箱處理	集裝箱堆場，集裝箱拼拆箱庫
10	輔助性區域	動力及空調設備 安全消防設施 市政設施（水、電、通信等） 設備維修 人員車輛通行 機械設備停放	消防控制室 配電室 設備維修區 電梯、樓梯、通道 搬運設備停放區
11	停車場	貨物的裝車 商務辦公停車	貨車停車場 小車停車場

表 8－2（續）

序號	名稱	功能	組成
12	商務區	會議 電子商務，網絡交易 交易信息獲取 交互金融業務服務	中心管理辦公室 業務辦公室 會議室 金融辦公區 電子商務中心 信息發布大廳
13	生活區	為物流中心相關人員提供餐飲、休息、娛樂場所	更衣室 盥洗室 休息室 娛樂室

8.2.3.2 商業貿易區

針對以上對 A 區商業貿易發展的不足與面臨的任務分析，結合 A 區現有的商業佈局、產業發展特色等實際情況，對 A 區物流園區的商業貿易區做近期規劃。根據調研顯示，目前 A 區物流園區規劃範圍內擁有較多的交易市場，如 A 區家電批發市場、城南小商品批發市場、昌州批發市場、A 區農機批發市場、金盆農貿市場、川東農副產品批發市場、西南禽苗集散中心、興南建材批發市場等。但為了推動 A 區物流產業發展，為了輻射川、渝、黔，帶動渝西和成渝經濟帶的發展，打造 A 區現代商貿物流城的第二張名片，還需要對現有專業交易市場、批發市場的結構佈局、規模、業態等進行整合、擴建和新建，綜合考慮，規劃在物流園區內新建以下商貿市場，如表 8－3 所示。

表 8－3　　　　園區已建特色專業批發市場一覽表

序號	市場名稱	建設年限
1	A 區茶葉批發市場	2006—2010 年
2	A 區繭絲綢批發市場	2006—2010 年
3	A 區玩具批發市場	2006—2009 年
4	A 區青年服飾批發市場	2006—2010 年
5	A 區水果交易批發市場	2006—2009 年
6	A 區小商品交易批發市場	2006—2010 年

（1）A 區茶葉批發市場。A 區產茶歷史悠久，名茶薈萃，可以組建專業的茶葉批發市場，並充分利用「茶山竹海」這一旅遊品牌，豐富茶葉品牌，打造「西部茶都」。

（2）A 區繭絲綢批發市場。A 區是重慶市最大的繭絲綢生產和加工基地，部分絲綢品牌暢銷國內外，可以參考蘇杭等繭絲綢市場發達地區的運作模式，規劃建設輻射西南的繭絲綢批發市場。

（3）A 區玩具批發市場。A 區地理位置優越，市場繁榮，招商引資環境良好，可以吸引沿海地區的玩具生產廠家投資，打造專業的玩具批發市場，填補渝西地區玩具批發市場的空白。

（4）A 區青年服飾批發市場。A 區職業教育全國聞名，青年學生群體龐大，消費潛力巨大，可以直接引建服裝加工廠，立足 A 區，規劃建設專業的服飾批發市場。

（5）A 區水果交易批發市場。A 區水果產量在渝西地區名列前茅，品質聞名遐邇，可以利用發達的物流，繁榮的市場聚集人氣，規劃建設輻射渝西的大型水果交易批發市場。

（6）A 區小商品交易批發市場。A 區小商品批發市場規劃，充分考慮消費群體的差異化和多元化需求，引進義烏小商品城「由鄉進城最後上市」的運作模式，規劃建設面向西部的小商品批發市場。

8.2.3.3 生活配套區

生活配套區主要是為進駐園區業主或商務人員、管理組織等相關人員提供飲食、住宿、休息娛樂等的一個公共場所，主要分為居住區和公共服務區。居住區主要以永鋒路沿線兩側為主，依據地形，規劃具有一定規模的現代住宅小區，住宅將主要以多層建築為主，輔以一定數量的小高層建築。公共服務區包括行政辦公、商業金融、文化娛樂、醫療衛生等性質的建設用地。公共服務設施區的建設，不但可以大為改善區域的整體形象，提高人居環境，而且將成為此區域新的經濟增長點，拉動區域的經濟發展。

8.2.4 物流核心區域面積規劃

物流核心發展區域主要由倉儲、加工、配送揀選、集裝箱處理及其他功能區域組成。本次計算中，根據各主體區域所服務的各個產業現有的年貨運量和未來的增長狀況以及各個產業涉及貨物的平均週轉情況，按 A 區市「十一五」規劃確定的經濟指標，GDP 水準按照年均 13% 的速率進行增長，參照東部沿海地區，平均社會物流總量的增長率平均高於 GDP 增長量率 2~3 個百分點。結合 A 區的實際情況，確定物流核心區域的物流處理能力按 14% 的增長率進行增長來規劃測算，最終確定物流核心區域內的貨物週轉所需要的倉儲面積、加工面積、配送揀選區面積以及其他功能區的面積。

考慮到該項目建成後，有的企業並不能立即入駐，避免過多設施空置，所以該項目分兩期建設，每期為五年，一期作為項目成熟運作前的緩衝期。在建設一期項目的同時預留二期項目儲備用地（預留地主要用於擴充貨物倉儲、配送揀選區、流通加工區以及第三方運輸貨車停靠區）。

8.2.4.1 貨物倉儲區

貨物倉儲區除計算貨物存放所占面積外，還確定倉儲區中的接貨和發貨區面積，即貨物倉儲由貨物存儲區、接貨與發貨區三部分組成。

（1）工業貨物倉儲面積。根據園區規模定位，2010 年園區年處理工業產品能力為 546 萬噸，取平均週轉次數為 12 次/年（全國水準為 12~15 次/年），則倉儲區應滿足的存儲容量應為 45 萬噸，按承重 6 噸/平方米計算，需要貨物存儲面積 75,000 平方米，收發貨區面積 37,156 平方米。2010 年（一期），工業貨物倉儲總面積為 112,156 平方米。到 2015 年，園區工業產品處理能力為 2,103 萬噸，同理可以計算出貨物存儲區面積 290,000 平方米，收發貨區面積 143,086 平方米。2015 年（二期），工業貨物倉儲總面積為 433,086 平方米，新建面積 320,930 平方米（新建存儲面積 215,000 平方米，新建收發貨區面積 105,930 平方米）。

（2）商貿貨物倉儲面積。2010 年，園區年處理商貿產品能力為 330 萬噸，按照 25 次/年的週轉頻率以及 2 噸/平方米的商業倉庫承重計算，需貨物存儲面積 65,869 平方

米，收發貨區面積 35,124 平方米。2010 年（一期），商貿貨物倉儲總面積為 100,993 平方米。到 2015 年，園區商貿產品處理能力為 1,269 萬噸，同理可以計算出貨物存儲區面積 253,652 平方米，收發貨區面積 100,156 平方米。2015 年（二期），商貿貨物倉儲總面積為 388,932 平方米，新建面積 287,939 平方米（新建存儲面積 187,783 平方米，新建收發貨區面積 65,032 平方米）。

（3）農業貨物倉儲面積。2010 年，園區年處理農業產品能力為 85 萬噸，按照 2 天/次的週轉頻率以及 0.5 噸/平方米的承重計算，需存儲面積 9,354 平方米，收發貨區面積 9,374 平方米。2010 年（一期），商貿貨物倉儲總面積為 18,728 平方米。到 2015 年，園區農業產品處理能力為 328 萬噸，同理可以計算出貨物存儲區面積 36,021 平方米，收發貨區面積 26,726 平方米。2015 年（二期），商貿貨物倉儲總面積為 62,747 平方米，新建面積 44,019 平方米（新建存儲面積 26,667 平方米，新建收發貨區面積 17,352 平方米）。

8.2.4.2　流通加工區

根據產品流通加工方式不同，將加工區分為農業流通加工區域、商貿流通加工區域以及工業流通加工區域。

（1）工業流通加工區面積。按流通週期和貨運量以及加工比例進行計算，考慮到工業部分產品由於加工工藝和技術問題，園區內主要從事工業產品的初加工和產成品的部分二次加工，初步估計一期有 20% 的工業產品進入園區進行加工作業，二期有 40% 的產品進入園區進行加工作業，根據 0.5 噸/天的每平方米加工水準以及工業產品 14% 的增長比例，一期需要 6,035 平方米，二期的面積為 46,481 平方米。

（2）商貿流通加工區面積。根據商貿產品年貨運總量，按照 25 次/年的週轉次數，0.2 噸/天的每平方米加工處理能力，初步設定一期有 10% 的貨物需要流通加工作業，二期有 30% 的貨物需要流通加工作業，考慮園區第一期入駐企業占整個 A 區所有商貿企業的 40%，二期占到 80%，此外，按照 A 區及周邊商貿物流量依然每年增長 14%，計算得出，一期需要商貿流通區面積為 4,391 平方米，二期需要流通加工區的面積為 50,730 平方米。

（3）農業流通加工區面積。根據統計和經驗，設定需要進行加工的貨物占整個 A 區及其周邊地區農業相關產品總量比例為一期 10%，二期 30%，單位加工能力按照 40 羽/平方米·天，得出一期需要的加工區面積為 1,388 平方米，二期需要加工區面積為 4,163 平方米。

8.2.4.3　配送揀選區

（1）工業配送揀選區面積。按每天 0.8 噸/平方米的單位揀選效率以及 5 天/次的揀選週期計算，確定工業配送揀選區面積為：2010 年（一期）18,860 平方米，2015 年（二期）72,627 平方米（其中新建 53,767 平方米）。

（2）商貿配送揀選區面積。按 0.5 噸/平方米·天的單位揀選效率以及 3 天/次的揀選週期計算，確定商貿配送揀選區面積為：2010 年（一期）17,562 平方米，2015 年（二期）67,640 平方米（其中新建 50,078 平方米）。

（3）農業配送揀選區面積。按照週轉期內（2 天）交易量 111 萬羽（年交易量 2 億羽）來計算，將各種農業產品增加情況以及配送揀選能力綜合考慮，確定農業配送揀選區面積為：2010 年（一期）4,687 平方米，2015 年（二期）18,050 平方米（其中

新建13,363平方米)。

8.2.4.4 露天堆場

根據物流作業中普通倉儲區和露天堆場的比例關係,確定農業貨物露天堆場:一期面積為3,121平方米,到二期建設結束時面積為10,458平方米;工業貨物倉儲面積:一期面積為18,693平方米,到二期建設結束時面積72,181平方米;商貿貨物倉儲面積:因為商貿類產品一般對存儲要求較高,因此,不考慮露天貨場。

8.2.4.5 運輸貨車停靠區

參照相關貨運數據,考慮A區自身以及周邊地區對A區貨運量的影響,到2005年,總貨運量為1,083萬噸,預計到2010年A區整體相關總貨運量達到2,500萬噸,平均日運輸總量為6.85萬噸。假設貨物都通過載重為10噸的貨車進行疏散,貨車的發車頻率為2次/日,則需要貨車3,000輛。普通中型貨車的停車占地尺寸(11.4米×3.4米),則需要貨車車場面積為116,280平方米。到2015年,按照貨運年增長量14%計算,貨運總量達到4,222萬噸,日運輸總量為11.57萬噸,則需要貨車數量為5,500輛貨車,貨車車場占地面積為213,180平方米。因此,貨車車場二期擴建面積為96,900平方米。

8.2.4.6 集裝箱作業區

根據A區鐵路集裝箱的以往到站數據,我們取平均到站為20尺標準箱為基礎(內容積為5.69米×2.13米×2.18米,配貨毛重一般為17.5噸,體積為24~26立方米)。2005年,A區的鐵路集裝箱吞吐量為221,962噸(12,683標箱)。根據國際物流規劃經驗,每200萬標箱的集裝箱吞吐量需要後方堆場面積約為30萬平方米,據此推算2005年左右,鐵路附近區域需要集裝箱堆場面積約為2,114平方米,考慮A區及周邊地區GDP增長量對物流量的影響,到2010年,一期工程結束時,需要集裝箱堆場面積為3,570平方米,到2015年二期工程結束時,需要堆場面積為6,875平方米。

根據A區2005年的數據統計,以集裝箱為載體的物資主要以工業物資為主,因此,參照工業產品10次/年的週轉次數,日均拼拆箱數量為20箱,鐵路集裝箱堆場的免堆期一般為2天,在這裡取平均堆存期為3天,面積利用系數取0.8,計算得出需要拆裝箱庫面積為2,040平方米。到2010年需要3,445平方米,到2015年需要6,634平方米。

另外分別按占整個核心區域(A區火車站集裝箱作業區除外)的1%、2%、15%、15%計算商務區(一期,二期)、生活區(一期,二期)、道路(一期,二期)及綠地(植樹綠地,餘下的15%通過屋頂綠化、車場植草綠化等方式實現),其面積分別為商務區面積(一期:5,176平方米,二期:17,580平方米),生活區面積(一期:10,351平方米,二期:35,159平方米),道路面積(一期:77,633平方米,二期:263,689平方米),小車車場面積為(一期1,500平方米,二期1,500平方米,共3,000平方米)。

綜上所述,到2010年,物流中心一期項目完成需要用地面積為524,569平方米,二期建設項目需要用地面積1,255,658平方米。到2015年,整個物流中心占地面積為1,780,227平方米。各分區面積如表8-4所示。

表 8-4　　　　　　　　　　　主體區域面積分佈表　　　　　　　　　　單位：平方米

第一部分	一期			二期			小計
	農業服務區	商貿服務區	工業服務區	農業服務區	商貿服務區	工業服務區	
貨物倉儲區	18,728	100,993	112,156	44,019	287,939	320,930	884,765
流通加工區	1,388	4,391	6,035	2,775	46,339	40,446	101,374
配貨揀選區	4,687	17,562	18,860	13,363	50,078	53,767	158,317
露天堆場	3,121	—	18,693	7,337	—	53,488	82,639
運輸貨車停靠區	116,280			96,900			213,180
小計	27,924	122,946	155,744	67,494	384,356	468,631	1,440,275
第二部分	一期			二期			
集裝箱堆場	3,570			6,875			10,445
集裝箱拼拆箱庫	3,445			6,634			10,079
商務區	5,176			12,404			17,580
生活區	10,351			24,808			35,159
園區道路	77,633			186,056			263,689
商務車場	1,500			1,500			3,000
小計	101,675			238,277			339,952
總計	196,335			463,045			1,780,227

8.3　案例評析

　　本規劃從規劃背景、規劃意義、戰略目標、項目定位、規模定位、功能確定、主體佈局和實施進度等各個方面對 A 區物流園區建設項目進行了全面分析和綜合評測，確立了項目建設的基本條件、可能出現的問題以及解決方案，提出了保證本項目順利實施的設備、工程、配套設施以及分階段計劃。依據該計劃，物流園區的建設可以有效地促進 A 區市各支柱產業發展，整合資金流、商流和物流資源，在提高 A 區經濟與社會發展水準的同時，輻射周邊相關地區，改善整個渝西、川東南和黔西北地區的發展狀況，提高 A 區市在該區域乃至整個西南地區的經濟與社會影響力。因此，無論是從物流技術更新的需要，還是從地區經濟發展的需要以及提高整個 A 區在重慶市乃至全國的綜合競爭力角度上，本園區的建設都應及早實施。

　　通過本案例的學習，根據重慶市 B 地區的實際物流發展需求，設計一個簡單的物流園區規劃思路，重點分析討論物流園區的功能設置及其要求。

參考文獻

　　[1] 夏文匯. 現代物流管理 [M]. 2 版. 重慶：重慶大學出版社，2008.

　　[2] 格里·約翰遜, 凱萬·斯科爾斯. 戰略管理 [M]. 王軍, 譯. 北京：人民郵電出版社，2004.

　　[3] 重慶市 A 區經濟信息發布公告資料，2005—2010 年.

第 9 章
區域性物流中心戰略規劃——以重慶為例

9.1 前言

　　隨著全球經濟一體化和信息技術的快速發展，使得國家與國家、區域與區域、城市與城市、企業與企業之間的合作和競爭更加頻繁。在物流市場競合過程中，大量的物資和信息在頻繁地交換和轉移，供應鏈把供應商、生產商、分銷商、零售商及用戶連成一個有機的整體，為了使這個有機體得以正常的運行，加強社會化、信息化、專業化和系統性的區域物流就顯得尤其重要了。

　　重慶由於其獨特的地理優勢和資源優勢，在西部大開發中有著特殊的戰略地位，是西部大開發的重中之重。在西南地區物流經濟活動中，重慶是區域城市物流中心，是地區市場中的中心，是商貿流通中心和即將打造的金融中心。所以，以重慶市區域性物流中心戰略規劃為基礎背景展開分析和研究，對重慶市現代物流業的發展具有重要的理論意義和實踐意義。

　　目前，根據重慶市經濟發展戰略規劃的目標與任務以及國務院有關文件精神提出，首先是建立重慶區域產業協同發展新機制，推進「一圈兩翼」統籌協調發展。著力在「一圈」構建大型產業基地，發展產業集群，提升綜合實力和競爭力。發展適宜在「兩翼」佈局的相對優勢產業。鼓勵主機成套企業將零部件生產轉移到「兩翼」。支持「兩翼」的農副產品、特色礦產、原材料及粗加工產品拓展市場空間。創新園區共建和資源共享機制，支持「兩翼」特色工業園區和公共服務平臺建設，提升承接產業轉移的能力。依託「一圈」的資金、人才和技術等優勢，扶持「兩翼」發展特色加工業、現代農業、旅遊業和各類服務業。完善「一圈」對口幫扶「兩翼」機制，推進異地辦園、協助引進項目、援建標準廠房、對口扶持企業等工作。探索建立要素和收益共享的「一圈兩翼」互利共贏發展新機制。推動大、中、小城市和小城鎮協調發展，完善城鎮功能，增強產業帶動和就業吸納能力，減輕「兩翼」的人口、資源和環境壓力。

9.2 區域性物流中心在區域經濟建設中的地位

9.2.1 凸顯區域性物流中心規劃與建設的作用

物盡其用，貨暢其流，掌握物流營運及管理即增強市場核心競爭力，目前，物流業已是全球最具發展潛力的新興行業之一。區域性物流中心的規劃與建設在國民經濟特別是城市經濟迅速發展過程中的地位日益顯現，以沿海大城市群為中心的四大區域性物流圈格局已全面形成，如：以北京、天津、瀋陽、大連和青島等城市為中心的環渤海物流圈；以上海、南京、杭州和寧波等城市為中心的長江三角洲物流圈；以廈門和福州兩市為中心的環臺灣海峽物流圈；以廣州和深圳兩市為中心的珠江三角洲物流圈。現在中國的內陸腹地，以大城市為中心，以鐵路、高速公路、航空、水路的路網建設為紐帶，形成了新型的區域性物流節點。

目前，中國的物流業仍然相對分散，涉及鐵道部、交通部、民航局、商務部、國家發改委等部門。在各個地區條塊分割、多頭管理的傳統模式影響下，中國各種物流基礎設施的規劃和建設缺乏必要的協調，因而物流基礎設施的配套性、兼容性差，導致綜合物流系統功能不強。各種運輸方式之間、不同地區運輸系統之間相互銜接的樞紐設施建設方面缺乏投入，對物流產業發展有重要影響的各種綜合性貨運樞紐、物流基地、物流中心建設發展緩慢。物流中心的規劃與建設比較滯後，特別是沒有全面形成物流中心的社會化，沒有按照社會經濟發展和地方產業需求來進行物流中心的統一規劃，使物流中心的建設分散、重複。另外，現有部分物流中心的功能單一，管理落後，難以起到物流網絡節點輻射和帶動的作用。物流中心的規模、服務範圍已不能滿足經濟發展的要求。中國未來社會化、信息化、專業化的物流中心將成為主流發展趨勢，同時，也將形成區域性佈局的發展趨勢。這種佈局將在很大程度上推動中國流通領域的物流走向合理化，推動製造商和各級供貨商的銷售體制和物流結構佈局的大幅度調整。

所以，加快重慶市物流中心規劃與建設，是提高重慶市區域性物流綜合效益的核心。由於重慶市目前物流作業的分散性及物流服務的各個環節之間的相互脫離，所以整合物流資源，使之發揮系統性功能，已成為重慶市物流業發展的主體。

9.2.2 區域物流與區域經濟的關係

區域經濟是按照自然經濟體構成來說的，包括經濟聯繫、民族、文化傳統以及社會發展需要而形成的經濟聯合體，是社會經濟活動專業化分工與協作在空間上的反應。區域物流與區域經濟是相互依存的統一體，區域物流是區域經濟的主要構成要素，是區域經濟系統形成與發展的一種主導力量，它對提高生產領域、流通領域的效率和經濟效益，提高區域市場競爭能力，改變生產企業的佈局和生產方式都發揮著積極的能動作用。區域物流是指在區域範圍內的一切物流活動，包括運輸、保管、包裝、裝卸、流通加工和信息傳遞等功能實體性的流動以及物流過程中各環節的物品運動。然而區域劃分的原則是應該按「經濟區域」而不是按「行政區域」進行，行政區域劃分有著明確具體的界限，且具有相對長期的穩定性，而經濟區域的界限是模糊的，是一條過

度帶，這就形成了經濟區域的開放性、動態的擴展性與收縮性。

9.2.3 區域市場中的流通

在市場經濟發展中商品流通中心的形成，是伴隨著國內統一市場和世界市場的形成變化和發展而逐步構成完整的成熟體系的，即在社會分工，特別是地區分工的拓展和昇華中，地區間的商品聯繫密切且穩定，商品流通、貨幣流通和信息關係不斷地突破原來已經達到的空間局限，開拓和擴大市場，因而使市場由地方小市場發展為地區市場，進而發展為區域市場到國內統一市場，再進入世界市場。在這個市場空間發育的過程中，形成範圍大小、層次高低不同的由市場空間所構成的市場空間體系。每個市場空間都有它的流通中心，作為該市場內部集散的樞紐並與其他市場連接的集結點。這就說明，流通中心的形成離不開這個城市所在地域，必須在這個市場空間範圍內的商品供求、貨幣乃至資金的供求達到一定的規模時，需要有這樣的城市來作為本城市以外整個區域內不同市場之間供求關係相互銜接的中心，同時，也需要它作為本區域市場的供給或需求的主要集結點而與其他市場空間發生市場關係，組織本區域對外商品、貨幣乃至資金的流通，而這個城市的自身條件又必須能夠承擔起組織本區域內外商品流通的任務，此時，它才能成為流通中心。

區域性物流中心必須滿足兩個基本條件，首先其所處地區對周圍區域必須具有商品的集散和輻射功能；其次該城市還必須具有物流中心所需具備的便利的交通運輸條件。因此，區域性的物流中心一般建在該區域的中心城市。

發達國家和地區的經驗表明，多功能、高層次、集散功能強、輻射範圍廣的綜合物流中心在地區經濟發展中發揮著極其重要的作用。日本和平島物流園區、阪神商業綜合物流園區、紐約港物流園區、荷蘭鹿特丹物流園區、新加坡港口物流園區、中國香港產業物流園區以及遍布美國大城市群的配送中心等都對當地的經濟發展發揮了重要作用，其中日本的東京、阪神和京都三大經濟圈的物流總量所占日本全國物流量的比重長期保持在44%以上，對日本經濟發揮了支撐作用，使日本成為東亞經濟圈的生產總值中樞；優化了該地區的物流結構，繁榮和完善了市場體系；提高了城市經濟水準，帶動運輸業的發展；提供了新的就業機會，增加了稅收。

9.2.4 區域性物流中心的功能

9.2.4.1 區域性物流中心的物流作業功能

（1）運輸功能。物流中心需要自己擁有或租賃一定規模的工具。具有競爭優勢的物流中心不只是一個點，而是一個覆蓋一定區域的網絡。因此，物流中心首先應該負責為客戶選擇滿足客戶需要的運輸方式，然後具體組織網絡內部的運輸作業，在規定的時間內將客戶的商品運抵目的地，並達到安全、迅速、價廉的要求。

（2）儲存功能。物流中心需要有倉儲設施，但客戶需要的不是在物流中心儲存商品，而是要通過倉儲環節保證市場分銷活動的開展，同時盡可能降低庫存積壓的資金，減少儲存成本。因此，物流中心需要配備高效率的分揀、傳送、儲存、揀選設備。包括堆存、保管、保養、維護等活動。

（3）裝卸搬運功能。為了加快商品在物流中心的流通速度，物流中心應該配備專業化的裝卸、卸載、垂直提升、水準運送、碼垛等裝卸搬運機械，以提高裝卸搬運作

業效率，減少作業過程對商品造成的損毀。包括對輸送、保管、包裝、流通加工等物流活動進行銜接活動以及在保管等活動中為進行檢驗、維護、保養所進行的裝卸活動。

（4）包裝功能。物流中心的包裝作業其目的不是要改變商品的銷售包裝，而在於通過對銷售包裝進行組合、拼配、加固，形成適於物流和配送的組合包裝單元。包括產品的出廠包裝、生產過程中的製品、半成品的包裝以及在物流過程中換裝、分裝、再包裝等活動。

（5）流通加工功能。其主要目的是方便生產或銷售，公共物流中心常常與固定的製造商或分銷商進行長期合作，為製造商或分銷商完成一定的加工作業。物流中心必須具備的基本加工有貼標籤、製作並粘貼條形碼等。

（6）配送功能。配送是在合理區域範圍內，根據用戶要求，對物品進行揀選、加工、包裝、分割、組配等作業，並按時送達指定地點的物流活動，是物流進入最終階段，以配貨、送貨形式最終完成社會物流並最終實現資源配置的活動。配送作為一種現代流通方式，集經營、服務、社會集中庫存、分揀、裝卸搬運於一身，已不是單單一種送貨運輸功能。

（7）物流信息處理功能。由於物流中心的各項作業過程已經離不開計算機，因此將在各個物流環節的各種物流作業中產生的物流信息進行即時採集、分析、傳遞，並向貨主提供各種作業明細信息及諮詢信息，這對現代物流中心來說是相當重要的。包括進行與上述各項活動有關的計劃、預測、動態（運量、收、發、存數）的情報及有關的費用情報、生產情報、市場情報活動、財物流情報活動的管理，要求建立情報系統和情報渠道，正確選項情報科目和情報的收集、匯總、統計、使用方式，以保證其可靠性和及時性。上述功能要素中，運輸及保管分別解決了供給者及需要者之間場所和時間的分離，分別是物流創造「場所效用」及「時間效用」的主要功能要素，因而在物流系統中處於主要功能要素的地位。

9.2.4.2 區域性物流中心的增值功能

（1）結算功能。物流中心的結算功能是物流中心對物流功能的一種延伸，不僅僅是物流費用的結算，在從事代理、配送的情況下，物流中心還要替貨主向收貨人結算貨款等。

（2）需求預測功能。物流中心經常負責根據物流中心商品進貨、出貨信息來預測未來一段時間內的商品進出庫量，進而預測市場對商品的需求。

（3）物流系統設計諮詢功能。物流中心要充當貨主的物流專家，因而必須為貨主設計物流系統，代替貨主選擇和評價運輸商、倉儲商及其他物流服務供應商，這是一項增加價值、增加公共物流中心競爭力的服務。

（4）物流教育與培訓功能。物流中心的運作需要貨主的支持與理解，通過向貨主提供物流培訓服務，可以培養貨主與物流中心經營管理者的認同感，可以提高貨主的物流管理水準，可以將物流中心經營管理者的需求傳達給貨主，也便於確立物流作業標準。

（5）訂單處理功能。物流中心是聯繫供需的橋樑，其上游是生產廠，即供方；其下游是下一級物流中心或用戶，即需方，因此物流中心應具備處理用戶訂單的功能。

（6）共同配送功能。共同配送可以降低運輸成本，形成規模效益，提高經濟效益。

（7）物流信息系統。區域性物流中心應該具備對該地區的物流信息處理功能。

另外，物流中心除提供信息發布、交易撮合、貨運交割、資金結算等服務外，還將在有關部門（商檢、法律、稅務、保險、銀行、鐵路、民航）配合下，開展下列領域的配套服務：①協助商品的倉儲、檢驗和報關、代理徵稅；②開設貨物運輸緊急救援系統；③利用全球定位系統技術，協助貨物跟蹤；④通過仲裁方式，幫助交易人處理糾紛；⑤發揮計算機網絡的技術優勢，開通衛星網、互聯網、數據交換等先進通信和處理手段，滿足用戶特定需求；⑥全面提供現代化支持決策系統和服務，幫助交易人進行市場分析。

9.3 重慶市建設區域性物流中心的作用和條件

9.3.1 重慶市建立區域性物流中心的作用

9.3.1.1 改善交通管理，減輕城市交通壓力

交通問題是任何城市尤其大中城市都高度重視並亟待解決的大事。通過建立物流中心將貨運交通盡量安排在市中心區外，是國外不少城市緩解交通壓力的有力措施。如日本東京，20世紀60年代在內環線外的市郊邊緣帶建了四個「物流基地」，使進入市區的貨物先集中於物流中心，化整為零，按市內的運輸線路統一分送，限制大型運輸車輛進入市區；運出市區的貨物進入物流中心，化零為整，再統一運輸，提高車輛利用率。國內很多城市如上海、北京，也限制貨運汽車進入城市中心，以減輕城市交通的壓力，降低無序交通，改善交通管理。

9.3.1.2 減少物流對環境的不利影響，優化城市生態環境

物流中心在減少城市交通壓力的同時，也減少了汽車的尾氣排放污染和噪音對市中心的影響，如果物流企業倉庫設施在市區分散零亂的布置，也會影響城市的景觀。

9.3.1.3 促進用地結構調整，完善城市功能佈局

隨著市區的不斷擴大，原來的城市邊緣區成為市中心區，一些物流企業原先所在地段地價上升，租賃費用提高，對交通和環境影響較大，一些物流企業的用地性質發生變化，這些物流企業希望尋找新的發展空間，通過土地置換，實現級差地租。因此，物流中心的建立為其提供了場所，也為城市用地結構調整創造了條件，完善了城市功能佈局。

9.3.1.4 提高物流經營的規模效益，實現資源共享

組建物流中心，可將多個物流企業集中在一起，發揮整體優勢和規模優勢，實現物流企業的專業化和互補性。同時，這些企業可共享一些基礎設施和配套服務設施，降低營運成本和費用支出，獲得規模效益。

9.3.1.5 滿足物流市場需求，推動物流產業發展

物流被譽為21世紀最有前景的行業之一，主要是因為物流市場的現實需求和潛在需求巨大，儘管中國運輸市場成為買方市場、運力大於運量，但全方位、高質量、全過程、系統化的物流服務需求並沒有得到滿足。國內能提供物流全球化服務的物流企業很少，而這種需求十分旺盛。物流中心的建立，旨在建立物流發展基地，盡快形成「物流高地」，這與為了加快高新技術發展而建立高新技術開發區是一樣的。物流中心將成為物流企業的集中區和示範區，進而推動物流產業的發展。

9.3.2 重慶市建立區域性物流中心的基本條件

9.3.2.1 重慶具有建設現代物流中心的有利條件

中國西部地區主要依託於兩條經濟帶，即：長江經濟帶和歐亞大陸經濟帶。重慶依託於長江經濟帶，水、陸、空交通網絡四通八達，特別是擁有「黃金水道」長江，使重慶成為長江上游最大的商品集散地。另外，代理制、連鎖經營、交易市場、電子商務等新型商業業態的興起，對實行統一訂貨、送貨，依託網絡化、一體化經營的物流配送中心的需求越來越大。重慶的水運得天獨厚，水運運量大，油耗低，在長途運輸中運雜費最低，具有不可取代的優勢。加入世界貿易組織後，中國物流市場開放力度加大，加之外國物流商的衝擊有助於推動中國物流市場的形成和發展。2002年重慶就被國家外經貿委確定為西部地區唯一提前開放物流的城市，丹麥、日本、美國等外國財團紛紛搶灘重慶物流市場。這都是重慶發展現代物流所具有的優勢。

重慶市是中西部地區唯一的直轄市，是全國統籌城鄉綜合配套改革試驗區，在促進區域協調發展和推進改革開放大局中具有重要的戰略地位。設立直轄市以來，重慶市堅決貫徹中央的決策部署，努力實施西部大開發戰略，經濟社會發展取得了重要成就。如今，重慶市已經站在了新的歷史起點上，要努力把重慶市物流改革發展推向新階段，尤其是要抓住發展內陸開放型經濟的大好機會。具體體現在：

（1）發揮北部新區、兩江新區和保稅港區的輻射帶動作用。設立重慶北部新區、兩江新區等標誌性的內陸開放型經濟示範區，形成高新技術產業研發、製造及現代服務業尤其是物流業聚集區。支持北部新區、兩江新區在土地、財稅、金融、投資、外經外貿、科技創新、管理體制等領域先行先試。繼續發揮北部新區、兩江新區內各類國家級園區的特色和輻射帶動作用，形成一區多園、良性互動、錯位發展的格局。加快重慶兩路寸灘保稅港區和兩江新區的建設。合理配置海關、出入境檢驗檢疫人員和監管設施，確保有效監管。「兩江新區」的建設為區域性物流中心的發展奠定了基礎。

（2）發揮轉變貿易發展方式，多形式投資組合的優勢。認真落實國家關於內陸開放型經濟格局的外經貿發展的各項政策，調整重慶出口產品結構，挖掘海內外市場潛力，努力保持進出口貿易額穩定增長。充分利用兩個市場、兩種資源，加快轉變貿易發展方式，大力發揮重慶市製造基地優勢，尤其是冶金、化工、能源、電子等機電產品、高新技術產品出口，發展服務貿易，承接國際服務外包尤其是物流服務外包、IT外包和加工貿易的轉移。積極吸收國外資金、技術和人才，注重與外資企業開展形式多樣的投資貿易合作。支持具備條件的企業走出去設立生產、貿易、物流和研發基地，整合多種高新技術企業和研發機構的資源。

（3）充分利用各種區域合作平臺，積極開展區域經濟合作。構建區域經濟合作新機制，充分利用各種區域合作平臺，加強同周邊省市、長江沿線、沿海地區全方位、多層次、寬領域合作。深化周邊合作，促進基礎設施互聯互通、資源共同開發、產業分工協作。盡快完成成渝經濟區物流產業發展規劃編製，推進成渝經濟區產業協作，加強渝黔、渝陝資源開發合作。推動沿江合作，建立沿江省市產業協作聯動機制，打造沿江產業帶。強化東西合作，引導西部企業利用重慶內陸開放型經濟平臺，承接沿海發達地區產業轉移，打造東西部合作示範物流基地。形成東部物流拉動西部物流的發展態勢。

(4) 充分利用內陸開放的政策環境優勢。建立健全發展內陸開放型經濟的政策體系，營造與國內外市場接軌的制度環境。加快完善涉外公共管理和服務體系，改善產業配套條件。積極探索沿長江建立大通關模式，推進區域通關改革，充分發揮長江黃金水道的優勢，推進江海直達，實現長江水運通關便利化，推進電子口岸建設，解決內陸地區對外開放「瓶頸」制約。逐步擴大基礎設施和重點行業的市場准入，建立適應對內對外開放的投資體制和激勵機制。加快改善三峽庫區和貧困山區的開放開發環境，對農、林、牧、漁業項目，國家重點扶持的公共基礎設施項目，建立相應的區域性物流園區。符合條件的環境保護、節能節水項目等優先給予相應的稅收減免。

9.3.2.2　重慶市建設區域性物流中心面臨的約束條件

(1) 體制約束。在經濟領域中，部門分割的問題、地區分割的問題是阻礙包含綜合物流中心在內的物流大系統得以建立和完善的重要原因。在對一些大城市的調查中，發現中國重要的大城市在制定一個世紀的發展規劃時，公路交通部門在規劃自己的各級樞紐和物流中心，鐵路部門也在規劃自己的貨運站、場及線路、編組站，而很少有統籌幾個方面的綜合規劃。

(2) 條塊分割和區域封鎖約束。條塊分割和區域封鎖是區域物流中心建設的兩個最嚴重的約束。物流中心所賴以生存和發展的基礎環境是專業化分工和協作，而條塊分割和地區間區域市場封鎖的存在卻嚴重制約著物流中心的建設和發展。商品流通過程中形成地區市場封鎖現象的原因是十分複雜的，其中有中央與地方、地方與地方、政府與企業等若干經濟主體的利益交織在一起，對物流中心的重大影響表現在：地區市場封鎖造成了產業結構的不合理：一是工業和農業結構不合理；二是基礎產業和加工工業結構不合理；三是產業結構趨同化，導致城市間物流商品配送同質化現象突出。據不完全統計，中國中部和東部工業結構相似率為93.4％，西部和東部工業結構的相似率為93.5％，西部和中部相似率為97.9％。這種不合理性降低了地區間的比較優勢，減少了商品流通的規模，使物流中心滿足消費者需求和慾望的差異性不明顯，增加了物流中心開展業務的難度，削弱了物流中心可能帶來的比較利益。

(3) 社會化程度約束。中國物流配送業的發展水準低主要表現在物流配送企業的「小」和「散」，社會化、組織化程度低，在物流配送的各環節上銜接配套差，服務功能不完善，生產企業、流通企業和物流儲運企業中的「大而全」、「小而全」現象和思想仍然存在。物流企業大多數規模較小，缺乏覆蓋面較廣的物流配送服務網絡。

(4) 信譽約束。目前中國的物流中心規模尚小，還遠遠沒有實現規模經營，因此而帶來的信譽問題是不可避免的。生產企業寧願自己承擔物流活動，而不放心把自己的產品交給物流公司進行加工配送。

此外，由於生產規模、品牌、價格等因素的制約，重慶產品輻射區域還不夠廣大。物流管理條塊分割仍未根本改變，倉庫點多分散規模小，貨運零星迂迴開支大，物流效率偏低，物流成本偏高。在市場日益全球化，世界500強企業中已有400多家搶灘中國市場的背景下，中國物流企業規模小、競爭力弱的劣勢顯得十分突出。重慶囿於「組團式」結構，倉庫運輸設施規模小、佈局分散的矛盾更加突出。再加上加入世界貿易組織後外國物流商對中國的衝擊，更突出了建設區域性物流中心的必要性和緊迫性。

9.4 案例評析

9.4.1 結合重慶市市情特徵及經濟發展水準

重慶是國家實施西部大開發戰略中長江上游經濟帶的重要組成部分，作為直轄市，重慶具有很強的特殊性，地域範圍廣，自然地理、社會經濟狀況差異大，大城市與大農村並存，經濟社會發展「二元結構」特徵顯著。為實現「努力把重慶建設成為長江上游的經濟中心」的總體目標，必須結合重慶實際，因地制宜，實施多元化的區域發展戰略，規劃建設都市發達經濟圈、渝西經濟走廊、三峽庫區生態經濟區三大各具特色的經濟區。三大經濟區的劃分，主要依據全市各區縣（自治縣、市）的自然及經濟地理特徵和經濟社會發展現狀，遵循勞動地域分工和區域經濟發展的客觀規律，按照長江上游經濟中心的功能要求等因素綜合確定。經濟區域的界定是一個大體的範疇，發展也是一個動態的過程，隨著經濟社會的發展變化，三大經濟區的邊界範圍是可能發生變化的。

重慶是中國幅員最廣、管轄行政單元最多的直轄市，規劃建設的三大經濟區的經濟和社會狀況差異很大，具有不同的特徵。據國家統計局和重慶市統計局統計。2010年，重慶市GDP總量為7,890億元。重慶現轄19個區，17個縣，4個民族自治縣。重慶人口總量為3,144萬人，2010年人均GDP為25,095元。

2011年，重慶市生產總值預計增長13.5%，一般預算收入增長15%，城鄉居民收入分別增長13.5%和18%，居民消費價格總水準漲幅控制在4%左右。

事實上，早在10年前，重慶市對未來經濟發展就規劃了宏偉藍圖，據2001年重慶市發展規劃測算的當時都市發達經濟圈，總面積5,473平方公里，占全市土地面積的6.6%。2000年末總人口538.1萬人，占全市總人口的17.4%，人口密度為每平方公里983人，是人口高度稠密區。國內生產總值580.6億元，占全市總量的38.2%，人均國內生產總值10,790元，城鎮化率達79.8%。總體上，都市發達經濟圈已初步具備領先中國西部地區發展的基礎條件。

表9-1　　　　　　　　　　2000年重慶市及三大經濟區發展狀況表

指標	面積		人口		國內生產總值		人均國內生產總值	城鎮化率
地區	萬平方公里	比重（%）	萬人	比重（%）	億元	比重%	元/美元	（%）
全市	8.2	100	3,091.1	100	1,589.3	100	5,157.0/621	33.1
都市發達經濟圈	0.5	6.6	538.1	17.4	580.6	38.2	10,790.0/1,300	79.8
渝西經濟走廊	1.9	22.8	995.4	32.2	471.8	31.0	4,739.8/570	26.5
三峽庫區生態經濟區	5.8	70.5	1,557.6	50.4	467.6	30.8	3,002.1/361	18.0

1. 數據來源於《重慶統計年鑒2001》和《重慶市2000年第五次人口普查快速匯總資料匯編》。
2. 按第五次人口普查數據計算的都市發達經濟圈、渝西經濟走廊和三峽庫區生態經濟區的人均國內生產總值分別為9,429元/1,136美元、4,988元/601美元、3,140元/378美元。

渝西經濟走廊，總面積18,828平方公里，占全市土地面積的22.8%。2000年末總人口995.4萬人，占全市總人口的32.2%，人口密度為每平方公里529人。國內生產總值471.8億元，占全市總量的31%，人均國內生產總值4,739.8元，為全市平均水準的91.9%。城鎮化率26.5%。該區整體經濟社會發展水準與中國西部地區平均水準相當。

三峽庫區生態經濟區，面積58,102平方公里，占全市的70.5%。2000年末人口1,557.6萬，占全市的50.4%。國內生產總值467.6億元，占全市總量的30.8%，人均國內生產總值3,002.1元，為全市平均水準的58.2%。城鎮化率為18.0%。該區整體經濟社會發展水準與中國西部發展滯後地區相似。

都市發達經濟圈是長江上游經濟中心的核心區，渝西經濟走廊和三峽庫區生態經濟區形成都市發達經濟圈的左右兩翼經濟腹地。都市發達經濟圈作為重慶經濟的制高點，是技術創新和制度創新的核心區域，通過資本、技術、人才、信息等要素資源的聚集、輻射作用，發揮「一點帶兩翼」的功能，推動整個重慶的經濟和社會的發展。渝西經濟走廊和三峽庫區生態經濟區是重慶經濟的特定功能區。渝西經濟走廊將大力建設產業密集帶和中小城市密集區，通過強化其與四川、貴州經濟社會聯繫的紐帶作用，促進重慶經濟向西、向南、向北輻射，成為重慶經濟增長的重要支撐。三峽庫區生態經濟區是重慶經濟社會可持續發展的重要保障，是支撐重慶長遠發展的重要經濟腹地，作為重慶與中國東部和中部地區聯繫的交通要道，對重慶實現東、中、西聯合，共謀發展具有獨特的重要作用。

9.4.2 重慶市區域性物流中心戰略規劃的主要內容

9.4.2.1 區域性物流中心規劃應考慮的因素

隨著城市的發展，物流量的不斷增加，區域性物流中心的功能變得日益複雜。物流中心的功能既能實現城市的宏觀物流又滿足微觀物流的需要。這樣對物流運輸的順暢化就提出了更高的要求，可以利用鐵路、公路、水路運輸實行貨物的集散，完成物流中心到終端客戶的物流配置，調節、平衡區域性物流中心之間的供需矛盾。

區域性物流中心是多家物流中心在空間上集中佈局的場所，是具有一定規模和綜合服務功能的物流集結點。其大都佈局在市中心區邊緣或市區邊緣、交通條件較好、用地充足的地方。為吸引物流企業在此集聚，區域性物流中心在空間佈局時還要考慮物流市場需求、地價、交通設施、勞動力成本、環境等經濟、社會、自然等多方面因素，規劃區域性物流中心時主要考慮以下四個方面的因素：

（1）城市基礎設施和交通佈局整體規劃。城市內交通狀況是區域性物流中心選址時的首要考慮因素。主要考慮鐵路、公路、水路的現時佈局，至少要有兩種以上運輸方式連接。城市交通發展規劃也是選址時需要涉及的主要因素。從現階段看，進出城市的一次運輸主要由鐵路、公路、水路、航空等承擔，城市二次運輸的主動脈是公路。鐵路、公路、航空在城市建設城市物流中所占的份額也是物流中心選址考慮的因素之一。區域性物流中心要建在交通樞紐中心地帶，能對城市間宏觀物流與城市內的微觀物流起到很好的銜接作用。截至2007年，重慶目前已經建成成渝、渝長、長涪、渝黔等12條高速公路，高速公路通車里程748公里，「一環五射」基本形成。內河航道也得到了極大地改善。按照重慶市交通規劃，到2010年，建成「二環八射」高速公路

2,000公里，縣際聯網高等級公路3,000公里，新建、改造農村公路40,000公里。水路方面，到2010年初步建成以長江、嘉陵江、烏江「一干兩支」高等級航道為骨架，主城、萬州、涪陵「三樞紐」港區為中心的內河航運體系。

（2）城市商圈佈局及消費需求。對生產型企業，因產品生產的標準化程度高，對原材料的需求具有可預見性，所需主要原材料較具規模，可採用一次運輸直達的方式；對一些輔助材料，因需求不成規模，需物流中心進行流通加工並配置。對處於主要供應鏈上下游聯繫緊密的企業，可建立專業化的物流中心，協調其原材料供應、產品銷售有關的物流活動，外購材料、外銷材料、外購產品、外銷產品的比重等是影響物流中心選址的重要因素。對處於國家東西部物流通道中的重慶市，還要考慮過境物流的中轉作用。按照建成長江上游商貿中心目標制定的《「十一五」全市商貿流通產業綜合發展重點專項規劃》，全市將加快商圈建設，逐步新建南岸茶園、西永、大渡口城區、渝北兩路、巴南魚洞、北碚城區6大商圈。逐步實現30條特色商業街，重慶將進一步夯實全市商貿流通的基礎，進一步改善消費環境，促進消費快速平穩增長。目前，城鎮居民消費結構持續升溫，汽車、住房、餐飲、醫療保健、高檔服裝等消費熱點較為集中，發展型消費進一步加強。重慶市進一步加強了區域商圈、專業特色街、專業市場建設的開發力度。

（3）生產資料市場建設發展的需求。建材、原煤、鋼材、冶金、化工和能源等，這些專業化的市場可設立與之相適應的物流配送中心。重慶工業整體增長能力有所提高，一是汽車、摩托車支柱產業可望保持平穩快速增長；汽車產業生產能力提升，在需求拉動下有望保持快速增長，重慶市摩托車產品針對性、競爭力較強，推動其快速增長。二是冶金、化工、能源等資源性行業呈現加速發展態勢。三是資源性產品處於價格上調期，有利於刺激資源性產業加快發展。裝備技術水準不斷提升趨勢為重慶市裝備製造業發展創造了更好的條件，有望形成多點支撐工業的發展格局。諸如：加大風力發電成套設備開發力度、軌道交通車輛製造、通用環保、機床工具和電工電器等。

（4）城市的集聚和輻射功能規劃。隨著《都市區城市總體規劃》的實施，都市發達經濟圈的發展空間將會得到進一步拓展，發展後勁得到加強，對人才、資源的凝聚力增強。都市發達經濟圈輻射狀交通主骨架的基本形成，市政基礎設施的日漸完善，其在區域經濟發展中核心作用將會日益凸顯。對外集聚和輻射功能不斷增強，必將實現都市發達經濟圈的快速發展，扮演好重慶經濟發展的「領頭羊」角色。比如：渝西經濟走廊自然條件優越，產業基礎較好，城鎮密集，工業化、城鎮化進入加速發展階段。一批特色工業園區正在加快發展，一批規模農業基地正在形成，已經形成一定規模的機械製造、紡織制鞋、礦產加工、食品、建材、飼料、獸藥等產業，渝西經濟走廊發展的內生性動力開始激發。所以，城市規劃發展目標中，是否有交通上大的變化，產業結構是否要按地域調整，居住環境是否會有大範圍地域調整變化，在區域物流中心建設時是否占據主動地位等都是區域性物流中心規劃必須考量的。

9.4.2.2　重慶市區域性物流中心的規劃建議

按照國家依託重要交通幹線，發揮中心城市的集聚功能和輻射作用，以線串點，以點帶面，實行重點開發，促進長江上游經濟帶的形成，帶動周圍地區發展的區域發展思路，重慶三大經濟區的經濟和社會發展空間佈局，主要採取「點軸」開發模式展開。總體格局是：以都市發達經濟圈為核心點，以滬蓉高速公路、長江為主幹軸線，

以縱橫交錯的交通干線為聯動軸線，帶動東西兩翼發展，形成依託特大城市、區域性中心城市、小城鎮，城鄉互動協調發展的網狀開發態勢。都市發達經濟圈形成以主城區為內核，外圍都市圈為遞延拓展的放射狀發展格局。渝西經濟走廊形成沿成渝高速公路和成渝鐵路軸線、渝黔高速公路及渝黔鐵路軸線、渝合高速公路和遂渝鐵路軸線「三線」展開的帶狀發展格局。三峽庫區生態經濟區形成沿滬蓉高速公路和三峽庫區水道軸線、渝懷鐵路和319國道軸線「兩線」展開，以萬州、長壽、涪陵、黔江「四點」為依託的塊狀發展格局。

根據三大經濟區的規劃建設的發展戰略，建議建設一個與其相適應的區域性物流中心：

（1）打造區域性綜合物流中心。結合重慶的特點，建議重慶的區域物流中心定位於將鐵路貨站和公路運輸貨站集約在一起的綜合物流中心，同時兼顧港口碼頭的需要。這是一個實用性強、能發揮綜合效益的綜合物流中心。並且建設五種運輸互動互補的現代化運輸平臺。應抓住三峽大壩蓄水帶來的機遇，加快九龍坡、寸灘和萬州、涪陵等主要港口、集裝箱運輸、汽車滾裝運輸等新型碼頭的擴建新建，為拓展「江海」、「水鐵」、「水公」聯運創造條件。同時，抓好鐵路、水路、公路、航空、管道五種運輸方式的優勢整合，協調發展，讓現代物流在重慶順暢地流起來。

（2）著力培育倉儲型物流中心。重慶市政府在1996—2020年遠景規劃中已將上橋一帶規劃為今後的物流倉儲地區，市政府將交通基礎設施建設作為今後相當長一段時期內的重要工作。重慶主城區綜合物流中心應主要考慮公路、鐵路、水路的綜合佈局。建議在上橋—九龍坡一線選址，依託公路、鐵路、水路，毗鄰交通節點。可首先考慮在上橋附近建設物流中心，它在位置上可與火車的西、南兩大編組站，成渝高速、渝長高速、九龍港在位置上實現物流對接，是對大宗貨物進行集散處理的理想位置，目前在該地區已有相對集中的倉儲設施。過境物流主要表現為陸路與水路的銜接；未來的發展必然增加航空的物流需求，著力打造江北機場航空貨運物流，並在重慶大學城西永微電園建設與航空、陸路相適應的西部物流中心。

依據重慶市中期發展規劃，結合近期交通建設及企業現有佈局，加強在江北規劃建設物流中心的力度。具體位置可以在人和立交橋、童家院子立交橋以北，與新建的渝懷鐵路、新建設的出境高速公路及航空相銜接。綜合公路、鐵路、航空的各自特點，發揮多品種、快速、低成本的優勢。根據重慶發展的需要，在適當的時候，主城區可考慮在南坪一帶建立大型綜合物流中心，為配合東西兩個經濟帶的發展，需考慮在萬州、永川建立與之相適應的綜合物流中心。

（3）針對區域經濟特點，建設多個區域性物流中心。重慶物流建設要揚長避短，規模適度，其定位是「長江上游物流配送中心」。其發展重點是建設以五個物流基地為骨架的多元化物流中心。根據重慶市發展規劃，圍繞交通樞紐、商貿中心、工業園區，全市可考慮建設五個物流基地：①九龍坡物流基地，含灘子口、大渡口、伏牛溪等地區。②沙坪壩物流基地，含大學城西永物流基地等。③兩江新區物流基地。④萬州物流基地。⑤涪陵物流基地。這些物流基地涉及的行政區域可以交叉、協調發展。各基地內的網點佈局要從實際出發，實行「三個結合」，即綜合性、專業性物流配送中心相結合，區域性物流中心和市內配送中心相結合，貨物聯運站和專業配載點相結合，可以依託儲運發展交易市場，依託信息平臺發展電子商務物流。

9.4.3　重慶市區域物流中心建設注意事項及管理程序

9.4.3.1　政府要加強宏觀指導

在物流體系規劃與建設中，政府必須加強宏觀指導。一是在網點佈局與選址上要根據重慶市生產力佈局、商品流向、交通運輸及城市發展的狀況進行統一規劃；二是對不符合城市整體佈局要求的物流建設要嚴格控制，對符合發展規劃要求的社會化服務的新建物流企業要給予資金、稅收等政策上的支持。

（1）做好區域性物流中心的總體規劃和內部規劃。政府部門應當重視發展現代區域性物流中心的重要作用，研究制訂物流中心的發展規劃，在主要交通樞紐形成一批大型物流中心，並為加快物流配送業的現代化，出抬必要的引導、扶持政策。不能一窩蜂地到處建設，分散投資，重複建設。物流中心內部也要做好功能規劃和區域內的物流整合和改造。

（2）加快物流基礎設施的建設，積極進行物流技術改造。從總體上看，物流倉儲設施普遍比較陳舊落後，20世紀五六十年代建造的倉儲設施現在仍在使用，而且倉儲物流設施結構不合理，貨場低檔通用庫多，適合當前社會經濟發展要求的冷藏、調溫等專用庫少。應當加快物流配送基礎設施的建設和技術改造，鼓勵和吸引社會各方投資物流行業，政府也應增加這方面的投入，對物流基礎設施建設給予一些低息或貼息貸款支持。

（3）加快物資、商業批發企業的轉型改制，完善物流功能。考察目前國外先進國家的貿易、批發企業。單純做商流業務的很少，多數規模較大、實力較強的批發貿易企業具有物流配送功能，如日本的菱食株式會社就是將批發貿易與商品物流配送結合在一起的。商品批發企業、物資流通企業應認清這一發展趨勢，進行行銷方式改革，實現經營方式的轉換，積極完善物流配送服務功能，利用自身條件或組織社會資源開展商品物流配送業務，以滿足客戶的需要。

（4）注重研究開發物流技術和裝備，降低物流成本，提高物流中心的工作效率。

（5）積極引進外資，推動中外合資物流企業的發展步伐，以引進國外先進物流技術和管理經驗，帶動物流業的發展，提高物流業的現代化水準。

（6）擴展區域性物流中心的功能和規模，加快建立物流業的信譽等級制度。

9.4.3.2　物流資源整合

運用現代物流的信息化手段、現代管理理念，對原有物流資源進行整合，打破條塊分割，發展多式聯運，大力培育和吸引第三方物流企業，推進現代企業物流體系的建設。

在規劃的區域物流中心內，可以通過尋找利益的平衡點，把大型生產企業、大型商業企業、倉儲企業和專業運輸及個體運輸企業現有的設備、場地以各種不同的方式聯合起來，按原材料、商品的共性對原有倉儲運輸資源進行整合改造和功能定位，利用信息技術手段對傳統產業進行升級改造，引入現代物流管理模式，組建若干個專業化的新型的物流中心，協調進出城市的物流配送及其管理，逐步形成完善的物流服務體系結構。

這種物流服務體系可以分為兩種類型，一類是在現有倉儲、運輸企業的基礎上，以大中型生產企業為依託的生產原材料供應、商品庫存、產品發運式物流中心；另一

類是在現有商品批發市場的基礎上，以零售商業網點為依託的配送中心。通過市場的調節，對具有共性的企業，可採用合作、聯營、兼併、股份制等多種方式來組建物流中心。也可採用由第三方物流企業來承擔物流業務。專業化的第三方物流可以優化物流成本，提高物流時效，同時有利於協調各行業條塊分割的矛盾。據普查資料顯示，重慶流通領域內營業性倉庫多達 212 萬多平方米，其中 60% 以上位於交通樞紐和貨物集散地，是發展物流產業重要的物質基礎。深化體制改革，打破條塊分割，地理區位相近、優勢互補的倉庫、貨運站企業可組建物流集團。例如，興建於 20 世紀 80 年代的上橋倉庫群，就可以通過股份制進行資產重組，有步驟地將各種資源加以整合。第一步，將市商委系統的兩個倉庫、市供銷社系統的 5 個倉庫，分別組建為各自系統的物流中心。第二步，衝破商、供界限，運用先進的物流技術和設備，組建為「重慶商貿物流中心」。同時，可通過企業興辦，政府扶持，加緊培育以重慶區域性產業結構調整和產品結構調整為基礎的鋼材配送中心；以城市商圈和消費需求拉動為基礎的零售業配送中心；以茄子溪冷庫為基礎的鮮活食品配送中心；以新華書店集團灘子口倉庫為基礎的文化商品配送中心等。這樣可以在時間短、投資少的情況下，迅速提高重慶物流產業的競爭力。

9.4.3.3 重視進、出城市物流的規劃和建設

重慶主城區進出物流主要是以陸路，水路交通為主要運輸載體，長期以來重視線路而輕節點建設，鐵路、公路、水路都在各自的節點中處置貨物，而節點相互之間則處於脫節狀態。從物流發達國家的經驗來看，各種綜合運輸方式的關鍵是不同運輸方式的有效銜接。從物流的流向來講，流進城市的物流是由城市間物流經物流中心到配送中心，再到用戶；對流出城市的物流，是由用戶到物流中心，再到城市間物流。可見，物流中心對流出城市的物流起集合物流的作用；對流入城市的物流起分散物流的作用；在貨物流動的過程中起到信息管理的作用；對過境物流起到低消耗、快速銜接的「接口」作用。因此物流網絡中節點的建設，即綜合物流中心的規劃和建設應該是重慶物流規劃的一項非常重要的基礎工作。

9.4.3.4 構建城市物流網絡系統平臺

重慶市電子商務與物流的戰略發展規劃，確定了全市國民經濟和社會信息化的總體目標，加快了全市信息化的建設和發展，為企業的信息化提供了良好的基礎。重慶市大力開展 B to B、B to C 等電子商務與物流工作平臺建設。但目前政府的電子商務平臺環境主要是側重於信息流和資金流的管理，對物流現階段發展還不能很好的支持。因此，由政府出面建設城市物流系統網絡平臺，與電子商務平臺實現對接或在原電子商務平臺的基礎上集成能滿足用戶需求的物流功能的模塊，與各大物流中心、相關企業聯網互動，實現物流信息的互通共享，這是發展現代物流必需的環境。

9.5　實訓討論題

一、重慶市區域性物流的發展才剛剛起步，非常需要政府給予一定的優惠政策扶持。其理由是什麼？

分成若干小組討論，形成基本觀點，提煉大家討論的看法和觀點。這是因為：

（1）由於物流內容龐雜，交叉性強，涉及的部門較多。對基礎設施的依賴性較強，而大多數物流基礎設施項目具有投資大、建設期長、回收期長和利潤率低等特徵，因此在建設階段要利用政府政策來引導市場機制，使其充分發揮作用。

（2）目前看來，物流營運成本較高，基本都處於盈虧平衡點上的物流運作，而承包方還常常壓價過低，因此想讓這個行業繼續發展並吸引現代物流企業進入，必須在稅收、資金等方面給予一定的優惠政策。

（3）物流行業雖然從目前來看並不是創利大戶，但是它創造的隱性效益很大。比如它為其他產業的發展創造規模效益，降低運作成本、有利於專業分工等，而且從長遠看，物流業是創造高附加值的產業，是今後企業利潤的新增長點，所以政府也應該在其發展初期給予優惠政策。特別是在物流基礎設施建設與物流裝備更新的融資政策上、在物流基地的土地使用政策上、在物流服務及運輸價格政策以及工商登記管理政策上採取一些有利於物流產業發展的支持性措施。

包括：①依據對基礎設施投資和新興產業的優惠政策，在一定時期內對現代物流業的企業所得稅實行減免。②對於新選址的區域性物流中心，政府應該對這片規劃的土地實行一些優惠政策來吸引企業，並承擔建設項目的前期開發。要利用相關政策協調各單位之間的關係，爭取能夠成片開發。③傳統的物流企業在進行改造時會面臨資金方面的困難，在符合政策的前提下，應該支持企業進行多方面的融資和集資，銀行和其他金融單位可以提供一些優惠的信貸支持，來幫助企業轉型。④建立現代物流發展基金，為現代物流項目提供資金支持。充分發揮銀行及保險業在扶持現代物流企業發展中的槓桿調節作用。銀行可以入股參與物流項目建設，為物流企業的應收帳款建立銀行結算制度。對能夠促進加快商品流轉、縮短商品流通週期和降低流通成本的項目，只要符合貸款條件，且能夠提供合法有效的擔保，不論所有制性質均可發放固定資產貸款予以支持；對列入市屬重點項目庫的項目，應該優先支持。⑤鼓勵引進能夠提高物流效率的高新技術，對促進提高物流速度、加快商品流通而使用的先進技術和設備的企業和項目，金融機構要積極提供買方信貸，合理安排資金，及時發放貸款。⑥對企業改進經營管理水準，通過降低物流成本，減少資金占用，促進虧損企業扭虧減虧的，只要還款有保障，商業銀行可根據實際情況，比照對國有虧損企業和外貿企業「封閉貸款」的做法，發放流動資金貸款予以支持。鼓勵有發展潛力、市場前景好的物流企業面向社會融資，允許經批准的物流企業發行企業債券。⑦入駐企業可以充分利用物流園區的信息網絡、各企業信息中心以及全國其他地區的物流園區的信息聯絡網絡，獲得廉價的物流信息諮詢和信息支持；可以利用園區的物流積聚效應，降低企業的物流運作成本。⑧定期舉辦物流培訓、商品展示、會展等，為入駐企業培養人才、吸引客戶，提高物流需求。

二、當前政府應怎樣建立市場和行業規則，確保物流市場的正常運轉。大家討論並歸納主要觀點。

（1）市場准入規則。對於物流企業，至少應具有提供兩種以上物流功能的基礎設施，並在此基礎上提供增值服務；物流企業的註冊資金應與經營範圍相適應；對於物流諮詢企業，應從人員素質、現代化設備和信息化水準等方面提高准入限制。

（2）服務質量規則。為保障接受物流委託方的權益和物流市場的健康運行，政府應建立物流服務的質量標準及行業規範，包括物流服務的質量標準、物流企業質量保

障制度、物流服務的監督體系設置、客戶投訴處理制度和公布有關物流服務內容的一系列規定。

（3）物流技術和服務標準。物流服務標準化包括：物流企業對客戶的反應速度和配送速度標準；服務質量標準；物流企業為客戶提供的貨物跟蹤與查詢服務；對例外運輸、緊急運輸等非常規運輸實施標準化；在運輸中交通事故、貨損、丟失與發送錯誤和在保管中變質、丟失、破損等的賠償標準等。在制定這些有關標準的法律法規時，一定要注意同物流企業和物流協會的溝通，才能使這些法律具有可操作性。促進物流系統的標準化，提高各個環節之間的兼容性，是使物流系統作業合理化、規範化，物流活動高效、順暢的必要條件。物流標準包括技術標準和服務標準兩個方面。技術標準包含硬件、軟件標準。硬件標準是指物流運作過程中的相關機具、工具的標準及配套標準，從一個作業程序轉向另一個作業程序的銜接標準，如倉庫、堆場、貨架的規格標準、信息系統的硬件配置標準等。物流軟件標準是指物流信息系統的代碼、文件格式、接口標準等，以及物流的操作程序與規範等。

（4）市場行為準則。由於現代物流業涉及多部門、多行業的管理，政府當前要制定一部綜合性、跨行業、跨部門的物流法規以規範物流市場行為，統一市場標準。各部門本著政企分開的原則，修改完善現有的行業法規，重點是壓縮、規範審批權限，為物流企業創造一個公平、公正、公開競爭的市場環境；制定促進物流園區建設的地方法規，從微觀角度規範物流園區與貿易、運輸等管理部門的關係及其業務操作過程。

良好的政策環境是物流發展不可缺少的「助推器」，在政府的政策扶持下重慶市區域性物流中心的建設和發展之路會越走越寬。

三、區域性物流戰略規劃的制定過程及其管理步驟是什麼？

任何物流系統中的每一個環節都需要進行規劃，物流戰略規劃必須與其他的組成部分相互銜接與平衡，如圖9-1所示。

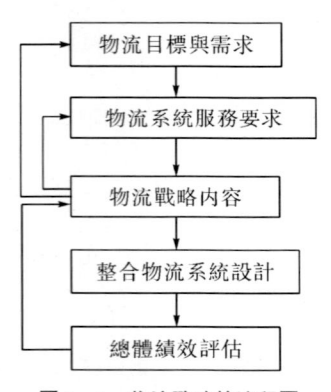

圖9-1　物流戰略的流程圖

物流戰略規劃試圖回答做什麼、何時做和如何做的問題，涉及三個層面：戰略層面、戰術層面和操作層面。它們之間的主要區別在於計劃的時間跨度。戰略層面的計劃是長期的，時間跨度通常超過5年。戰術層面的計劃是中期的，一般短於3年。操作層面的計劃是短期決策，是每1年都要頻繁進行的決策。決策的重點在於如何利用物流渠道快速、有效地運送產品。

各個規劃層次有不同的視角。由於時間跨度長，戰略計劃所使用的數據常常是不完整、不精確的，數據也可能是平均數據，一般只要在合理範圍內接近最優，就認為規劃達到要求了。而運作計劃又該如何呢？請大家認真討論區域性配送中心的管理問題，其要點如下：

（1）區域性配送中心管理的內容；
（2）區域性配送中心管理的目標；
（3）區域性配送中心的模式及其流程；
（4）區域性配送中心的崗位設置；
（5）收貨與存貨管理；
（6）送貨與退貨處理；
（7）成本管理；
（8）設備管理。

參考文獻

1. 夏文匯．物流戰略管理［M］．成都：西南財經大學出版社，2006．
2. 夏文匯．現代物流運作管理［M］．2版．成都：西南財經大學出版社，2010．
3. 汝宜紅，等．配送中心規劃［M］．北京：北方交通大學出版社，2002．
4. 重慶市經濟信息中心，重慶市綜合經濟研究院．重慶2007年經濟展望［M］．重慶：重慶出版社，2006．
5. 張遠昌．物流運籌與流程再造［M］．北京：中國紡織出版社，2004．
6. 單汨源．現代物流管理［M］．長沙：湖南大學出版社，2003．
7. 黃中鼎．現代物流管理學［M］．上海：上海財經大學出版社，2004．
8. 米勒．戰略管理［M］．3版．何瑛，等，譯．北京：經濟管理出版社，2004．
9. 戴維．戰略管理［M］．8版．李克寧，譯．北京：經濟管理出版社，2001．
10. 詹姆斯·R.斯托克，道格拉斯·M.蘭伯特．戰略物流管理［M］．邵曉峰，等，譯．北京：中國財政經濟出版社，2003．
11. 趙慧英，等．組織設計和人力資源管理［M］．廣州：廣東經濟出版社，2003．

第 10 章
災害性事件應急物流管理案例[①]

本案例運用應急物流理論中涉及的物流供需理論、供應鏈理論和物流配送理論等基本概念、原理和分析方法，對災害事件應急物流呈現的供應鏈模式的特殊性、庫存水準、應急物資優化配送的特殊性、車輛調度的盲目性與強制性、設施選擇的全局性和有效發揮逆向物流作用等特點及物流業發展良性互動展開分析與研究，具體分析快速發展現代物流業為支撐災害性事件應急物流創造的條件，建立應急物流與物流業發展良性互動的決策系統。其決策系統包括應急物流組織管理系統、應急物流供應系統、應急物流運輸配送系統、應急物流支撐系統和應急物流科學研究系統。並分析災害性事件應急物流的功能定位，經濟全球化對應急物流本身的影響，國外應急物流業的構成和發展現狀等對災害事件應急物流系統形成與發展的重要影響。針對中國應急物流具有以行政命令為主要手段、物流運作成本和代價高昂的特點；應急物流配送指標體系不健全，配送方式欠靈活，交通運輸存在較大困難；應急物流配送制度建設不合理；應急物流信息化程度偏低，難以滿足應對緊急狀態的要求；應急物流指揮體系不完善等方面存在的主要問題及原因，提出了構建災害性事件應急物流保障機制的對策及政策建議，主要包括建立監測預警及應急物流預案機制、全行業物流動員機制、政府協調機制等八大保障機制。其案例研究成果對應急物流管理具有重要的理論與實踐意義。

10.1 從 2008 年「5/12 汶川大地震」審視中國應急物流管理

2008 年「5/12 汶川大地震」是新中國成立以來影響最大的一次特大地震，震級是自 1950 年 8 月 15 日西藏墨脫地震（8.5 級）和 2001 年昆侖山大地震（8.1 級）後的第三大地震，直接嚴重受災地區達 10 萬平方公里。這次地震危害極大，共遇難 69,227 人，受傷 374,643 人，失蹤 17,923 人。其中四川省 68,712 名同胞遇難，17,921 名同胞失蹤，共有 5,335 名學生遇難，1,000 多名失蹤。直接經濟損失達 8,452 億元。

四川汶川特大地震發生以後，災區人民的家園、道路交通都被嚴重破壞，物資短缺、通信不暢通，嚴重影響到災民的日常生活。黨中央、國務院及各級政府及時採取

---

① 第 10、11 章案例是根據作者主持研究的 2008 年重慶市哲學社會科學規劃課題的研究成果改編而成。

有力措施，全力投入抗震救災工作，但災後道路破壞嚴重使救災工作難以推進。為盡快進入重災區救人，保障道路暢通、保障救災人員和物資以最快速度調運災區，成為當時抗震搶險的首要任務。在這次抗震救災中，應急物流及其保障機制發揮了重要作用。據交通部門統計，截至 2008 年 8 月 14 日，四川省共投入應急物流保障貨車 4.47 萬輛，開行 7.13 萬次，運送搶險救災物資約 43.59 萬噸。地震發生之後，中國地震局迅速啓動應急專項預案，啓動了中國地震救援隊，組建了 180 人的應急物流隊伍，趕赴現場實施緊急救援。其他相關部門也都迅速採取了行動：中國國家減災委緊急啓動一級救災應急回應；中國衛生部、交通運輸部、公安部、教育部、外交部等部門以及中國醫療、通信等機構，都在第一時間投入了這場搶險救災活動中。國家第一時間成立以溫家寶總理為首的抗震救災應急搶險指揮領導小組。領導小組下設道路搶通組、運輸保障組、後勤服務組、綜合組和恢復重建組。全國鐵路、公路、航空上下多式聯動多拉快跑，搶運物資，轉運傷員支援災區。這些突出成績彰顯出中國政府處理危機事件的應變能力，也反應中國應急物流管理體系和應急供應鏈物流能力在災害性事件中發揮出的重大作用。

　　就這次地震事件的應急物流保障而言，成績是突出的，但在應急供應鏈物流管理體系方面還暴露出諸多問題及不足。首先，中國在相關應急物流法律體系的建設方面幾乎還是空白，物資、運輸設備等的徵用、分配原則等方面還不明晰，容易引起爭議。這就要求關於救災物資、車輛等的徵用、無償或有償的使用，需要盡快出抬相關的法律規定。其次，應急物流是否能夠高效地達到預期的目的，具體到物資配送、分送都應該有一個統一的調度，即設置一個配送中心。這個統一調度未必是一個固定的、實物的中心，也可以建設一個信息化網絡平臺的虛擬中心。通過信息平臺，把需要的物資和能夠提供的物資，進行適時統一的調配。另外，震災物資配送過程的應急能力、應急回應機制和應急物流信息化處理能力等方面的綜合應急物流體系的營運也暴露出不同程度的缺陷和問題。如：應急物流作業流程混亂、物流信息技術與標準缺失較多、供需信息不對稱、運輸組織與庫存管理等物流環節落後、應急物流數據庫不健全等。目前，國家發展與改革委員會委託中國物流與採購聯合會承擔了「中國應急物流體系建設研究」課題，這足見相關政府部門已把對應急物流的研究提升到了新的高度。

　　災害性事件讓我們意識到物流業作為一個基礎性服務行業的重要性。無論企業的生產，還是人民的生活，都離不開應急物流保障機制的支持。物流在救援中扮演著不可或缺、不可替代的重要角色，它是影回應急管理工作成敗的關鍵因素，是成功應對突發公共事件的基礎。

10.2　國內外研究狀況和意義

　　應急物流是指以提供重大自然災害、突發性公共衛生事件及公共安全事件等突發性事件所需應急物資為目的，以追求時間效益最大化和災害損失最小化為目標的特殊物流活動。應急物流與普通物流一樣，由流體、載體、流向、流量、流程、流速等要素構成，具有空間效用、時間效用和形質效用。普通物流既強調物流的效率，又強調物流的效益，而應急物流由於其自身的特殊性，在許多情況下是通過物流效率的實現

來完成其效益的實現。尤其是2008年「5/12汶川大地震」災害事件，對應急物流的保障機制提出了更高的要求。那麼重慶物流在災害性事件的應急處理能力方面應扮演何等角色，又彰顯何等地位呢？重慶地處長江上游和中西部結合帶，承東啓西，是撬動「連接中國11個省、市、區，跨越東、中、西三大經濟帶，輻射近4億人口的長江流域」這一槓桿的支點。根據中國經濟「弓箭」戰略設計，重慶正處於弓箭的擊發點上，無疑對應急物流管理有著很高的要求。隨著重慶「314」戰略的全面實施，重慶經濟將呈上升勢頭，這必然會帶來極其巨大的物流量，其中必然有相當部分物流因重慶的區位優勢而選擇重慶作為中轉站，從而對重慶應急物流機制的建設提出更高的要求。

10.2.1 國內外研究狀況

10.2.1.1 國內外研究狀況

應急物流最早產生於軍事物流，美國學者對應急物流的研究起步比較早。1992年卡特（Carter）[1]將應急物流描述為以正確的數量、順序、地點與時間將救援物資運達目的地的行為。應急物流在應急管理中非常重要，主要表現在需要通過多種運輸方式運輸大量的物資以保障災區災後回應、處置、重建的救援物資需求。托馬斯（Thomas）在文獻「Supply Chain Reliability for Contingency Operations」[2]中提出應急物流是由包括籌集、分發、儲存、運輸應急救援行動所需要的救援物資、設備和人員的一整套過程與方法組成，由此歸納出應急物流的生命週期理論。將應急物流的整個操作過程分為部署、維持和重新配置三個階段。在體系建設方面，文獻「FEMA Logistics Supply Chain」[3]介紹了美國應急物流系統。美國經過多年努力，制訂了較為完備的災害應急計劃，在發生地震、颶風、火山爆發、洪水等重大災害時，當災害的嚴重程度超過了州政府處理能力，就由州災害局向聯邦政府提出申請，經聯邦應急事件管理局（Federal Emergency Management Agency，FEMA）評估鑒定後，由總統宣布為國家級災害，進入聯邦緊急反應計劃（Federal Response Program，FRP）的階段。文獻《神戶淡路大地震的實況調查：災害時的道路交通管理之研究》[4]介紹了日本的應急物流體系。由於日本特殊的地理位置和地質條件，該國經常遭受颶風和地震的侵襲，因此相當重視防災、救災計劃和防救災演習。在物資供應鏈方面，貝妮塔‧M.比蒙（Benita M. Beamonn）[5]對比分析了救援物資供應鏈與商業物資供應鏈的差別，提出救援物資供應鏈區別於商業物資供應鏈的主要差異點是：需求由無法預測的突發事件引起，救援物資需求的時間、規模、種類等數據需要在事件爆發後通過評估才能得到。提姆‧羅素（Tim Russell）[6]對2004年12月印度洋地震與海嘯爆發後的救援物資供應鏈進行實證分析，提出救援物資供應鏈的流程按順序包括物資準備、災害爆發後物資評估及救援請求、物資調度和捐贈動員、貨物取得、運輸、交付過程中的跟蹤記錄、貨物管理、交付。道格拉斯（Douglas）[7]討論了在饑荒災害下救援食品供應的特點，它包括複雜的政治、經濟環境。執行與控制措施必須迅速而有效。準確地預測災區的需求，災民的需求最初由地處遠方的救援機構的人員根據有限的信息進行預測，包括需求物資的種類與數量，需求的地點以及分發方式。

近些年來，無論是自然災害還是各種事故災害、公共安全災害，爆發的頻率、規模都明顯大於往常。[8]應急物流真正引起中國學者的重視是在2003年的「非典」過後。應急物流的概念，最初由歐忠文（2003）等人[9]提出，應急物流（Emergency Logistic）

是指以提供突發事件所需的應急救援物資為目的，以追求時間效益最大化和物流費用最小化為目標的特殊物流活動。除了具有一般物流系統的六個基本要素即流體、載體、流向、流量、流程和流速外，因為在應急物流過程中存在緊迫的需求時間約束，所以應急物流還具有特殊的時間要素，[10] 應急物流也具有空間效用、時間效用和形質效用[11]。王豐等人[12] 認為：應急物流是指為滿足重大疫情、嚴重自然災害、軍事衝突等突發事件應急物資保障需求，以追求時間效益最大化和災害損失最小化為目標的特殊物流活動。

　　中國物流與採購聯合會應急物流專業委員會秘書長徐東認為：2003 年「SARS」過後，中國對應急管理越發重視，各級政府均成立了應急管理辦公室，然而卻並沒有對應急處置中的物資保障格外重視，甚至連應急物流這個詞也鮮為人知，可以說，中國在應急物流的研究上起步較晚。鄭露（2009）在文獻[13] 中從物流運作各功能環節入手，分析了中國物流發展現狀。其作業環節包括：①組織環節。中國應急保障工作滯後，其保障機制具有以行政命令為主要手段、不計物流運作成本和代價高昂的特點。②採購環節。應急貨物採購由於時間緊迫，一般都存在產品質量難以保證的問題。③儲備環節。中國應急物流佈局不合理、應急物流儲備明顯不足。④運輸環節。中國現行應急物流缺乏專業隊伍和專業設備，導致運輸組織銜接不暢。⑤配送環節。應急物流配送體系不健全，配送方式欠靈活，交通運輸存在一些問題。⑥信息環節。信息化程度偏低，難以滿足應對緊急狀態的要求。王紹玉教授（2004）[14] 在文獻《中國城市災害管理的現狀》中提到：新中國成立 50 餘年以來，在計劃經濟體制的影響下，中國逐步形成的災害管理體制是在政府的統一領導下，分類別、分部門的單一管理模式，即每一個災種或幾個相關災種分別由一個或幾個相關部門負責，這種垂直管理模式存在一些不足，經常會出現災種間重複建設的問題，影響了國家在減災方面投入的有效性和合理性。李陽分析了中國現有的救災管理體系，中國現有的救災管理是實行政府統一決策，各部門按決策和職能分工負責、互相配合；充分利用駐軍服從指揮、組織嚴密、機動力強、反應迅速的特點，發揮軍隊在搶險救災中的主力作用。[15]

10.2.1.2　對國內外研究狀況的述評

　　（1）國內對應急物流的關注比較晚，一些學者已經開始關注，並意識到中國在應急物流發展過程中與歐美國家存在差距。

　　（2）現階段中國對災害性事件應急物流的研究主要限於體系建設與管理方面。

　　（3）應急物流的研究處於初步探討階段，還需要加大研究力度。

　　（4）對應急物流的大部分功能性研究關注很少，只有應急物資的優化配送得到廣大學者的關注，而像配送路徑選擇、車輛調度、基站選址等則研究很少。

　　（5）還沒有以現代物流的發展為基礎對應急物流進行研究。

　　雖然中國在災害性事件應急物流的研究起步比較晚，遠遠落後於歐美等國家，但應急物流現在已經得到國家的足夠重視。在 2008 年 2 月 25 日國務院常務會議審議並通過的《物流業調整振興規劃》中明確提出，應急物流為九大重點工程之一。物流理論界也一直沒有放棄對它的研究，經國家民政部批准，中國物流與採購聯合會在 2006 年 11 月成立了應急物流專業委員會。現在，應急物流專業委員會已組織幾十個高等院校、科研單位成立了一個研究應急物流的協作組織，並提出了應急物流的科研指南。

10.2.2　同類災害性事件研究的主要內容和以重慶為例提出應急物流建設的條件

自20世紀90年代以來，多數學者對要素的流動研究不斷擴展，涉及人口遷移研究、交通運輸與客貨流研究、信息流動與地理網絡研究、資本流動研究、技術交流與擴散研究等。但對突發災害性事件應急物流機制的建設研究並不多見。部分學者對應急物流保障機制的相關研究側重在下列幾方面：①關於物流生成機制的研究，對世界主要國家物流生成機制進行了長序列的比較研究，從中發現物流的產生與社會經濟發展水準、與經濟結構等因素有密切關係（張文嘗，金鳳君，1992）。②區際物流研究。對區際物流產生的因素、強度、模式的研究形成了一系列的結論和定量模式（金鳳君，1991；金鳳君，張文嘗，1992）以及空間特徵，要素流動的影響範圍和城市經濟區劃分等方面的研究（顧朝林，劉志紅，1992；金鳳君，2001）。③城鎮網絡研究，城鎮各種體現相互經濟的「流」是城鎮網絡體系的重要組成部分，是城鎮體系網絡研究的重要內容（宋家泰，顧朝林，1998；顧朝林，1992）。④要素載體研究。主要集中在要素流動與區域性基礎設施網絡佈局研究（金鳳君，張文昌，1991；金鳳君，2001）。⑤物流模式的選擇。主要是從微觀企業營運的層面研究物流操作模式。一些學者對西方物流發展的運作模式做過分析，認為存在三種物流模式：一是企業自營物流，二是提供物流部分功能性增值服務，三是第三方物流。⑥區域物流發展戰略。各級地方政府是發展現代物流的重要推動者；上海要建成國際航空中心，進而向綜合物流中心發展；天津要成為東北亞依託鐵路、高速公路、航空和信息港一體化物流中心；深圳則發揮毗鄰港澳的優勢，建設不同功能的物流基地；其他大城市如武漢、重慶等也都提出要以物流產業作為支柱產業。

重慶發展應急物流的基本條件研究，包括經濟地位、物流體制、交通通信條件、地理條件等。主要包括：①重慶物流園區研究，包括園區選址、物流能力、運輸、倉儲、加工、包裝等需求總量與結構等；②重慶貨運市場研究，包括水路運輸、鐵路運輸、公路運輸及航空運輸等貨運總量與結構、貨運需求、西部物流運輸需求及發展前景、重慶物流需求總量及結構等；③重慶倉儲市場研究，包括倉儲企業、貨物集散地等倉儲能力總量與結構、倉儲需求、重慶倉儲物流需求總量及結構等；④重慶物流技術研究，包括企業運輸、儲存、包裝、配貨、加工、配送、信息處理等物流技術裝備水準現狀及研發實力、物流園區與配送中心設施現狀及開發實力、航運港口、車站、空港等貨運集散地設施現狀及轉運能力等。

10.2.3　理論與實踐意義

10.2.3.1　理論意義

（1）豐富和完善物流管理學科的研究範疇，尤其是對應急物流管理分支學科的建設具有重要的價值。加之物流學科本身的邊緣、交叉學科性質，將運用多學科理論對其學科進行支持，具有較強的創新性、前瞻性。

（2）有利於建立突發災害性事件應急物流保障的運行機制，提高應急物流效率。

10.2.3.2　實踐意義

（1）推動應急物流發展，保障現代物流業健康發展和物流中心的空間網絡化建設。

為政府相關部門提供決策依據。

（2）方法可借鑑性強。所建立的應急物流管理指標體系以及案例所用方法、研究思路及系統化管理、提出的對策及建議可為相關研究借鑑。

10.2.3.3 研究重點

（1）建立監測預警及應急物流預案機制；建立全行業物流動員機制；建立政府協調機制；建立法律保障機制；建立「綠色快速通道」機制；建立應急報告與信息公布機制；建立應急基金儲備機制等。

（2）建立在應急物流系統評價模型上的災害事件應急物流系統評估運行機制；災害事件應急物流保障的制度建設、培育與規範。

10.3 應急物流理論基礎

10.3.1 供需理論

供給與需求是市場經濟運行的力量，供與需決定了每種商品的銷量及出售價格。供需理論作為經濟學的重要理論與應用經濟的有效分析工具，在現實社會中扮演了重要的角色。通常來講，企業的物流系統都已知商品的供給者與需求者，然後根據需要進行商品加工、儲存與保管，有穩定的輸、配送作業，物流活動以追求低成本為主要目標。而災害應急物流系統則是在災害發生後，由於需求的特殊性及時效性要求，在這種情況下，產品的需求將不再符合需求理論下的一般模式，而是按照救災指揮機構的要求。各生產企業盡最大的能力生產救災所需要的各種物資，這種模式下，生產企業在進行生產時更加關注的將是社會效益的最大化，而價格、成本等因素將退居其次。

10.3.2 供應鏈理論

供應鏈管理（Supply Chain Management，SCM）這一術語最初是由諮詢人員於20世紀80年代初期提出的，並很快得到了推廣。隨著經濟的全球化、產品的多樣化、技術的更新和競爭的加劇，消費者需求和價格的變動更具有不確定性，如何處理供應鏈中的不確定性成了理論工作者和企業家們共同關注的話題。災害應急物流供應鏈的特點是供應方是被動的，其無法預先知道需求方的要求，而需求方也無法提前把信息反饋上去，拉動供應鏈的運動。因此，鏈條的中間部分，即救災活動的組織者是推動鏈條運作的主要動因，而供應鏈的目的則是在高效的基礎上實現對災區的救助。在災害應急物流的情況下，傳統供應鏈理論中對應急事件保障任務具備優勢的單元將被保留，物流環節將發生增減和越級現象，產生特定條件下的物流供應鏈。新的物流供應鏈與常態下物流供應鏈相比有本質的區別，前者不再以追求利潤最大化為目標，而整個物流供應鏈體系的全局最優目標是完成最終的應急物流配送，其過程呈現一種時變的複雜非線性過程。其主要特徵有：物流環節隨時有增有減，甚至出現越級現象；信息流網絡結構複雜要求精度極高，流向高度集中；物流週期明顯縮短，物流時間要求準確；物流環節的管理監控難度加大；局部物流節點可靠性的降低不應導致整個供應鏈可靠性的下降；整個物流系統的生命週期短，生命週期費用高。

10.3.3 配送理論

配送是指在經濟合理區域範圍內，根據客戶要求，對物品進行揀選、加工、包裝、分割、組配等作業，並按時送達指定地點的物流活動。配送是物流中一種特殊的、綜合的活動形式，是商流與物流緊密結合，包含了商流活動和物流活動以及物流中若干功能要素的一種形式，包括裝卸、包裝、保管、運輸等功能。

一般企業物流的需求在通常情況下比較穩定，或者可以預測出需求量的變化趨勢，庫存原材料或商品種類比較穩定，可根據需求不斷地投入到物流過程中。而災害性事件救援物資的需求則完全不同，在事發前無法預測救援物資需求地點、種類、數量，在突發事件爆發後，會立即產生大批量救援物資需求。並且由於應急事件可能會迅速蔓延，救援物資需求也會出現非常劇烈的變化。還有，在物流驅動模式方面，一般企業物流中物資流轉的動力是市場需求，企業採用推動模式或拉動模式來驅動商品的流動，以最終滿足市場需要。而應急物流則可以描述為市場上出現了供不應求的情況。因此，需求的不確定性就造成了庫存水準的不確定性。另外，由於大部分緊急救援物資僅在應急事件後才使用，但由於突發事件很少，不可預見，所以不能確定庫存量，在急需時會出現物資缺乏的局面，甚至有時因儲存的應急物資過多，存放時間太久，在沒使用之前就已經過期。因此，合理的庫存以及怎樣降低庫存存放物資過期而造成的損失也是很難確定的問題。因此，在應急物流條件下，配送中心的建設，應急物資的包裝、存儲就成為了左右應急物流時效性的關鍵所在。

10.4 案例評析

本案例評析主要包括災害事件應急物流的特點及物流業發展良性互動兩個方面的內容。

10.4.1 災害性事件應急物流的基本狀況

災害性事件應急物流的基本狀況：應急物流最早產生於軍事物流，美國學者對應急物流的研究起步比較早。第二次世界大戰結束後，美國許多學者研究了美國在戰爭中的後勤供給並提出了自己的見解，如魯普索（Ruppenthal）、羅蘭德（Roland G）、加衛吉爾·約翰（Gaviggia John）、馬克斯·赫曼森（Max Hermansen）等。至今歐美一些國家已經形成了良好的管理體制，如美國常設救災物流專門機構，日本對救災物資進行分階段管理，德國的民間組織在災害性事件應急物流中起到關鍵作用。

應急物流真正引起中國學者的重視是在2003年的「SARS」過後，由此展開了對應急物流的系統性研究。但是現在中國對應急物流的研究還僅處於初步探索階段，在組織環節及保障機制上還是以行政命令為主要手段，沒能充分地發揮廣大群眾的作用；配送環節、配送體系不健全，配送方式欠靈活，應急物流交通運輸保障上「無法可依」；在應急物資儲備環節上，存在倉庫佈局不合理、物資儲備不足方面的問題；在科研方面，應急物流專業委員會已組織幾十個高等院校、科研單位成立了一個研究應急物流的協作組織，並提出了應急物流的科研指南。但目前的研究主要側重於從定性角

度、個案研究，至今尚無定量方法或者統一的指標評價體系。經查閱從 2003 年 9 月至 2009 年 7 月共有 177 篇文獻，其研究內容分佈情況如表 10 - 1 所示。

表 10 - 1　　　　　　　　應急物流研究的主要內容分析表

應急物流研究內容	頻數	概率
應急系統與管理	78	0.4407
初步性探討	25	0.1412
發展狀況	25	0.1412
物資優化配送	22	0.1243
個案研究	15	0.0847
配送路徑選擇	7	0.0395
車輛調度	4	0.0226
基站選址	1	0.0057

註：其中把制度性建設、應急物流的成本探討、應急保障放在初步探討中分析，以個案為例研究應急物流功能的某一方面的歸入該功能領域。

從表 10 - 1 分析表明：①現階段中國對災害性事件應急物流的研究主要限於體系建設與管理方面。②應急物流的研究處於初步探討階段，還需要加大研究力度。③國內的一些學者已經開始關注應急物流，並意識到中國在應急物流發展過程中與歐美國家存在差距。④對應急物流的大部分功能性研究關注很少，只有應急物資的優化配送得到廣大學者的關注，而像配送路徑選擇、車輛調度、基站選址等則研究很少。⑤沒有以現代物流的發展為基礎對應急物流進行研究。

10.4.2　災害性事件應急物流的特點

10.4.2.1　供應鏈模式的特殊性

一般物流的供應鏈模式不外乎兩種：推動模式與拉動模式。災害性事件應急物流供應鏈起點的供應商是被動的，其無法預知需求方的大概需求來推動供應鏈的運動，節點「消費者」也不能提前反饋需求信息，而供應鏈的中間部分即救災活動的組織者是推動供應鏈運動的主要動力，所以供應鏈上的各個流程就不能得到有效的整合，與一般供應鏈相同，只有對供應鏈上公司之間的商業流程進行整合時，才可以發現供應鏈上真正的財富所在。[16]因而災害性事件應急物流在成本上注定要損失巨大。供應鏈模式的特殊性如圖 10 - 1 所示。

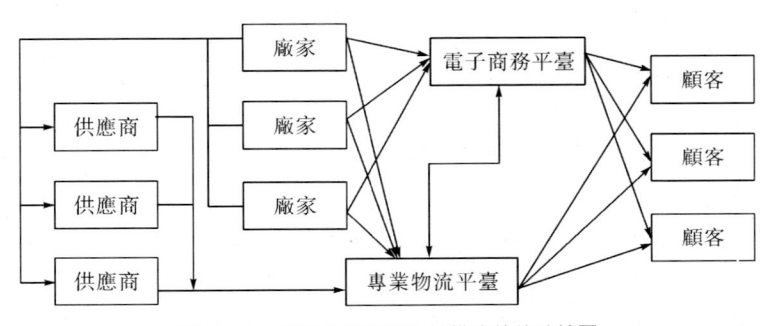

圖 10 - 1　災害性物流供應鏈模式的特殊性圖

10.4.2.2 庫存水準難以確定

一般物流的需求在通常情況下比較穩定，或者可以預測出需求量的變化趨勢。首先，災害性事件應急物流事發前無法預測救援物資需求地點、種類、數量，事後立即產生大批量救援物資需求。並且由於應急事件可能會迅速蔓延，救援物資需求也會出現非常劇烈的變化。[17]其次，在物流驅動模式方面，一般物流中物資流轉的動力是市場需求，而應急物流則可以描述為市場上出現了供不應求的情況。

10.4.2.3 應急物資優化配送的特殊性

一般企業物流都會建立穩固的物資供應關係，供應商數量有限，資源配送按照企業中長期發展規劃進行設計，短期內不會進行大的調整。而應急物流資源配送中參與物資供應的主體眾多，並且大部分供給主體都是臨時的。另外由於應急目標單一，一旦有緊急需求，即使車輛不能滿載也必須立即配送，且有可能空載而歸，容易產生低效配送、重複供應等問題。

10.4.2.4 車輛調度的盲目性與強制性

常規物流車輛調度與路徑選擇是確定的，以最少的車輛、最短的路徑來實現最優配送。首先，災害性事件應急物流由於信息的不對稱性，向災害發生地調運物資帶有一定的盲目性。其次，由於缺乏完善、統一、協調的應急物流法律法規和制度體系，事件發生後，國務院有關部門為了保障救災行動順利開展，利用行政手段緊急調用大量鐵路車輛、民航飛機、民用車輛等用於救災人員和物資的運輸，這是具有強制性的應急措施。

10.4.2.5 設施選擇考慮的全局性

設施選址的目的是為了供應鏈上物資的有效流動。災害性事件應急物流供應鏈上的物資在全國範圍內流動，設施的選址不僅要考慮設施空間佈局是否合理，還要考慮規模適度，而以最小的應急物流基站點數覆蓋所有需求點是最佳的選址目標。由於災害性事件應急物流發生地點及物資需求的不確定性，給應急物流的設施選址造成了很大的困難。

10.4.2.6 可以有效發揮逆向物流的作用

運輸工具將應急物資運往受災地區以後，可以充分有效地發揮逆向物流的作用，將災區的災民、一些有價值的物資、災後廢棄物等運出災區，這樣不僅減少了運輸工具的空載率，而且還可以減輕災區的壓力。

10.4.3 快速發展物流業為支撐災害性事件應急物流提供條件

應急物流是社會化物流的一部分，物流發展水準決定應急物流的效率。中國物流業已有一定的能力來支撐應急物流的發展。

10.4.3.1 基礎設施與設備建設初具規模，逐漸形成物流網絡優勢，完善了應急物流通道建設

首先，在物流基礎設施的建設方面，中國已經取得了長足的發展，為物流產業的發展奠定了必要的物質基礎。如截至 2008 年年底，全國鐵路營業里程 8.0 萬公里，高速公路通車里程 6.03 萬公里，港口泊位 3.64 萬個，其中，沿海萬噸級以上泊位 1,167 個，擁有民用機場 160 個。另外，2000—2007 年的物流主要設施建設如表 10-2 所示，除了 2004 年輸油（氣）管道裡程有一個突破又馬上回落，公路里程從 2004—2005 年有一個高的飛躍以外，2000—2007 年物流主要設施建設穩步發展。

表 10－2　　　　　　　　　2000—2007 年物流主要設施建設表　　　　　　　　單位：萬公里

年份	鐵路里程	公路里程	內河航道里程	民用航空航線里程	輸油(氣)管道里程	民用貨運汽車擁有量(萬輛)	民用運輸船舶擁有量(艘)	鐵路貨車擁有量(輛)
2007	7.80	358.37	12.35	234.30	5.56	1,054.06	191,771.00	577,521.00
2006	7.71	345.70	12.34	211.35	4.82	986.30	194,360.00	558,483.00
2005	7.54	334.52	12.33	199.85	4.40	955.55	165,900.00	541,824.00
2004	7.44	187.07	12.33	204.94	9.82	893.00	166,854.00	520,101.00
2003	7.30	180.98	12.40	174.95	3.26	853.51	163,813.00	503,868.00
2002	7.19	176.52	12.16	163.77	2.98	812.22	165,936.00	446,707.00
2001	7.01	169.80	12.15	155.36	2.76	765.24	169,329.00	449,921.00
2000	5.87	140.27	11.93	150.29	2.47	716.32	185,018.00	443,943.00

數據來源：根據中國物流信息中心（China Logistics Informantion Center）加工整理 http://www.clic.org.cn/portal/wltj/A1231index_1.htm。

其次，在固定資產投資方面，2009 年一季度，物流行業固定資產投資完成額 2,605.3 億元，同比增長 51％，反應出國家加大物流相關產業基礎建設投資措施初見成效，對於加快物流產業的振興與發展，將具有良好的促進作用。同時從投資構成看，交通運輸業投資額為 1,910.3 億元，同比增長 51.8％，增幅創近年來新高，比 2008 年一季度提高近 51 個百分點。圖 10－2 為 2008—2009 年中國社會物流固定資產投資及其增長情況。

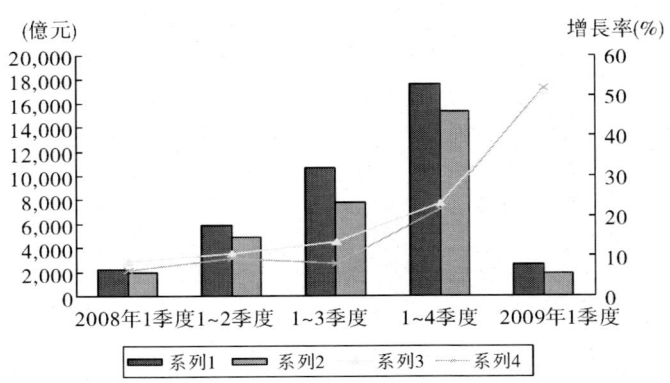

系列 1：物流固定資產投資額；　　　　　　系列 2：交通運輸、倉儲和郵政業固定資產投資完成額；
系列 3：物流固定資產投資同比增長；　　　系列 4：交通運輸、倉儲和郵政業固定資產投資同比增長。

圖 10－2　2008—2009 年中國社會物流固定資產及其增長情況
資料來源：中國物流與採購聯合會，國研網數據中心繪製，2009 年。

從圖 10－2 可以看到，中國在物流基礎設施建設方面已初具規模，國家不斷地加大物流固定資產的投資力度，中國逐漸形成物流道路網絡，這無疑將有利於災害性事件應急物流的通道建設，為應急物流提供暢通、優質的信息化通道。

10.4.3.2　物流園區的蓬勃發展，為災害性事件應急物流提供運作平臺

物流園區是中國現代物流業發展中產生的新型業態，近 10 年來出現了蓬勃發展的

局面。根據《第二次全國物流園區（基地）調查報告》，中國物流園區已經發展到475個，其中已經營運的物流園區122個，占25.7%；在建的物流園區219個，占46.1%；規劃中的物流園區134個，占28.2%。

物流園區的獨立專用性與社會公益性是其有別於自用型物流中心的顯著特徵。政府作為推動者與管理者，物流園區所具備的功能與特性在很大程度上可以滿足災害性事件應急物流的需求。其集聚完善、先進的設施設備、優化的物流系統資源配置與規模管理、多種運輸形式的有效銜接、不同作業方式之間的相互轉換、集中倉儲、配送加工等，滿足應急物流快速採購、集中倉儲、優化配送、方便車輛調度等需求。應進一步完善物流園區功能定位和功能區域規劃，實現應急物流系統的高度集成，以滿足應急物流客戶需求和功能區域系統配置。實施方案如圖10-3所示。

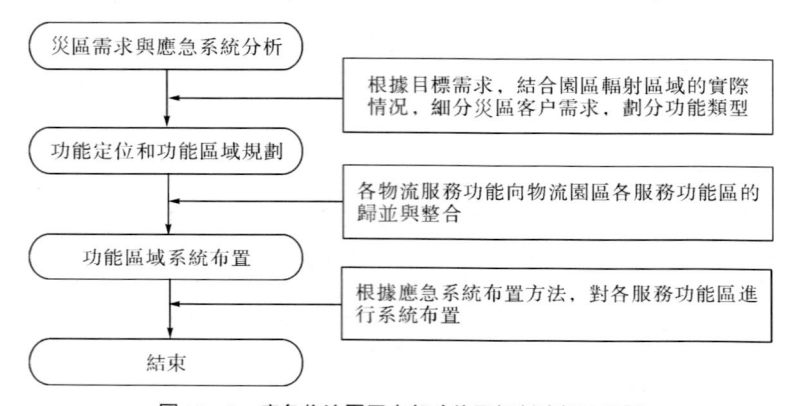

圖10-3　應急物流園區內部功能區規劃建設流程圖

10.4.3.3　供應鏈思想的發展推進了供應鏈突發事件應急管理研究的進展

供應鏈管理（Supply Chain Management，SCM）這一術語最初是由諮詢人員於20世紀80年代初期提出的，[18]並很快得到了推廣。[19]隨著經濟的全球化、產品的多樣化、技術的更新和競爭的加劇，消費者需求和價格的變動更具有不確定性，如何處理供應鏈中的不確定性成了理論工作者和企業家們共同關注的話題。[20]應急物流在供應鏈環境中的研究也就應運而生。其基本思想是「在恰當的時間、恰當的地點給恰當的客戶供應恰當數量和類型的物品」。[21]其不確定性在本質上就是常規供應鏈某一或多個環節的中斷，災害性事件應急物流可簡單地認為是政府作為「核心企業」，在供應中斷的特定條件下的高強度需求物流。

供應鏈突發事件應急管理（Supply Chain Disruption Management）的研究思想同時也來源於突發事件應急管理（Disruption Management），這個概念首先由卡森（Causen）[22]提出。其首先在解決航空公司應對突發事件的領域中得到很好的應用，[23][24]然後用於解決供應鏈中的相關問題。

10.4.3.4　更加寬鬆的政策環境加快應急物流前進的步伐

政策環境總是在無形地推動物流業的協調快速發展。2001年3月，六部委聯合下發《關於加快中國現代物流發展的若干意見》，這是中國從政府角度下發的第一個有關物流發展的政策性、指導性文件。直到2006年，現代物流業發展被寫進「十一五」規劃，才正式明確了物流業在中國國民經濟中的產業地位。國務院2009年3月出拾《物

流業調整和振興規劃》，物流業將進入歷史上最為寬鬆積極的政策時期。

中國物流產業的發展離不開物流企業的推動，加快物流企業發展的關鍵是要減輕物流企業稅收負擔，國家稅務總局 2005 年年底下發了《關於試點物流企業有關稅收政策問題的通知》。其優惠政策提高了企業參加應急物流的積極性，最終必將形成政府各個部門、各個行業乃至整個社會緊密聯繫的完善系統，加快應急物流的前進步伐。

10.4.3.5　高水準的物流信息技術提高了應急物流的物流效率，大大減少了災害損失

各種物流信息技術已經廣泛應用在物流活動的各個環節，如全球衛星定位系統（GPS）、地理信息系統（GIS）、銷售時點信息系統（POS）、電子自動訂貨系統（EOS）、條形碼（BAR CODE）及識讀技術、電子數據交換（EDI）、射頻識別技術（BF）等。所有這些信息技術的使用，為現代物流提供了最佳的後勤服務，成為其不可或缺的支撐力量。

高水準的物流信息技術應用在災害性事件應急物流當中，可以提高物流效率。GPS、GIS 可以隨時知曉車輛在途情況、實現對運輸工具的動態調度，縮短應急物資在途時間；利用射頻識別（Radio frequency Identification，RFID）在應急物資的配送環節通過非接觸式的自動識別技術高速準確地分揀急需的應急物資，還可以在應急物資入庫時利用 RFID 識讀器完成庫存盤點；利用公共信息平臺服務系統作仲介，[25] 連接各個組織部門，並與各加盟企業實現快速有效地溝通，以便及時運送救災物資；利用現代企業中大量使用的企業資源計劃（ERP）系統，可以根據需求指令立即產生採購訂單、可以快速查詢倉庫庫存情況、可以與採購商及時溝通與信息共享。

10.4.4　應急物流與物流業發展良性互動決策系統

中國基礎設施建設、物流園區的蓬勃發展、供應鏈思想的滲入、政策環境的改善和通信網絡建設步伐的加快，為物流業的發展提供了必要保障，同時隨著中國市場的進一步開放，投資主體的多元化，形成了對物流的巨大需求，也給物流業的發展注入了新的活力。物流業的發展，在不同方面為災害性事件應急物流的運作奠定了基礎，根據應急物流的特點，可以建立災害性事件應急物流與物流業發展的良性互動決策支持系統，如圖 10-4 所示。

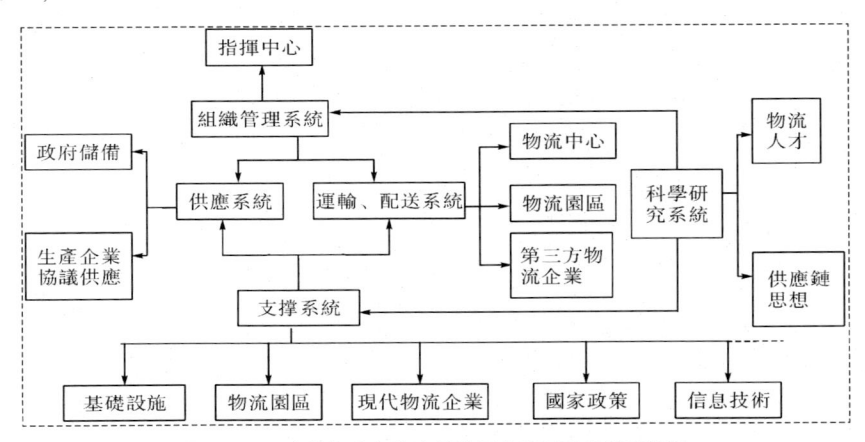

圖 10-4　應急物流與物流業發展良性互動決策系統圖

10.4.4.1　應急物流組織管理系統

建立應急物流指揮中心，包括中央、地方、地市縣應急物流指揮中心，統籌指揮應急物資的採購、儲備、運輸、配送等工作，收集反饋各個環節的信息，使整個系統高效有序的運作。各個指揮中心要明確各自的權利和責任，做到分工明確與協調合作，在中央指揮中心的協調指揮下，各個地方充分利用各地物流系統設施設備等優勢，同時根據地理因素建立具有地方特色的應急指揮模式，中央地方協調合作取得效益最大化。高度指揮組織系統如圖10-5所示。

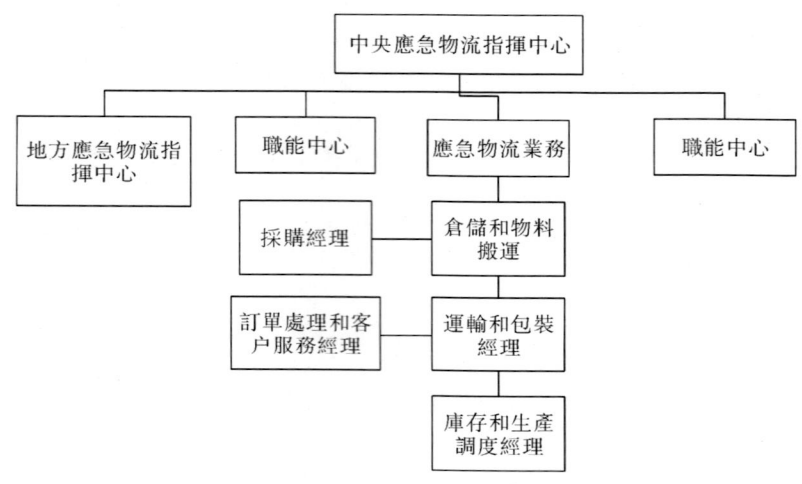

圖10-5　應急物流指揮系統組織架構圖

10.4.4.2　應急物流供應系統

建立政府儲備和政府與生產企業協議儲備的雙向結合機制。以政府儲備為主，選擇和培養一批具有應急能力的生產企業，建立應急物資供應商檔案，與其簽訂長期的應急物資供應協議，談判確定物資價格，實行先徵用後結算的辦法，保障救災應急物資供應渠道暢通。有應急能力的生產企業應具有一定生產規模、充足的庫存儲備、生產能力強大、產品質量高等特點。同時政府部門應該給予這些聯盟企業一定的優惠政策，如：減輕稅收負擔、外資聯盟企業進入地方投資的政策優惠、政府利用其最高決策者的地位為其介紹合理合法的業務，提高其參與應急活動的積極性。

10.4.4.3　應急物流運輸、配送系統

利用物流中心、物流園區、第三方物流企業等作為基礎平臺，可以根據當地實際情況在物流中心、物流園區建立專門的應急物流中心或者作為備用應急物流中心，將各個地區的應急物流中心聯網，組成一個區域性、全國性的應急物流體系。第三方物流企業與政府的合作模式和政府與生產企業的合作模式相似，同時在選擇加盟第三方物流企業時，可以考慮其在物流園區中應急物流運輸、配送上的優勢地位。考慮將物流園區與災害性事件應急物流有效銜接，組織區內企業聯盟，通過一張覆蓋於各加盟企業的網絡系統將其連接起來，依託政府公共信息平臺，組成一個網絡應急物流體系，實施信息發布和管理工作，當災害性事件發生後，能快速地實施物流工作。

10.4.4.4 應急物流支撐系統

交通、倉儲、信息技術、現代物流企業等是構建應急物流系統的基礎,是提高應急效率的關鍵。佈局和建設一批用於應急物流的基礎設施,重點投資和建設交通道路薄弱環節,保證應急交通運輸路線全時暢通,並建立公路、水路、鐵路、航空多種方式的運輸網絡,確保在一種方式中斷時其他方式能夠及時補充;充分利用交通、倉儲等物流基礎設施,在災害多發區與物資供應點之間規劃出最優運輸路線,保證出現應急需求時能第一時間完成物流配送活動;加快物流園區和物流中心建設,可以為物流倉儲設施建設搭建平臺;有效利用現代網絡,迅速匹配需求點與滿足最優配送條件的聯盟企業。

10.4.4.5 應急物流科學研究系統

加強對災害性事件應急物流的科研投入,政府更加重視有關應急物流研究的課題項目的申報,能充分利用有實際操作價值的研究成果來指導運作實踐;政府與企業、大學聯合,培養具有實際操作能力的應急物流人才,重點加強對研究生及博士生高級研究性人才的培養。不要忽視理論的先導作用,注重供應鏈管理思想的融入,其最終目標是整個供應鏈的協調運作及有效整合,從而實現成本最小化。

參考文獻

[1] Carter WN. Disaster Management – A Disaster Manager's Handbook [M]. Philippines: Asian Development Bank. 1992.

[2] Thomas A. Supply Chain Reliability for Contingency Operations [J]. Annual Reliability and Maintainability Symposium. 2002, 61 – 67.

[3] FEMA Logistics Supply Chain fEB/OL. Federal Emergency Management Agency. http://www.fema.gov/media/fact sheets logistic – supply – chain.shtm. 2006 – 11 – 28

[4] 神戶淡路大地震的實況調查——災害時的道路交通管理之研究 [R]. 國際交通安全協會. 1998.

[5] Benita M. B. Humanitarian Relief Chains: Issues and Challenges [A]. 34th International Conference on Computers and Industrial Engineering San Francisco, CA, USA, 2004: 867 – 892.

[6] Russell Tine Humanitarian Relief Supply Chain: Analysis of me 2004 South East Asia Earthquake and Tsunami [A]. Massachusetts Institute of Technology, USA, 2005.

[7] Dignan, L. Tricky Currents; Tsunami Relief is a Challenge When Supply Chains are Blocked by Cows and Roads don't EXl'st [J]. Baseline, 2005 (1).

[8] 許勤. 應急物流問題研究 [J]. 物流管理, 2007 (9).

[9] 歐忠文, 王會雲, 姜大立, 等. 應急物流 [J]. 重慶大學學報, 2004 (3): 164 – 167.

[10] 王旭坪, 傅克俊, 等. 應急物流系統及其快速反應機制研究 [J]. 中國軟科學, 2005 (6): 127 – 131.

[11] 劉志學. 現代物流 [M]. 北京: 中國物資出版社, 2002.

[12] 王豐, 姜玉宏, 王進. 應急物流 [M]. 北京: 中國物資出版社, 2007.

［13］鄭露. 淺析中國應急物流發展現狀及存在問題［J］. 物流工程與管理，2009，31（3）：177.

［14］王紹玉. 中國城市災害管理的現狀［J］. 群言，2004（3）.

［15］李陽，李聚軒，騰立新. 大規模自然災害救災物流系統研究［J］. 科技導報，2005（23）：64-66.

［16］劉長鬥，劉輝. 樹立大民政大救援思想 增強災害緊急救助能力［EB/OL］. http：//report. drc. gov. cn.

［17］Hammer, Michael, The Superefficient Company, Harvard Business Review, 2001, 79（8）：82.

［18］計國君，等. 突發事件應急物流中資源配送優化問題研究［J］. 中國流通經濟，2007（3）.

［19］Oliver, R. Keith and Michale D. Webber,「Supply – Chain Management：Logistics Catches Up with Strategy,」Outlook, (1982), cit. Martin G. Christopher, Logistics, The Strategic Issue, London : Chapman and Hall, 1992.

［20］La Londe, Bernard J.,「Supply Chain Evolution by the Number,」Supply Chain Management Review, 1998, 2（1）：7-8

［21］許明輝. 供應鏈中的應急管理［D］. 武漢大學博士生畢業論文，2006.

［22］鄭稱德，趙曙明. 面向中斷風險防範的準事制供應鏈—後成本時期供應鏈管理研究（Ⅳ）［J］. 生產力研究，2003（6）.

［23］Causen J, Hansen J, Larsen J. Disruption management［J］. ORPMS Today, 2001, 28（5）：40-43.

［24］Yu G, Argelles M, Song M, McGowan S, White A. A new Era for crew recovery at continental airline［J］. Interfaces, 2003, 33（1）：5-22.

［25］Yu G, Yang J. Optimization application in the airline industry［A］. D. Z. Du and P. M. Pardalos. Handbook of Combinatorial Optimization［C］. 1997, 2（14）：635-726.

第 11 章
基於災害性事件的應急物流保障機制案例

11.1 災害性事件應急物流的問題及原因

在國內，應急物流的研究在 2003 年的「SARS」之後才被政府及學者所重視，經過幾年的發展中國在應急物流運作保障等方面已經取得了巨大的進步，這從 2008 年「5/12 汶川大地震」的抗震救災中就已充分體現出來。但是由於應急物流起步較晚，因經濟格局、管理體制等原因，中國的應急物流目前還存在一些問題。

11.1.1 只強調以行政命令為主要手段，缺乏全面而系統規劃的物流運作方案及其物流成本預算

災害性事件危機一旦發生，「各級政府就會組成相應的危機處理領導小組」，以危機的及時處理作為壓倒一切的中心工作。這種運作機制是一把「雙刃劍」。一方面，以行政強制力為基礎統一組織指揮應急物流，保障整個應急物流運作方案的順利實施，物流行為表現出極其濃厚的軍事化色彩，確保所需應急物資迅速到位，對危機的及時解除起到至關重要的物資保障作用；另一方面，由於沒有正規化、法制化的應急保障機制，全民齊上陣，整體秩序較為紊亂。應急物流保障社會成本高、效率低，遺留問題多。以經濟學的觀點看，現行的應急物流保障機制處於典型的「帕累托無效率」狀態，需要進行資源的重新配置，向實現「帕累托最優」的方向努力。

11.1.2 中國應急物流配送指標體系不健全，配送方式欠靈活，交通運輸困難較大

11.1.2.1 保障體制不健全

目前，中國各級地方政府國防動員委員會都建立有相應的交通戰備辦公室，但現行體制不盡合理，交通戰備辦公室只對本地市交通道路運輸專業人員和運輸裝備的數量、質量等情況有大概的瞭解和掌握，而不能對轄區所屬專業人員、物資、運輸機具進行區分配置和組建交通戰備保障力量，更不能明確戰時任務和實施戰時保障計劃，從而導致了應急物流的保障能力較差。另外，目前國內尚沒有任何法規性文件對於應急條件下交通線路的維護和搶修及臨時場站的建設等制定出相應的規定，也缺乏對相

關設備徵用預案的制定、實施的程序、補償和撫恤、經費保障以及平時演練等方面進行規範，導致了應急物流交通運輸保障無法可依。

11.1.2.2 運載工具落後

長期以來，國內大部分地區多以鐵路和公路作為物資輸送的主要形式，由於經濟發展水準的不平衡，物流運載的區域差別相當大。運輸工具的落後嚴重影響了應急物流的運輸保障效率。

11.1.2.3 交通網絡欠發達

改革開放以來，國家不斷增加對於公共基礎設施的投資建設，覆蓋全國的公路網、鐵路網基本形成，但是，不應忽視的是在某些山區、邊區、老區「交通靠走」的落後局面仍然存在。在這些地區，一旦出現應急、突發事件，組織運輸保障的成本會大幅度增加。

11.1.3 中國應急物流配送體系建設不合理

11.1.3.1 救災儲備中心佈局不合理

中國救災物資的主要運輸方式是公路運輸，因此，儲備中心佈局是否合理對緊急救災職能能否充分發揮作用的影響很大。從現代物流角度看，救災儲備中心應盡可能靠近災民，這樣可以對災民需求進行快速回應。以2008年南方雪災為例，雪災主要發生在南部，造成了浙江、江蘇、安徽、江西、河南、湖北、湖南、廣西、重慶、四川、貴州、雲南、陝西、甘肅、青海、新疆和新疆生產建設兵團17個省（省、區、市、兵團）不同程度受災，其中湖南、湖北、貴州、廣西、江西、安徽6個省區受災最為嚴重，而民政部在全國設立的10個中央級救災物資儲備中心卻主要分佈在中東部（哈爾濱、瀋陽、天津、合肥、鄭州、武漢、長沙、南寧、西安和成都），缺乏區域性重大災害事件的快速反應機制，因此，區域性物資儲備中心的緊急救災職能得不到充分發揮。

11.1.3.2 救災物資儲備分散，物資保障成本較高

中國現行的救災物資管理方式是分部門管理。衣被、帳篷等生活類救災物資的儲備由民政部門負責，而藥品、車輛、糧食等其他救災搶險物資分別由衛生、交通和糧食部門負責。這種救災物資分散管理、分散儲備的直接後果是救災過程中救災物資需求信息傳遞速度慢、物資供應調度難、救災物資運輸車輛需求大、救災保障成本高。

11.1.4 中國應急物流信息化程度偏低，難以滿足應對緊急狀態的要求

中國應急物流體系的信息化程度偏低，難以滿足應對緊急狀態的要求。由於應急物流信息系統不夠完善，信息報告不及時，沒有建立一個信息發布和共享平臺，無法準確掌握緊急情況的詳細資料以及所需物資的生產和分佈情況，對運力的數量和狀況也不完全清楚，分析判斷缺乏準確性，導致制定的應急物流決策的準確性較差。以「5/12汶川大地震」為例，由於通信設施被毀、斷電等原因，震中的汶川縣城曾長時間與外界中斷聯繫，包括物資需求在內的一切信息均無法傳遞。同時，在抗震救災中，出現了物流資源、物流過程不能可視可控的問題。另外，國內一些信息管理專家評價信息化在疫情中的作用時，都以美國作為例子，他們指出美國是全球人流、物流最頻繁的國家，面對各種傳染性極強的疫情，其境內外各種病例卻一直沒增加。從目前掌握的情況來看，美國高度發達的信息管理系統功不可沒。因為，應急物流信息系統作為應急物流指

揮系統的一個子系統，它是應急物流管理體系的神經中樞，其建設在現階段相對其他工作而言顯得更加急需、更加迫切。雖然近些年來，中國信息化基礎設施建設取得了長足進步和驕人的成績，一般情況下的通信聯絡非常方便快捷，國家也一直在著手建立應急管理信息平臺。目前正在建設的應急物流信息管理平臺，還沒有專門的應急物流子系統，只存在應急管理的物資保障信息模塊。所以中國亟待加強應急物流信息系統的建設力度。

11.1.5 中國應急物流指揮體系不完善

應急物流的順利實施，除了需要完善的基礎保障外，還涉及應急物資的籌措與採購、儲備與調度、運輸與配送等方面，而這些工作需要一個機構來組織協調才能順利完成。從中國以往的情況來看，這個協調機構都是由政府臨時根據應急方案從各單位緊急抽調人員組成的，雖然取得了不錯的成績，但由於缺乏一個統一的應急物流組織指揮機構，容易出現各自為政、災情信息滯後、組織指揮工作效率不高、指揮協調能力較弱以及嚴重影響政府其他工作正常開展等問題。另外，應急物流往往同時涉及軍隊與地方，由於部隊內部沒有建立絕對權威的組織指揮機構，外部也沒有建立軍地聯合的指揮體系，這樣就造成應急物流的聯繫渠道不暢，多頭指揮，各自作戰，責任不明，嚴重制約著應急物流的效率與效果。

11.2 災害性事件應急物流系統的作業環節

11.2.1 災害性事件應急物流的作業環節

災害性事件應急物流是指為應對嚴重自然災害、突發性公共衛生事件、公共安全事件而對物資、人員、資金的需求進行緊急保障的一種特殊物流活動。災害性事件應急物流業的功能定位在於全方位應對突發性災害事件，主要包括應急物資採購和儲備、災害發生期間應急物資的運輸和信息系統的有力保障。由於災害性事件應急物流業自身的特點及其使命和責任，要求注重時間效益的同時盡可能地提高經濟效益，因此較之普通物流對其各個環節提出了更高的要求。

（1）組織環節。災害性事件應急物流簡單的可以認為是政府作為「核心企業」，供應中斷的特定條件下的高強度需求物流。政府設立反應迅速、精簡高效的管理隊伍。通過有利政策，為應急物流提供寬鬆的發展環境。充分調動社會資源，統籌規劃，積極吸納物流企業，建立完整的應急物流體系。制定和形成相關法律法規，健全應急物流保障機制，在提高應急物流時間效益的同時更好地降低物流成本。

（2）採購環節。災害性事件應急物流業所需要採購的應急物資主要集中在救災物資：第一類是救生類，包括救生船、救生衣及救生設備等；第二類為生活類，包括衣被、食品、救災帳篷、淨水器等；第三類為醫療器械及藥品。災害性事件應急物流的採購量一般很大，其程序要求簡單緊湊，採購時間短。在準備時期，應就相關應急物資的供應簽訂合同，以保障災害發生期間能夠供給充足可靠的應急物資。

（3）儲備環節。在全國範圍內建立應急物資倉庫，以應對突發的災害事件。特別是在自然災害的多發地區，如東部沿海的臺風多發區、中部的洪澇災害多發區、西部

的地震多發區等。應急物資的儲備直接關係到災害發生期間的應急保障力度，並且在很大程度上影響了救災工作的展開。對於突發災害事件，儲備的應急物資能在第一時間投入到救災工作當中，能極大地提高救災工作的效率，降低災害帶來的損失。

（4）運輸環節。在運輸方式和運輸路徑選擇上，運輸成本最低的原則已經不是最重要的了。應急物流強調時間效益的特點，要求盡一切可能縮短運輸時間，在適當的時間範圍內將應急物資運送到災害發生地區。開闢綠色通道或建立應對突發災害事件的緊急專用運輸通道，以確保應急物資的及時送達，保障應急物流的通暢、高效運作。

（5）配送環節。為使應急物資快速、及時、準確地到達事發地，這就要求建立良好的應急物流配送體系。健全的物流基礎設施，是保障應急物流順利實施的關鍵。同時政府應積極吸納物流企業，利用物流企業的供應鏈實施配送，提高效率，從而取得滿意的效果。

（6）信息環節。為應對自然災害及突發事件的不確定性，應急物流信息系統作為整個應急物流的信息網絡中心和管理中心，具有適應性強、功能強、反應靈敏的特點。前期的信息收集和準備工作，為建立完備的救災方式和預案、應對災害事件提供有力支持；中期充分的信息支持是救災工作順利有序展開的有力保障；後期及時的信息反饋也為進一步完善整個系統提供了可靠依據。

面對突發性災害事件，應急物流是直接服務於救災工作第一線的，因此積極預防、主動準備、及時反應、高效實施的應急物流是人民群眾生命財產安全的有力保障。

11.2.2　經濟全球化對應急物流的影響

隨著經濟全球化的迅速發展，世界各國經濟聯繫的加強和相互依賴程度日益提高，各國國內經濟規則不斷趨於一致，國際經濟協調機制進一步強化，即各種多邊或區域組織對世界經濟的協調和約束作用越來越強。經濟全球化打破了一國自給自足的生產模式，形成了各國經濟相互依賴的格局，企業的經營視角已不再局限於某個地區，而轉向全球貿易，所以無論從原材料與零部件的籌供、產品的分銷、倉庫的選址都不得不考慮物流問題。這樣隨著經濟全球化的發展，物流理念開始對傳統生產組織方式進行挑戰，企業的生產由封閉轉為開放，產品從原材料到產成品的各個環節都有可能分離出來，轉由社會來實現。生產企業將整個社會經濟系統看作一條為我所用的生產線是物流時代生產企業的特徵之一，並由此淡化了生產活動在空間上的邊界。從真正意義上實現了生產在流通和消費領域內的延伸。

電子商務的迅速發展極大地促進了物流業的發展。電子商務的一項重要職能就是利用因特網實現網上購物。電子商務下的物流有四個特點：商品的小批量多品種、客戶的分散性、配送的時效性和配送的服務性。電子商務的迅速發展向物流業提出新的挑戰。首先，由於通過互聯網，客戶可以直接面對製造商並獲得個性化服務，所以傳統物流渠道中的批發商和零售商等仲介職能大大降低。其次，網上時空「零距離」的特點很容易被客戶帶入現實領域，以至於要求倉庫、車隊等在其按動鼠標後立刻做出反應並送貨上門，這給企業交貨速度造成巨大壓力。同時，那些已經數字化的產品如書報、軟件、音樂等，其物流系統在信息產業迅速發展之下，將逐漸與網絡系統重合併最終被取代。

在國際分工的新形勢下，越來越多的跨國公司日益關注中國經濟的巨變，加快了

國際價值鏈在中國的佈局，並調整在華經營戰略，極力地將中國納入新型的國際分工體系之中。因各國投資自由化政策所帶來的人員、物資流動障礙的消除，為企業跨國佈局和組織生產提供了適宜的政策環境。因而，以跨國公司為主體的國際分工得以迅速發展，如表 11-1 所示。這為中國應急物流業的快速發展創造了良好的外部條件。

表 11-1　　1982—2003 年國外直接投資與國際生產的指標比較表

項　　目	價值量（按當年價格計算）（億美元）		
	1982 年	1990 年	2003 年
國外直接投資流入量	590	2,090	5,600
國外直接投資流出量	280	2,420	6,120
國外直接投資輸入存量	7,960	19,500	82,450
國外直接投資輸出存量	5,900	17,580	81,970
跨國公司國外子公司銷售量	27,170	56,600	175,800
跨國公司國外子公司生產總值	6,360	14,540	37,060
跨國公司國外子公司的總資產	37,060	58,830	303,620
跨國公司國外子公司的出口量	7,170	11,940	30,770
跨國公司國外子公司的雇員人數/千人	192,320	241,970	541,700
GDP（以當年價格計算）	117,370	225,880	361,630
固定資本形成總額	22,850	48,150	72,940
商品與非要素服務出口	22,460	42,600	92,280

資料來源：UNCTAD, World Investment Report 2004: The Shift Towards Services.

11.2.3　借鑑國外應急物流的管理經驗

美國建立了完備的應急體系，形成了以「行政首長領導，中央協調，地方負責」為特徵的應急物流管理模式。在地震、颶風、火山、洪水等可能造成重大傷亡的自然災害發生時，美國政府就會立即宣布進入聯邦緊急狀態，並啟動應急計劃，所有防救災事務由聯邦應急管理署（Federal Emergency Management Agency，FEMA）實行集權化和專業化管理，統一應對和處理。美國的救災規劃還有相應的治安組織體系，該體系平時配合警方承擔各種治安任務，在重大災害發生時轉變成緊急救災體系進行救災任務。FEMA 設有物流管理的專門單位，平時主要負責救災物資的管理儲備、預測各級各類救災物資需求、規劃救災物資配送路線以及救災物流中心設置等工作。當災害發生時，物流管理單位便會迅速轉入聯邦緊急反應狀態，根據災害需求接受和發放各類救災物資。

日本由於其特殊的地理位置以及地質條件的影響，經常遭受地震、臺風等自然災害的侵襲。在設計防災、救災計劃以及開展防災、救災演習上，日本政府形成了以「行政首腦指揮，綜合機構協調聯絡，中央會議制定對策，地方政府具體實施」為特徵的應急管理模式。日本的防救災體系分為三級管理，包括中央國土廳救災局、地方都道府以及市、鄉、鎮。各級政府防災管理部門職責任務明確，人員機構健全，工作內容完善，工作程序清晰。在救災的物流管理上，日本的主要做法有：制定災害運輸替代方案，事前規劃陸、海、空運輸路徑（因海運和空運受災害影響小，所以多利用這些

資源）；編製救災物流作業流程手冊，明確救災物資的運輸、機械設備以及其他分工合作等事項；預先規劃避難所，平時可作他用，一旦發生災害，立即轉成災民避難所，並作為救援物資發放點。對救災物資分階段進行管理：根據救災物資性質分送不同的倉庫，對社會捐贈災區的必需物資，經過交叉轉運站（Cross-docking）分類後直送災民點；對社會捐贈的非必需物資或超過災區需要的物資，則送到儲存倉庫，留待日後使用。日本非常重視應急物資儲備，基本形成了從國家到家庭各個層面的儲備體系。

德國擁有一套較為完備的災害預防及控制體系。德國的災害預防和救治工作實行分權化和多元化管理，在應急物流管理中由多個擔負不同任務的機構共同參與和協作，最高協調部門是公民保護與災害救治辦公室，隸屬於聯邦內政部。在發生疫情以及水災、火災等自然災害時，消防隊、警察、聯邦國防軍、民間組織以及志願組織等各司其職、齊心協力，最大限度地減少損失。德國技術援助網絡等專業機構可以為救災物資的運送和供應等方面提供專業知識和先進技術裝備的幫助，並在救災物流中發揮重要作用。德國還有一家非營利性的國際人道主義組織，即德國健康促進會，長期支持健康計劃並對緊急需求做出立即反應，在救災物流管理中也發揮著極其重要的作用。一旦有災害通知，德國健康促進會就會立即啟用網絡通信資源，收集災害的性質、範圍等信息，並迅速組織救災物品配送到指定的救助地點。

11.3　案例評析：災害性事件應急物流保障機制的建立

應急物流方案的實施往往需要緊急調動大量應急物資，必須建立應急物流保障機制，其目的在於使應急物流的流體充裕、載體暢通、流向正確、流量充沛、流程簡潔、流速快捷，使應急物資能快速、及時、準確地到達事發地。建立了應急物流的長效保障機制，災害性事件的應急物流方案就能夠順利地運行。

11.3.1　建立監測預警及應急物流預案機制

監測與預警是一切應急事件救援、處置、處理的基礎，各級職能部門應根據國家有關法律法規認真搜集、歸納、整理、分析相關信息，並將有關信息「上情下達」形成聯動。對早期發現的、影響可能較大的潛在隱患以及可能發生的災害性突發事件，應通過主管領導或管理部門會同衛生、防疫、地質、氣象、消防、防洪、環保等有關專家進行風險預測評估，提出預警意見及時採取應對措施。應急物流的最根本的目標就是實現對突發事件的應急保障，但由於應急物流的突發性、不確定性等特點，決定了應急物流必須著眼於平時的準備，加強應急事件的預警，加強應變機制的演練，才能做到應急物流工作有條不紊，快速反應，做到「有備無患，有患不亂」，「來之能戰，戰之能勝」。

應急物流的「應急」特點，決定了應急物流必須著眼於平時的準備，因此，為確保應急物流能安全實施，全國各級必須編製應急物流預案，並對預案進行演練。編製應急物流預案，完善應急機制、體制和法治，可以提高預防和處置突發事件的能力，最大限度地預防和減少突發事件及其造成的損害，保障公眾的生命、財產安全，維護國家安全和社會穩定，對於構建社會主義和諧社會具有十分重要的意義。應急物流預

案的準備包括應急物流硬件和軟件兩個方面，其中應急物流硬件的準備主要包括應急物資的儲備、應急資金的準備、基礎設施設備的準備和車船道路的準備等；應急物流軟件的準備主要包括應急物流的人員準備、信息系統的建立、應急場景的假定和應急措施的制定等。

可能發生重大疫情地區的縣級以上地方人民政府負責管理救災工作的部門或者機構，應根據本地區發生重大自然災害或突發性公共事件的特點和規律，在平時或災害發生之前就應會同有關部門制定本行政區域內的應急物流保障預案，並加強突發事件應急反應隊伍和預備隊伍建設，按照預案實施應急演練和信息化建設。對可能參與突發事件應急處理的公務員、工勤人員及各類專業人員要定期進行相關知識、技能和防護培訓，定期組織有關部門對應急反應隊伍和預備隊伍知識掌握、技能熟練程度、實戰應對能力、防護意識、敬業及責任心等方面進行評估，並根據評估結果調整管理策略，優化人員結構。

11.3.2 建立全行業物流動員機制

應急物流中的物流動員機制可通過傳媒和通信告知民眾受災時間、地點、受災種類、範圍、賑災困難情況、工作進展、民眾參與賑災的方式、途徑等，這樣可以達到全民參與、關心賑災事宜，有效調動民眾的主觀能動性和創造性，群策群力為賑災獻計獻策；根據需要可以以有償或無償方式籌集應急物資或用於採購應急物資的應急款項；為實現快速應急物流提供各種方便，為賑災提供必要的人力資源；最大限度地創造有利的工作環境，掌握救災工作的主動性。

在災害發生時，不管是突發性的地震，還是過程性的洪澇災害，人們的心理都會發生明顯的變化，其主要表現為驚恐與焦慮不安的心理狀態，並表現出不同程度的思維混亂、行為失態等異常心理特徵。動員工作就是要在一定程度上針對人們可能出現的心理和行為反應進行教育，最大限度地消除不利影響，為災害發生時自救和他救創造條件。

應急物流動員的實施主要體現在動員準備、即時動員和善後復原三個往復循環的環節中。其中動員準備是基礎工作，要及早準備和規劃；即時動員是關鍵；善後復原是動員的逆動員。在應急物流動員實施之前預先進行的籌劃和安排是動員準備應該完成的工作，主要包括物資儲備與財政保障、應急物流人力資源儲備、全民危機意識培養三方面的工作內容。即時動員主要就是結合具體的應急物流事件，迅速組建或擴充應對危機快速的應急物流機動保障隊伍，並根據危機事件性質和特點，綜合考慮交通條件和技術條件等因素，從而確定出具體的應急物流運作模式，結合經濟以及政治方面的相關動員對突發事件進行處理，減少各方面的損失。最後在應急物流即時動員之後有個善後復原工作，有組織地從應急狀態轉入平時狀態進行活動。具體包括人員、經濟、政治方面的復原，為下一次的應急物流動員工作創造條件。

11.3.3 建立政府協調機制

由於應急物流是其社會功能的體現，往往需要整個社會的參與，而應急物流的組織指揮工作，在很大程度上取決於各級政府職能的發揮，務實高效的政府職能是應急物流組織指揮成功的關鍵。在突發性自然災害和公共衛生事件的緊急狀態下，就必然

要求政府建立相應的指揮機構和運作系統對各種國際資源、國家資源、地區資源、地區周邊資源的有效協調、動員和調用；及時提出解決應急事件的處理意見、措施或指示；組織籌措、調撥應急物資、應急救災款項；根據需要，緊急動員相關生產單位生產應急搶險救災物資；採取一切措施和辦法協調、疏導或消除不利於應急事件處理的人為因素和非人為障礙。

地震所導致的災害複雜程度較高，對各部門協調工作的要求也就更高，需統一指揮、協調地震、救援、醫療、軍隊、通信、氣象、後勤等部門搶險救災，這需要建立一個高效的快速回應工作機制和指揮系統。如：「5/12 汶川大地震」事件就能充分顯示政府協調機制的功能和重大意義。地震一個多小時之後胡錦濤總書記做出重要批示，抗震救災總指揮部隨之也宣布成立，溫家寶總理任總指揮，全面負責抗震救災工作，統一領導、指揮，協調地方、部隊及各方面救援力量的抗震救災工作。國內不同層級和不同部門的政府機構之間相互協同，政府與社會各類企事業單位和民間組織等之間通力配合，萬眾一心，共同抗震救災。

在全球化、區域化日益發展的今天，許多突發性災害事件所產生的影響不僅局限於一個國家或地區，諸如環境問題、氣候災變、疫病、國際恐怖主義等引發的突發性災害的全球風險也日益增加。因此，在應對突發性災害的過程中，加強國際間的人員合作和科技交流顯得日益重要，這也是突發事件中政府協調機制實施的主要任務之一。「非典」元凶僅用 3 周時間就被鎖定，冠狀病毒的基因圖譜僅用 6 天時間就被破解，科學家們之所以能在短時間內取得攻克「非典」病毒的勝利，得益於國際間的通力合作與交流，充分顯示了全球科技攜手攻關的威力。

11.3.4 建立法律保障機制

法律保障對應對處理重大自然災害、突發性公共衛生事件及安全事件起著至關重要的作用，它可以規範個人、社會和政府部門在非常時期法律賦予的權利職責和應盡的義務。相關法律可以保障在特殊時期、特殊地點、特殊人群的秩序和公正，還可以規範普通民眾和特殊人群在特殊時期、特殊地點的權利和義務，可為與不可為。應急物流中的法律機制實際上是一種強制性的動員機制，也是一種強制性的保障機制，如在發生突發性事件時，政府有權有償或無償徵用民用建築、工廠、交通運輸線、車輛、物資等，以解抗災、救災和賑災之急。

許多國家都制定了相關的法律法規，如美國的《國家緊急狀態法》，俄羅斯的《聯邦公民衛生流行病防疫法》，韓國的《傳染病預防法》。中國在災害應對處置及社會保障方面的立法建設走過了將近半個世紀的歷程，制定了多部有關此方面的法律、法規。但從總體上看，中國在應對處理突發性事件應急物流有關的立法方面還相對滯後，難以適應社會經濟發展的要求，主要表現為：

（1）缺乏全國性或區域性物流系統整體規劃，應急物流體系殘缺不全，應急物流立法空白甚多；

（2）應急物流涉及面太寬，行政法規多，立法層次低；

（3）法制化水準還不夠，執法水準有待進一步提高，國家應完善應急物流的立法工作，使應急物流有法可依。

11.3.5 建立「綠色快速通道」機制

在發生突發性災害和公共衛生事件時期，為了保證應急物資的順利送達，可在重大災害發生及救災賑災時，建立地區間和國家間的「綠色快速通道」機制，即建立並開通一條或者多條應急保障專用通道或程序，在必要時可以給予應急物資優先通過權。這樣可有效簡化作業週期和提高速度，使應急物資迅速通過海關、機場、鐵路、地區檢查站等，讓應急物資、搶險救災人員及時、準確到達受災地區，從而提高應急物流效率，縮短應急物流作業時間，最大限度地減少生命財產的損失。「5/12 汶川大地震」發生後，中國各地為救災車輛開闢了一條高效、便捷、暢通的「綠色快速通道」，特別建立並開通多條抗震救災應急保障專用通道，給予應急物資優先通過權，讓應急物資、救災人員能夠及時、準確到達受災地區，最大限度地減少了生命財產損失。特別是在地震災害中山體滑坡、塌方造成公路交通環境極其惡劣的情況下，為盡快進入重災區，解放軍搶險部隊採取空運和步行這兩種最高端與最原始的方式，力保應急物流的暢通。

「綠色快速通道」機制可通過國際組織，如國際紅十字會，也可通過相關政府或地區政府協議實現，也可通過與此相關的國際法、國家或地區制定的法律法規對「綠色快速通道」的實施辦法、實施步驟、實施時間、實施範圍進行法律約束。該機制要求鐵路、交通、民航等部門保證及時、優先運送應急物資，根據突發事件應急處理的需要，指揮部門有權緊急調集人員、儲備物資、交通工具以及相關設施、設備。必要時，對人員進行疏散或者隔離，並可依法對重大危害區進行封鎖。

11.3.6 建立應急報告與信息公布機制

突發事件的應急報告是決策機關掌握突發事件發生、發展信息的重要渠道，應以實事求是、科學的態度公布突發事件的信息，這是政府對社會、公眾負責任的具體體現，有利於緩解社會的緊張氣氛。信息的及時收集和傳遞是應急物流的保障，也是有效救災的重要手段，同時這也保障了公眾的知情權。公眾歷來對重大事件、突發事件，特別是發生在自己身邊的突發事件十分關注，封鎖消息往往會適得其反並引發謠言。相反，政府信息越公開越透明，謠言就會無處藏身。國家地震局在「5/12 汶川大地震」發生十幾分鐘後就發布了正式的地震消息，這無疑是信息公開的典範。第一時間公開信息有利於應急物流工作的全面開展，有利於保證社會的全面穩定。

突發事件災害情況的報告與公布是一個方面，另一方面針對突發事件的應急物流保障，其工作信息也可以公開發布。物流信息的公開發布，可以使社會各界瞭解救災物資的需求與供給狀況，調動社會力量籌集應急物資，保障運輸。兩方面的信息相結合，對於增加救災工作的透明度將起到重要作用，使公眾更加詳細地瞭解應急救災工作，可以有的放矢地為應急救災提供幫助，同時減少了許多中間環節，精簡了操作程序，提高了運行效率。

11.3.7 建立應急基金儲備機制

如果交通要道阻斷，物資無法運輸到目的地，那麼物資的儲備就顯得異常重要。世界各個國家和地區都很重視糧食的儲備，主要是應對突發性的饑荒等災害。應急物資的儲備關鍵在於儲存倉庫的合理佈局、修建的數量和容量，物資的種類、長期和中

期的儲備量以及儲備物資的合理維護和有效管理。

　　針對常見的各種自然災害對救災物資的要求，應當在災害發生前做好各種物資的儲備。大量的有效物資儲備可以大大縮短從災害發生到救災完成的間隔時間，減少採購和運輸量，減少相關成本。中國應急物資的儲備工作與西方發達國家相比具有相當大的差距，近些年才加大了儲備力度。2003年的「非典」反應了中國在醫療物資儲備方面的許多不足；「5/12汶川大地震」反應了中國對帳篷、藥品等緊急救災物資儲備的不足，大量救災物資需要從西部以外的地方調運，增加了運輸時間和難度。中央需建立佈局更合理的救災物資倉庫，以便最快地支援災區，完善的中央級救災物資儲備庫會對救災起到積極作用。

　　應急物流活動中的資金流是不可忽視的管理環節。對於中國目前經濟建設發展的需求來說，突發事件的發生會對一個地區甚至全國造成各方面的不利影響，儘管國家每年都從財政預算中預留部分資金用於重大突發事件和自然災害的應對與處理，但這無疑是「杯水車薪」。據此，我們應動員全社會力量，以各種方式、各種途徑建立用於應對和處理突發事件的應急基金，最大限度地降低災害損失和對社會經濟造成的負面影響。

11.3.8　建立交通運輸保障機制

　　建立完善的運輸保障機制，最大限度地減少在突發事件中因交通問題給國家和人民群眾生命財產造成的損失，可以從以下方面進行考慮：

11.3.8.1　建立健全應急物流交通運輸法律法規體系

　　應急物流交通運輸法律法規體系的建立，能確保全社會的物流交通「有法可依」、「有法必依」。著眼於經濟建設和應急的雙重需要，優先抓好敏感地區，如洪澇易發區、地震頻發區、民族分裂分子活動區、戰爭前沿區等地區的應急物流交通運輸動員法規體系建設。對平時和應急條件下交通線路的管理，相關應急設施設備的貫徹落實，應急要求、預案的制定、應急徵用的實施程序、補償和撫恤、經費保障等，都應該做出明確的規範，使廣大應急物流交通運輸保障人員的行為有章可循。

11.3.8.2　建立應急物流快速回應的運行機制

　　要加強應急物流保障力量，以「骨幹先行」的方式提高應急物流交通運輸保障的快速反應能力。在力量的組建上，應本著「軍方牽頭、以民為主」的指導思想，建立統一的指揮機構，同時進行區域編組，有組織、有計劃地進行必要的演練，平時應擬制好應急方案，必要時一聲令下，隨時提供保障。應進行集中登記管理，平時要搞好地方科技力量的普查和儲備，利用高科技手段建立起專業保障隊伍、交通保障經費、道路和車輛物資、運輸機具等數據庫，與各縣交通戰備辦公室形成局域網，實行登記、訓練、保障自動化管理，要定期向單位和個人明確編組、集結地域、任務等，以便遇到緊急情況，能及時構建和執行保障任務。同時進行集中訓練，即把專業技術與現代高技術、軍事訓練有機結合起來，定期進行相關的專業訓練，變「分散型」訓練為「相對集中的規範性」訓練，使專業訓練向系統化、正規化、基地化方向發展。

11.3.8.3　抓好交通運輸基礎設施建設

　　確保應急物流交通運輸保障的全程順暢。以改造縱橫干線、提高通過能力，新建迂迴、倒運道路為重點，輔以加強配套工程建設。在地方性鐵路修建上，要考慮與干

線聯網，按標準鐵路軌距修建；在線路等級上，要按三級以上修建；在建設投資上，主要依靠地方自己的力量，國家適當補助。

　　總之，現代社會需要建立強有力的「應急物流」保障機制，特別是在重大危機的處置中，應急物流扮演著舉足輕重的作用。中國應積極學習和總結先進國家的經驗，盡早建立高效、快速的應急物流體系與現代應急物流保障機制。

第 12 章
基於低碳經濟的鋼鐵企業生產物流配送模型案例[①]

為適應「低碳經濟」發展趨勢的要求，本案例論述了鋼鐵企業生產物流流程的典型特徵，提供鋼鐵企業生產流程的物流配送模型。設計物流配送模型的關鍵就是要合理安排配送路徑。於是作者在國內外多數學者研究的基礎上建立有時間窗約束顧客可被多次訪問的物流配送模型，以適應低碳經濟對鋼鐵企業生產物流流程的需要。通過系統仿真案例，表明顧客可被多次訪問的物流配送模型要優於顧客不能被多次訪問的物流配送模型，能達到既降低配送成本又提高配送效率的目的。

12.1 案例引言

在全球資源、能源吃緊以及工業生態環境變化的背景下，鋼鐵企業要生存、要發展就必須重視全球資源、能源與環境、生態的約束。因此，現代鋼鐵企業必須迅速適應「低碳經濟」發展格局的要求。「低碳經濟」給產業結構調整帶來了一場新的變革，也將改變人們的消費行為和消費習慣。在低碳經濟環境下，物資流、能量流、信息流、資金流、商流都可以通過企業生產要素資源配置來實現，而作為鋼鐵生產物流中最重要的一環——製造流程生產物流要適應「低碳化」，必須通過物流配送的「低碳化」來實現。鋼鐵企業為適應低碳經濟發展格局的要求，就必須重視物流配送問題。物流配送的核心部分主要包括配送的集貨、配貨及送貨過程，而在送貨過程中車輛配送路徑是否合理將直接影響著整個物流配送速度和成本[1]。配送是從發貨、送貨等業務活動發展而來的，它是根據客戶訂貨要求的時間計劃，在物流節點（倉庫、門店、貨運站、物流中心等）進行分揀、加工和配貨等作業後，送達收貨人的過程。雖然國內外學者對這一問題都進行了深入的研究，已經提出了無時間窗顧客不能多次訪問配送模型、有時間窗顧客不可多次訪問配送模型和無時間窗顧客可多次訪問配送模型，但是這些模型都不完全適應低碳環境的物流配送。因為在低碳環境下，客戶對商品的配送

[①] 此案例是根據夏文匯. 基於低碳經濟的鋼鐵生產物流配送模型研究 [J]. 重慶理工大學學報：社會科學版，2010（10）改編而成。

仍然會提出較高的時間要求，並且各顧客或配送中心之間不可能都存在直接的最短路徑，這就要求有些顧客可能被多次訪問。所以，我們應建立一個有時間窗約束、顧客又可多次訪問的物流配送模型來適應低碳經濟環境對鋼鐵企業物流配送的要求。

12.2　案例研究中的文獻回顧

從經濟學資源配置角度，對配送在社會再生產過程中的位置和配送的本質行為予以表述：配送是以現代送貨形式實現資源最終配置的經濟活動。其概念內涵包括經濟學家的理論認識，配送是資源配置的一部分，因而是經濟體制的一種形式[2]。「九五」計劃以來，中國鋼鐵工業伴隨著生產流程的進步和企業結構的調整，其產品種類、能源結構、裝備水準以及物資流和能量流的表現形式等都發生了根本性變化。以連鑄為中心的鋼鐵工藝流程向緊湊、連續、高效化方向發展，資源效率逐步提高[3]。就現代鋼鐵生產流程而言，基於時間價值又要滿足低碳要求的物流配送，首先要考慮的就是車輛路徑的優化問題。自從丹齊克（Dantzig）和拉姆薩（Ramser）在1959年提出車輛路徑優化問題（Vehicle Routing Problem，VRP）及其模型和解法以來[4]，該問題一直受到國內外學者的廣泛關注。車輛路徑優化問題，其原型是旅行商問題（Traveling Salesman Problem，TSP）[5-6]。所謂TSP是指一名推銷員要訪問一些城市，並且每個城市只能訪問一次，最後又必須返回到出發城市，那麼他應如何安排對這些城市的訪問次序，使旅行路線的總長度最短。

在經典VRP問題上，有影響的研究成果主要有：帶能力約束條件的車輛路徑問題（Capacitated Vehicle Routing Problems，CVRP）、帶時間窗口的車輛路徑問題（VRPTW）、追求最佳服務時間的車輛路徑問題（VRPDT）、多車次配送路徑問題（VRPM）、多車種車輛路徑問題（FSVRP）、隨機需求車輛路徑問題（VRPSD）、動態車輛路徑問題（DVRP）、考慮收集的車輛路徑問題（VRPB）、雙向VRP等[7]。在VRP問題的求解方面，巴林斯基（Balinski）等首先提出了直接考慮可行解集的VRP的集分割優化方法，建立了最簡單的VRP求解模型[8]。艾倫（Eilon）[9]等提出了應用動態規劃法求解車輛數確定的VRP模型。吉列（Gillett）[10]等提出了應用掃描法求解VRP問題的思想。費舍爾（M. L. Fisher）[11]在Christofides等人的k度中心樹的鬆弛算法基礎上進行改進，可求解多達134個目標客戶的VRP問題。

20世紀90年代初，威拉德（Willard）[12]、根德羅（Gendreau）[13]等人開始將禁忌搜索方法應用於VRP優化問題，這是一種求解VRP問題的比較好的現代啓發式算法。霍蘭德（Holland）首先採用遺傳算法編碼解決帶時間窗口的VRP問題，後來勞倫斯（Lawrence）[14]等多位學者也在這一領域進行了深入研究。奧斯曼（Osman）[15]等提出運用模擬退火法解決路線分組問題，具有收斂速度快，全局搜索能力較強的特點。

丹齊克和拉姆薩將TSP的思想運用到物流配送中，建立了無時間窗顧客不可多次訪問的模型，即有一系列特定位置和需求量的客戶點，現要調用一定數量的車輛，從配送中心出發，選擇最優的行車路線，使每個顧客只能訪問一次，在滿足特定的約束條件（如客戶的需求量、車輛載重限制）下，配送總費用最低。

VRP被提出後，國內外大量的學者從不同角度、不同領域對它進行了多元化研究。

其中賽諾斯貝格（Savelsbergh）提出了帶時間窗約束的車輛路徑問題（Vehicle Routing Problem with Time Windows, VRPTW）[16]，該模型在原有的 VRP 模型基礎之上，添加了顧客允許被服務的時間範圍，建立了有時間窗約束顧客不可多次訪問的物流配送模型。所以，有必要建立一種有時間窗約束、顧客又可以被多次訪問的物流配送模型來適應低碳經濟環境下鋼鐵企業生產流程對物流配送的要求。

12.3 低碳經濟與中國鋼鐵工業節能

12.3.1 鋼鐵企業生產模式適應低碳經濟發展的要求

所謂「低碳經濟」是指以「低能耗、低污染、低排放」為基礎的經濟模式，是人類社會繼農業文明、工業文明之後的又一次重大進步。低碳經濟實質上是指能源高效利用、清潔能源開發、追求綠色 GDP 等，其核心是能源技術和減排技術創新、產業結構和制度創新以及人類生存發展觀念的根本性轉變。「低碳經濟」提出的大背景，是全球氣候變暖對人類生存和發展的嚴峻挑戰。

在此背景下，現代鋼鐵企業的生產模式首先就應符合低碳經濟發展的要求。從「十五」期間鋼鐵企業噸鋼可比能耗與先進產鋼國的差距來看，就能證明發展低碳經濟的緊迫性和重要性。總體看來，中國鋼鐵企業綜合節能的進展情況是呈現良好態勢的。比如，1980—2005 年，中國鋼廠綜合節能的進展情況與特色（見圖 12-1）[17]就足以證明。「十五」期間中國鋼鐵工業節能雖然取得了豐碩的成績，但與世界發達國家相比仍有較大差距。經統計計算：若不考慮國內外軋鋼系統在工序能耗和成材率兩方面的差異，2005 年中國大中型鋼鐵企業的噸鋼可比能耗比先進產鋼國高出約 9.9%，相差 64 千克/噸；若考慮上述兩方面的差異並假設國內軋鋼工序與國外處於相同的水準，則中國的噸鋼可比能耗比先進產鋼國高出 17.2%，即 112 千克/噸。如表 12-1 所示[18]。由表 12-1 可知，在鋼比系數方面的差距，中國的礦鋼比要比先進產鋼國高出 294 千克/噸，即中國生產每噸鋼要比國外多消耗 294 千克燒結礦；鐵鋼比高出 144 千克/噸，即多消耗 144 千克鐵水；相反，電爐鋼比卻低了 183 千克/噸。由此可見，發展低碳經濟，對中國鋼鐵工業節能減排的管理與技術提出了新的課題。

表 12-1　2005 年中國大中型鋼鐵企業的噸鋼可比能耗與先進產鋼國的差距表

工序名稱	工序能耗/（千克/噸）			鋼比系數/（t·t^{-1}）			噸鋼能耗差距（千克/噸）
	先進國家	中國	差距	先進國家	中國	差距	
燒結（球團）	57.0	65.0	+8.0	1.040	1.334	+0.294	+27.4
高爐煉鐵	464.0	457.0	-7.0	0.731	0.875	+0.114	+60.9
轉爐煉鋼	17.9	36.0	+18.1	0.700	0.883	+0.183	+19.4
電爐煉鋼	198.6	201.0	+2.4	0.300	0.117	-0.183	-36.1
軋鋼工序	152.2	89.0	-63.2	0.853	0.920	+0.067	-48.0
其他工序	49.6	90.0	+40.4				+40.4
噸鋼能耗差距（不考慮國內外軋鋼工序能耗和成材率兩方面的差異）							+64.0
噸鋼能耗差距（考慮國內外的差異並假設國內軋鋼工序與國外處於相同水準）							+112.0

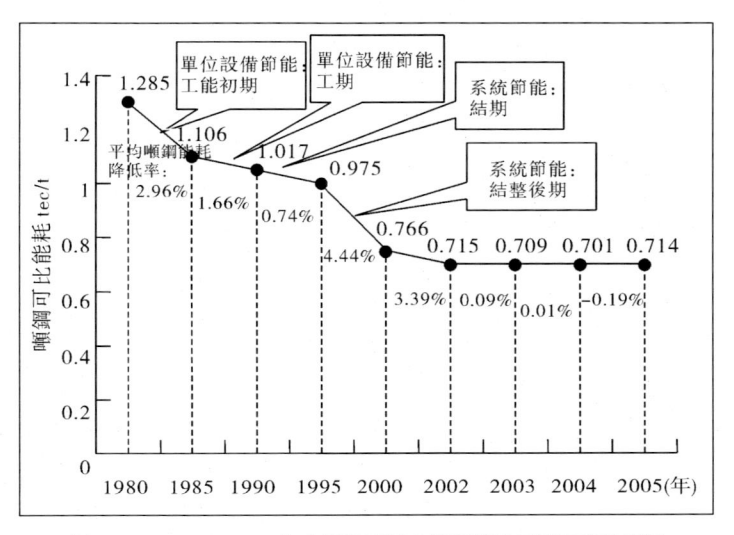

圖 12－1　1980—2005 年中國鋼廠綜合節能的進展情況與特色圖

12.3.2　鋼鐵企業生產物流流程的典型特徵

鋼鐵企業生產物流在本質上是一種動態有序的過程，其運行的物流本質典型特徵是：鐵素物資流在能量流的驅動和作用下，按照設定的程序在流程網絡中動態有序地運行，以實現多目標優化。其內容包括了：產品優質、成本低、生產流程順暢、能源使用效率高、能耗低、排放少、工業環境生態等。要實現其目標和宗旨，必須通過鋼鐵企業物流系統的轉換。所謂鋼鐵企業物流系統的轉換是指企業生產物流，也稱廠區物流、車間物流等，它是企業物流的核心部分。生產物流（Production Logistics）是生產過程中原材料、在製品、半成品、產成品等在企業內部的實體流動。

鋼鐵企業生產流程一般是由原料儲存→原、燃料處理→還原煉鐵→氧化煉鋼→鋼液凝固→鋼坯再加熱→鋼坯熱壓力加工等工藝過程組成。鋼鐵生產物流系統包括：各專業工廠或車間的半成品或成品流轉的微觀物流。各專業廠或車間之間以及它們與總廠之間的半成品、成品流轉。工廠物流的外沿部分，指廠外運輸銜接部分，包括：原材料、部件、半成品的流轉和存放。產成品的包裝、存放、發運和回收。生產物流系統的邊界是始於原材料、配件、設備的投入，經過製造過程轉換為成品，最後從成品庫再運到中轉部門或直接配送給用戶或出口。生產物流並不是一個孤立的系統，而是一個與周圍環境緊密相關，並且不時地從外界環境中吸進「營養」，並向社會輸送產品和勞務的開放系統。事實上，現代鋼鐵企業本身就是一類「鐵—煤」化工過程及其深加工系統。將鋼鐵生產流程抽象為鐵素物資流的輸入—輸出過程、能量流的輸入—輸出過程以及鐵素流—能量流相互作用的過程，這有利於研究物資流、能量流在鋼鐵企業生產過程中的動態行為、效果以及兩者之間的相互作用機制，為鋼鐵企業進一步節能、減排和消除廢棄物尋求新的解決途徑。鋼鐵企業的物資流、能量流相互作用如圖 12－2 所示[19]。以鋼鐵企業為核心的流程運行系統，如圖 12－3 所示。

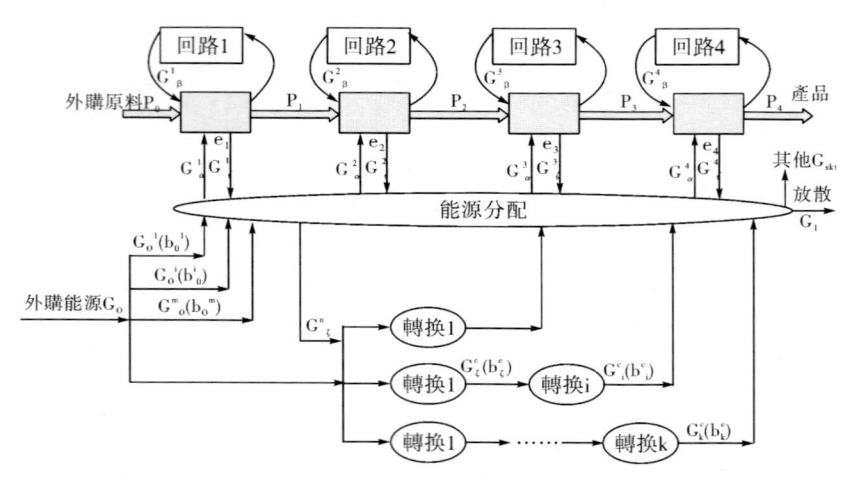

圖 12-2　鋼鐵企業物資流、能量流相互作用示意圖（以噸為基準）

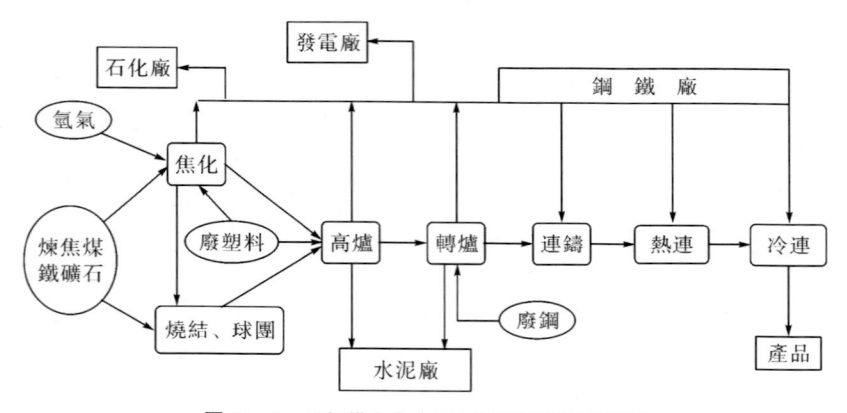

圖 12-3　以鋼鐵企業為核心的流程運行系統圖

所以，優化鋼鐵企業生產物流系統，以最大限度提高生產物流的速度為目標，即物資停頓的時間盡可能地短，週轉盡可能地加快；物流的質量，即物資損耗少，搬運效率高；物流的運量，即物資的運距短，無效勞動少等。只要合理組織生產物流流程，才可能使生產流程處於最佳的狀態，確保生產流程的連續性、平行性、節奏性、比例性和適應性。如果物流活動組織水準低，達不到生產要求，即使生產條件和設備條件再好，也不可能順利完成生產流程，更談不上取得較好的經濟效益。

12.4　物流配送路徑的優化方法

隨著鋼鐵企業生產管理信息系統的建立和完善，企業生產經營節奏不斷加快，為快速回應市場需求，現代企業不得不重視物流及物流配送模式問題的研究，在分析研究物流配送模式設計時，就必須研究其核心內容即物流配送路徑優化問題，此問題的

研究是降低企業物流運作成本的關鍵要素。然而國內外物流學者對此問題的研究也隨之重視起來。首先，研究的問題由簡單到複雜，涉及的資源約束條件不斷增多；其次，研究方法也由一般的精確算法發展到傳統啓發式算法，進而再到現代啓發式算法。本案例分析比較各類方法的優劣，作為本案例求解方法的基礎。

12.4.1 物流配送路徑優化的一般方法

12.4.1.1 物流配送路徑優化的精確算法

（1）枚舉法。它是指從可能的路徑集合中一一枚舉各個元素，用 VRP 問題給定的約束條件判定哪些是無用的，哪些是有用的。能滿足約束條件的路徑方案，即為問題的可行解。再對所有可行解進行最優化比較，得到配送路徑最優方案。此方法的優點是思路簡單，程序編寫和調試方便；缺點是運算量比較大，解題效率不高，如果枚舉範圍太大，在實踐上就難以施行。

（2）分枝定界法。此方法是一種隱枚舉法，它是在枚舉法的基礎上改進而來的，主要用於解決整數規劃。此方法的缺點和枚舉法類似，當 VRP 問題的節點數過大時，即使借助於計算機程序運算，也會出現內存不足的現象。

（3）割平面法。這個方法的基礎仍然是用解線性規劃的方法去解整數規劃問題。先不考慮自變量是整數這一條件，增加線性約束條件（即割平面）使原可行域切割掉只包含非整數解的一部分，經過多次切割，最終得到的可行域的一個有整數坐標的極點恰好是問題的最優解。該方法求解時間過長，不適用於大規模的 VRP 問題。

（4）動態規劃法。該方法是美國數學家貝爾曼（R. E. Bellman）等在研究多階段決策過程時，提出的把多階段過程轉化為一系列單階段問題，利用各階段之間的關係逐個求解的方法。它被用於求解物流配送路徑優化問題是 Eilon 等人在 1971 年提出的。科隆（Kolen）等於 1987 年將之用於帶時間窗口的路徑優化問題上。由於各階段決策之間的相互聯繫的複雜性，計算量隨著變量的增加呈指數增長，因而它只適用於較小規模的路徑優化問題。

12.4.1.2 物流配送路徑優化的傳統啓發式算法

傳統啓發式算法一般從初始解出發，以搜索鄰域的方式實現解的改進，可以簡單方便的得到一個可以接受的解；但算法一般精度較差，計算速度一般，適用範圍較窄，計算過程中也易於陷入局部最優而非全局最優。

（1）節約算法。節約算法最早是由克拉克（Clarke）等於 1964 年提出的，用於求解車輛配送路徑問題。其思路是按照較短路徑與原路徑之差（節約值）從大到小排序，在車輛的容量約束下，依序將對應的目標點排入路徑中，直到所有顧客都被插入路徑為止。原理如圖 12-4 所示：對每一個送貨點的客戶都派一輛車送貨，且送貨後空車返回，總路程為 $C = 2C_{01} + 2C_{02}$。如果把 P_1 和 P_2 聯合起來進行配送，即派一輛車從配送中心 P_0 出發，先到 P_1 再到 P_2，最後回到 P_0 進行送貨，則總里程為：

$C' = C_{01} + C_{12} + C_{02}$

兩者之間的節約量為：

$\Delta C = C - C' = C_{01} + C_{02} - C_{12}$

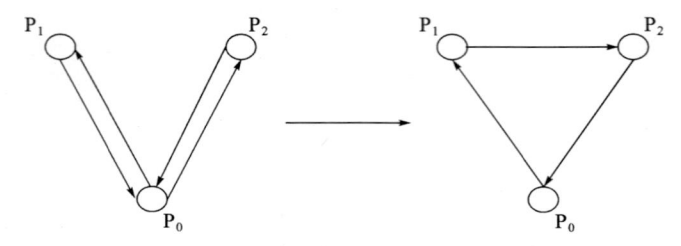

圖 12-4　節約法的路徑合併示意圖

（2）鄰接算法。該算法是一種序列構造路線法。其主要思路是從初始點（一般選取配送中心）出發，在未分配點中選出可加入點（指一個未分配點，將它作為一條路線的終點仍然保持路線的可行性），並從所有可加入點中選取一個點加入到當前路線中來，作為當前路線的終點，使得路線的總成本最小。如此不斷對線路進行擴充，直到路線不存在可加入點為止。此時，如果所有點都已分配入配送路徑方案中，則算法結束；否則，生成一條新的初始路線，重複前面的步驟直至結束。

（3）插入算法。它是由莫爾（Mole）等人首先提出，用於求解 VRP 問題的方法，結合鄰接算法和節約算法的觀念，依序將顧客點插入路徑中以構建配送路線。索羅門（Solomon）後來對該算法進行改進，加入了時間窗約束，使原問題的顧客等待時間縮短。它的流程與鄰接算法相似，其關鍵是選擇最合適的未分配點在路線中進行插入。

12.4.1.3　物流配送路徑優化的現代啓發式算法

相比傳統啓發式算法，現代啓發式算法不要求在算法的每一步都沿著最優目標下降的方向變化，而是允許目標值在某些步驟適當上升，這樣就能夠跳出傳統啓發式算法易於陷入局部最優化的困境。以下是對幾種常見的求解 VRP 問題的現代啓發式算法的綜述：

（1）模擬退火算法。這種方法是模擬熱力學中經典粒子系統的降溫過程來求解規劃問題。在給定的溫度下，該算法可以在一定概率下「爬山」到代價更高的解以防止搜索過程陷入局部最優，當溫度趨於零時，求得整體最優解。然而，該方法存在計算效率低的缺陷，因而限制了它的廣泛應用。

（2）遺傳算法。這是最早由荷蘭德（Holland）提出的以自然選擇和遺傳理論為基礎，模擬生物進化過程中「適者生存，優勝劣汰」規律而無須函數梯度信息的自適應全局搜索算法，目前在許多領域得到了廣泛應用。遺傳算法的優點在於能夠同時處理多個變量，只要優化參數配置得當，就有利於提高多變量優化問題的計算效率。

（3）禁忌搜索算法。該方法最早由格洛弗（Glover）提出，是局部搜索算法的擴展。禁忌搜索算法通過引入一個靈活的存儲結構和相應的禁忌準則來避免迂迴搜索，並通過特赦準則來避免一些被搜索的優良狀態，保證多樣性的有效搜索，以最終實現全局優化。該算法在求解組合優化問題和全局優化問題方面顯示了其良好性能，被廣泛應用於求解旅行商、車輛調度等問題。

（4）蟻群算法。此算法最早是由義大利學者多里戈（M. Dorigo）等人提出的，它模擬了蟻群搜索食物的行為。在尋找食物時，螞蟻會在它經過的路上排放一種激素（即算法中的信息素）作為標記，排放的激素的量則根據路徑長度和食物的等級決定。這些激素為其他螞蟻提供了信息，並吸引它們按照該路徑前去搬運食物。對於 VRP 問

題，每條邊對應兩個值，即吸引力 η_{ij} 和信息素 τ_{ij}。一般，η_{ij} 表示兩點間距離的倒數，距離越長，吸引力越小，在整個求解過程中設定為常量；而 τ_{ij} 則表示在搜索過程中每條邊上的信息素的量，代表著選擇這條邊的價值，在求解過程中是一個不斷調整的量。在路徑構造過程中，將根據 η_{ij} 和 τ_{ij} 確定的概率分佈隨機選取下一條路徑對原線路進行擴充，而信息素則根據每條邊的選用情況進行局部或全局的更新；局部更新指當螞蟻選用某條邊後，即刻對該邊的信息素下調，以減少這條邊再次被選取的概率，從而提高解的多樣性；全局更新是針對當前所獲得的最滿意解，對其某鄰域內的邊上的信息素上調，以增加這些邊被選取的概率。

12.4.2 各種方法的比較分析

上節所述的各類優化方法都曾在解決配送路徑優化問題上發揮了重要作用，這些方法是根據實際需要而發展起來的，對其進行總結如圖12－5所示。由圖12－5可知，隨著VRP問題的不斷複雜化，求解方法也由精確化到合理化，適用範圍也由小到大，較符合此領域的發展趨勢和需要。

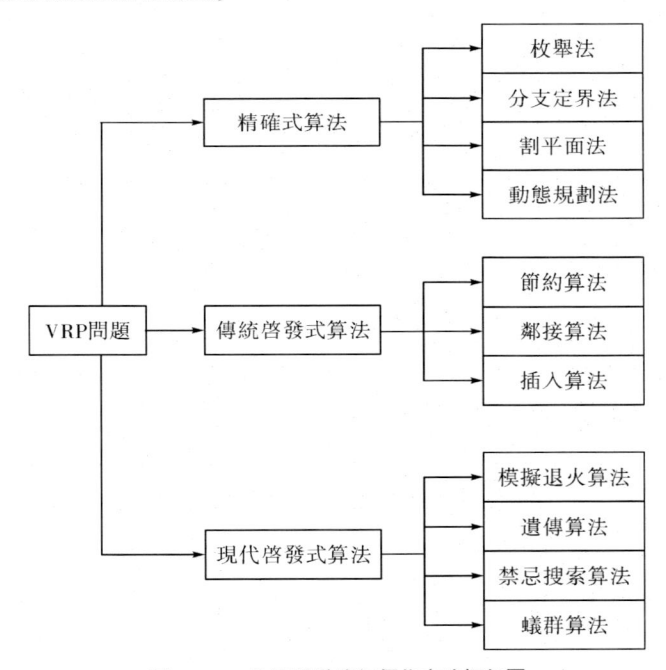

圖12－5　物流配送路徑優化方法框架圖

綜上所述，各種配送路徑優化方法在一定的條件都有其相應的優點，在解決某一類問題上存在其獨到之處，但隨著VRP問題的發展需要，對優化方法的要求也越來越高。對上述這些方法進行綜合比較，分析其優缺點，以供在求解VRP問題時參考（見表12－2）。

表 12-2　　　　　　　　　　配送路徑優化方法比較分析表

類別	方法名稱	優點	缺點	適用性
精確算法	枚舉法	簡單、方便；可以得到最優解	運算量大，效率不高	適用規模較小的問題
	分枝定界法	簡單、方便；可以得到最優解	計算時間長，內存占用大	適用於小型的組合型問題
	割平面法	可以得到最優解	計算時間長，內存占用大	適用規模較小的問題
	動態規劃法	可以得到最優解	計算時間長，計算量隨變量增加呈指數增長	適用規模較小的問題
傳統啓發式算法	節約算法	提高車輛利用率，解決較大規模的問題	計算精度較差；易陷於局部最優	可用於解決大規模問題，但範圍較窄
	鄰接算法	考慮到了鄰近節點成本節約問題	排序存在局限；得到的非最優解	適用於節點較少的問題
	插入算法	結合節約法和鄰近算法，等待時間縮短	得到的非最優解，計算速度較慢，易陷於局部最優	適用於規模較小的問題
現代啓發式算法	模擬退火算法	採用鬆弛技巧，解的滿意度較高	得到的非最優解，計算效率有待提高	適用於對有初始路徑的問題進行改造
	遺傳算法	全局搜索能力強，計算時間較少	可能出現過早收斂現象	可用於複雜問題
	禁忌搜索算法	搜索效率較高	計算速度也有待提高；可能搜索到局部最優解	適用於帶時間窗的 VRP 問題
	蟻群算法	計算速度較快，解的滿意度較高	需要不斷調整變量	適用於多目標的 VRP 問題

通過表 12-2 中的比較結果可知，物流配送路徑優化問題的精確算法都可以得到最優解，可以運用精確的數學算法解決較小規模的 VRP 問題，精度比所有啓發式算法都要高；但當變量大規模增加時，精確式算法的計算量呈指數增長，所以不適用於計算複雜的配送路徑問題。傳統啓發式算法儘管解的精確度較精確算法低，但計算量大幅度減少，且可以得到一個讓人相對滿意的解；但由於其全局搜索能力的不足，也不適用於計算規模較大的配送路徑優化問題。

現代啓發式算法較前兩者優勢明顯，它們普遍計算量少，全局搜索能力強，解的滿意度較高，尤其是經過專家們的多年研究，將兩種或多種現代啓發式算法以及傳統啓發式算法結合運用，通常可以在有限的時間內得到精度很高的滿意解。因此，現代啓發式算法方便實用，是解決實際當中的複雜路徑優化問題的主要途徑。

12.4.3　最佳物流配送的路徑優化方法的選擇

由於現代配送具有多批次、小批量、多品種、高效率的特點，配送要準確做到將符合質量要求的產品按時按量送到準確的地點，交給準確的對象。在此過程中還要做到價格（或成本）合理，因此，合理、有效地優化配送線路是一個非常現實的問題。

進行配送路線優化時，必須要有明確的目標和準則。基本上可以從以下幾個方面考慮：

（1）配送成本最低。企業的最終目的就是追求高效益，即利潤最大化，而成本與

利潤是一個問題的兩個方面,因此,配送當以選擇成本最低為主要目標。

(2)配送路程最短。一般而言,配送成本包含眾多方面,具體到 VRP 問題上來,配送成本主要和配送路程相關(其他影響配送成本的因素暫不予考慮)。因此,當配送成本不能直接從算法中顯示時,將最短路程作為替換目標也是適宜的。

(3)配送服務水準最優。一般而言,企業當以配送成本最低為目標;但由於物流行業特殊的服務性質,有時需要犧牲成本來確保服務水準,這時配送目標就應該更改為在一定的配送服務水準下,服務成本最低;或者通過將服務水準量化後掺入成本計算中。一般而言,配送路徑優化問題中的服務水準約束都是指配送到達時間限制,可以通過帶時間窗限制的啟發式算法解決。

(4)符合配送資源限制。即在勞動力、燃料、車輛及設備等配送資源有限的情況下,配送方案的制訂一定要考慮這些資源方面的約束。

以上考慮因素主要考量的是算法的適用範圍、解的精確性以及全局搜索能力。從表 12-2 中可以看出,蟻群算法在這幾個方面的能力比較突出,只要能夠妥善解決不斷調整變量的問題,就可以廣泛適用於多目標的 VRP 問題。

12.4.4 一般物流配送路徑優化模型描述

目前常用的配送路線模型有如下幾種,描述如下:

12.4.4.1 點至點間配送

該模型也被稱為單源節點配送,是比較簡單的一種配送模型,但這種模型卻很好地體現了配送路線模型的最基本、最重要的最短路徑思想。以下是對最短路徑算法的基本思路的介紹:

給定一個具有 n 個節點和 m 條弧賦權有向連通圖 $G = (V, A)$,其中 $V = \{v_1, v_2 \ldots v_n\}$,$A = \{a_1, a_2 \ldots a_m\}$,並且圖中每條弧 (v_i, v_j) 都有一個權重 C_{ij},一般表示費用、距離等。則最短路徑問題為:在連通圖 $G = (V, A)$ ($V = \{v_1, v_2 \ldots v_n\}$,$A = \{a_1, a_2 \ldots a_m\}$) 中找到一條從節點 v_1 到 v_2 的距離最短的路徑,設 G_{1n} 為所有連接從節點 v_1 到 G_{1n} 的連通圖。該類問題的數學表達如下:

∃連通圖 $G = (V, A)$ ($V = \{v_1, v_2 \ldots v_n\}$,$A = \{a_1, a_2 \ldots a_m\}$),其權重矩陣為 $C = \{C_{ij} / 1 \leq i \leq n, 1 \leq j \leq m\}$,$G_{1n} \subset G$,$G_{1n}$ 為所有連接點 v_1 到 v_2 的弧和相應的點構成的連通圖。

目標函數為:$\min Y = \sum C_{ij}$

12.4.4.2 多點間配送

該模型也被稱為多源節點配送,主要用於解決幾個節點之間送貨、配貨的產銷平衡問題,指的是起始點和目的點不唯一的配送調配問題。具體模型如下:

有 m 個已知的供應點 $A = \{A_1, A_2 \ldots A_m\}$,其供應量為 $A_i = \{a_1, a_2 \ldots a_m\}$。同時還有 n 個已知的需求點 $B = \{B_1, B_2 \ldots B^n\}$,需求向量為 $B_j = \{b_1, b_2 \ldots b_n\}$,它們之間由一系列附帶權重(代表距離、成本、時間等)的弧形 C_{ij} ($i = 1, 2 \ldots m; j = 1, 2 \ldots n$) 連接起來。該類問題可用數學表達如下:

令:

$A_i = \{a_1, a_2 \ldots a_m\}$ 為供應點的供應能力矩陣;

$B_j = (b_1, b_2 \ldots b_n)$ 為需求點的需求量矩陣；
$C = \{C_{ij}/1 \leqslant i \leqslant n, 1 \leqslant j \leqslant m\}$ 為配送距離或成本矩陣。
x_{ij} 為從 A_i 到 B_j 的發送量；
則目標函數為：

$$\min \sum_{i=1}^{m} \sum_{j=1}^{n} c_{ij} x_{ij}$$

滿足：$\sum_{j=1}^{n} x_{ij} = a_i$

$\sum_{i=1}^{m} x_{ij} = b_j$

$x_{ij} \geqslant 0, i = 1, 2 \ldots m; j = 1, 2 \ldots n$

12.4.4.3 單回路配送——TSP 模型

單回路配送問題是指在線路優化中存在節點集合 D，選擇一條適合的路徑要經過所有的節點。該模型的缺陷是對很多實際存在的問題沒有做過多的限制約束，是實際問題的簡單化。TSP 模型是一個典型的單回路運輸模型，也是一個典型的 NP – Hard 模型。對此問題的線路優化問題是無法獲得最優解的，只能通過各種優化方法來獲得滿意解，它在區域交通網絡和通信網絡設計中有著重要意義。此問題在運籌學中屬於整數規劃問題，可以採用整數規劃的解題方法求解。典型 TSP 模型如下：

假設某區域內共有 n 個城市，尋找通過 n 個城市各一次且最後回到出發點的最短路徑，要求包含定點在內的路徑具有最小權重（代表時間、距離、費用等）。其中任何一個包含這 n 個定點的環路走法就被稱為一個回路，也就是該數學模型的一個解。由以上假設可知，該問題適合解決的是實際問題中節點不多，限制條件相對較少的運輸問題。該問題的數學表達如下：

∃連通圖 $G = (V, A)$（$V = \{v_1, v_2 \ldots v_n\}$, $A = \{a_1, a_2 \ldots a_m\}$），頂點間的單位權重為 $C = \{C_{ij}/i, j \subseteq N, 1 \leqslant i, j \leqslant n\}$，它們之間的距離為 $D = \{D_{ij}/i, j \subseteq N, 1 \leqslant i, j \leqslant n\}$。

目標函數為：

$$\min \sum_{i=1}^{n} c_{i(i+1)} d_{i(i+1)}$$

由於旅行商通過回路後，最終還是要回到起始點的，因此令 $v_{n+1} = v_1$。

解此問題的方法有很多，最簡單的方法就是枚舉法，可以得到最優解，但它的缺點就是在解決節點較多的大型運輸問題時枚舉的迭代數為 $(n+1)!$，其解題步驟非常麻煩，效率很低。這裡將簡單介紹一下由 rosenkrantz 等人提出的一種解決 TSP 問題的算法。該算法儘管無法得到最優解甚至是十分理想的解，但是它簡單易懂，可以迅速得到解，且有很大的改善餘地。以下即該算法的解題步驟：

(1) 設置零點，作為整個回路的起點；

(2) 找到某個頂點加入到回路中，該頂點與上一個頂點相鄰（如果是第一步，上一個頂點即為零點）；

(3) 重複步驟 (2)，直至所有連通圖中的頂點都加入到回路中；

(4) 最後，將最後一個加入的點與起始點連接起來。

這樣，我們就得到了一個 TSP 問題的初始解，它對於一些簡單問題來說已經是滿意解甚至是最優解了，但對於複雜問題來說，就需要借助其他方法進行進一步優化。

12.4.4.4 多回路配送

多回路配送問題是現實中十分普遍的一種調配問題，例如某鋼鐵集團旗下的重慶某鋼鐵原材料配送中心，負責全重慶以及周邊地區的原材料調配問題，其核心問題是在將貨物按時、按量、按質地送達客戶的前提下，如何利用最少或者盡量利用已有車輛進行最小化的調配。這就是 VRP 問題，它是解決大型物流公司配送問題的一個最為基本的模型，許多複雜的實際問題都是由此基本模型演化而來，本案例研究的線路優化問題就是基於該模型之上的。

12.5 案例評析：物流配送模型設計

12.5.1 鋼鐵企業生產流程的物流配送模型

12.5.1.1 建立模型的背景

在鋼鐵企業生產實際的環境下，將企業生產物流流程的物流配送網絡的上、下游即供應方和需求方視為顧客與顧客之間的服務關係。顧客與顧客（或配送中心）之間並不都有最短的直接配送路線，即使是在交通十分發達的大城市中，也無法做到這一點。因而為了保證完成對所有顧客的配送任務，一些顧客可能會被多次訪問。根據這一指導思想，本案例運用華中科技大學管理學院常亞平教授[20]建立的有時間窗顧客可被多次訪問的物流配送模型來分析、研究鋼鐵企業生產物流的配送問題。

12.5.1.2 模型的原理

有時間窗顧客可被多次訪問的物流配送模型可表示為：有多個配送中心和多個顧客，每個顧客（鋼鐵企業生產流程的結點用戶）的需求量和位置以及接受服務的時間範圍已知，要用一定的車輛把鋼鐵企業需求的貨物按時送到指定的顧客（或配送中心）。每輛車從配送中心出發，分別行駛一條路線，盡可能使得每個需求點都得到服務，並且每個顧客可以作多次訪問，最後回到屬於自己的配送中心，每輛車的配送量受自身的載重量限制。對鋼鐵企業而言，既要適應低碳經濟環境的要求，又要滿足企業生產物流流程的物資流、能量流、信息流和商流等的需要。其關鍵的問題是：如何合理安排車輛的行駛路徑，使得配送總費用最少。

其數學模型為：設有 M 個配送中心，每個配送中心擁有 k 輛車為顧客進行配送，配送完之後再返回自己所在的配送中心，每輛車的車載容量為 Q，車輛的平均行駛速度為 v，車輛 k 的一次性啟動費用為 B_k，單位路程的運輸費用為 C_{ij}，為顧客 i 服務的時間為 t_{sik}，配送中心 i 有 L 類商品，其中商品 l 的存儲量為 V_{il}，商品 l 的重量系數為 W_l。現要為 n 個顧客進行配送，顧客 j 對商品 l 的需求量為 q_{jl}，顧客 j 的時間窗要求為 $[a_j,b_j]$，窗口說明車輛必須要在 b_j 之前到達顧客 j，在 a_j 之間，車輛雖然可以到達顧客 j，但車輛必須要等到 a_j 才能為顧客 j 提供服務，各個顧客（或配送中心）之間的距離為 d_{ij}。如何確定配送路徑，使配送總費用最少。

設 $X_{ijk} = 1$，當車輛 k 從顧客 i 到顧客 j；否則，$X_{ijk} = 0$。$Y_{ij} = 1$，當顧客 j 由配送中心 i 配送時；否則 $Y_{ij} = 1 = 0$。$Z_k = 1$，當車輛 k 被使用時；否則 $Z_k = 0$。$Z_{jk} = 1$，當顧客 j 由車輛 k 配送時；否則 $Z_{jk} = 0$。

目標函數

$$\min(\sum_{k \in K} \sum_{i \in N} \sum_{j \in N} C_{ij} d_{ij} x_{ijk} + \sum_{k \in K} B_k z_k) \quad (1)$$

約束條件

$$\sum_{i \in N} X_{iok} = \sum_{j \in N} X_{ojk} \quad \forall p \in S, k \in K_P \quad (2)$$

$$\sum_{i \in N} X_{ijk} \leq z_{jk} \quad \forall j \in N, k \in K \quad (3)$$

$$\sum_{k \in K} z_{jk} = 1 \quad \forall j \in N \quad (4)$$

$$\sum_{k \in K_v} \max(z_k) \leq K_v \quad \forall v \in N \quad (5)$$

$$\sum_{j \in N, i \in L} (w_i q_{il}) \leq Q \quad \forall k \in K \quad (6)$$

$$\sum_{j \in N} q_{il} y_{ij} \leq V_{il} \quad \forall i \in N, k \in K \quad (7)$$

$$f_{ijk} = t_{ok} + \sum_{i=0}^{j-1} d_{ij} X_{ijk}/v + \sum_{i=0}^{j} t_{ik}^s \forall k \in K \quad (8)$$

$$a_j \leq f_{ijk} \leq b_j \quad (9)$$

其中，目標函數（1）由兩部分組成，第一部分是車輛的配送費用，第二部分是車輛啓動的一次性費用；式（2）保證所屬配送中心所有的車輛在配送完所有的顧客之後返回到該配送中心；式（3）表示顧客 j 如果由車輛 k 配送商品，則車輛 k 至少訪問顧客 j 一次；式（4）表示每個顧客僅由一輛車配送；式（5）表示每個配送中心可用車輛數限制；式（6）保證每輛車裝載量不超過其容量；式（7）表示每個配送中心各類配送商品的供應量限制；式（8）表示如果車輛 k 從配送中心出發時間為 t_o，那麼到顧客 j 的時間為 f_{ijk}；式（9）表示在車輛 k 到達 j 的時間滿足顧客 j 的時間窗要求。

12.5.1.3 模型的求解步驟

（1）配送路徑編碼方法的選定。遺傳算法的運算對象是表示個體的符號串，所以必須要把變量編碼為一種符號串。本文採用順序編碼，將無向圖中的 M 個配送中心和 N 個顧客一起進行編碼。例如，4 個配送中心，12 個顧客，可編碼為：1 – 2 – DC – 3 – 4 – 5 – 6 – DC – 7 – 8 – 9 – 10 – DC – 11 – 12（第一輛汽車出發的配送中心和最後返回的配送中心 DC 缺省，因為汽車總是從配送中心出發並返回配送中心），用 DC 表示配送中心，用 1~12 表示顧客，其編碼表示配送中心 1 負責向顧客 1、2 提供配送，配送中心 2 負責向顧客 3、4、5、6 提供配送，配送中心 3 負責向顧客 7、8、9、10 提供配送[21]，配送中心 4 負責向顧客 11、12 提供配送。

（2）初始群體初始化。遺傳算法是對群體進行的進化操作，需要給其準備一些表示起始搜索點的初始群體數據。本案例首先初始化初始群體，然後隨機選取一輛車，轉載隨機選擇的企業客戶物料貨物，判斷其車載容量是否超過限制，超過容量而返回上面操作，沒有超過容量則繼續轉載下一個客戶物料貨物。然後再計算車輛從 i 到 j 的運行時間，並判斷是否滿足客戶時間窗，滿足則繼續訪問下一個客戶，不滿足則返回上面操作。

（3）滿足度評估。在遺傳算法中以個體的滿足度大小來評估各個個體的優劣程度，從而決定其遺傳機會的大小。本案例研究的目標函數是最小化物流配送成本，故不能直接將目標函數作為個體的滿足度函數，不過可以將目標函數適當變形以轉變為滿足度函數。構建其滿足度函數為：

$f_i = Q - Z$

其中，f_i 為滿足度函數，Q 為一個足夠大的正數，Z 為目標函數。

（4）選擇運算選擇運算是把當前群體中滿足度較高的個體遺傳到下一代群體中。本案例首先計算出群體中所有個體的滿足度總和 $\sum f_i$，然後計算出每個個體的相對滿足度大小 $f_i / \sum f_i$，以此表示每個個體遺傳到下一代的概率。

（5）交叉運算。交叉運算是遺傳算法中產生新個體的主要操作過程，它是以某一概率相互交換某兩個個體之間的部分染色體。本案例採用兩點交叉方式，首先隨機產生兩個交叉位，比較其對應位置的基因是否相同。若相同，則繼續產生新的交叉位置，若不同，則交換相應位置的基因信息，從而產生新的染色體。然後檢驗該染色體是否可行，可行，則保留，否則返回以上操作。

（6）變異運算。變異運算也是產生新個體的一種操作方法，它是對個體的某一部分或某一些基因座上的基因值按某一較小的概率進行改變。本案例採用基本位變異法，對個體的每一個基因座，按照變異概率 P_m 改變某些染色體信息，使之發生變異，從而產生新的染色體。然後檢驗該染色體是否可行以及滿足度，如果可行並且滿足度值大於原染色體滿足度值，那麼開始下一次迭代，否則，返回以上操作[22]。

12.5.2 案例及運算結果分析

12.5.2.2 案例描述

為結合某城市某鋼鐵企業物流配送模式的實際，適應某鋼鐵企業生產數據及其商業競爭環境的需要，案例數據在實證調研基礎上作適當仿真處理，只是進一步闡述清楚該模型的研究思路和運算方法。某城市某鋼鐵企業，由 4 個配送中心為 17 個顧客配送 3 類鋼鐵物資流商品，配送節點之間的直接距離為：鋼坯配送中心到顧客 2 的直接距離為 8 千米，顧客 10 到顧客 11 的直接距離為 11 千米，顧客 11 到鋼坯配送中心的直接距離為 15 千米，原料配送中心到顧客 16 的直接距離為 14 千米，顧客 16 到顧客 12 的直接距離為 12 千米，顧客 17 到顧客 13 的直接距離為 13 千米，顧客 13 到顧客 15 的直接距離為 14 千米，顧客 15 到原料配送中心的直接距離為 9 千米。各配送中心可用車輛為 $K_v = 3$ 輛，車的最大載重量 Q = 2.5 噸，車輛啟動費用 $B_k = 50$ 元，每千米的使用費用 $C_{ij} = 2$ 元，車輛的平均行駛速度 v 為 30 千米/小時，每輛車在各顧客點的服務時間 t_{sik} 為 15 分，每兩個相鄰顧客（或配送中心）之間有 2 個交通路口（即紅綠燈），3 類商品的重量係數分別為 $w_1 = 5$ 千克/件，$w_2 = 10$ 千克/件，$w_3 = 15$ 千克/件，各顧客的需求量和配送中心的供應量如表 12 - 3 所示，各顧客的時間窗要求如表 12 - 4 所示。

表12-3　　　顧客對3類鋼鐵物資流商品的需求量，配送中心的供應量件表

顧客	需求量	顧客	需求量	配送中心	供應量
1	3, 1, 3	10	1, 2, 2	A	41, 27, 38
2	3, 2, 2	11	2, 3, 2	B	30, 35, 25
3	4, 1, 1	12	1, 3, 1	C	31, 34, 32
4	2, 1, 2	13	4, 3, 2	D	28, 33, 41
5	3, 3, 2	14	1, 1, 2		
6	2, 2, 3	15	1, 2, 1		
7	2, 3, 2	16	2, 2, 1		
8	1, 3, 3	17	2, 1, 2		
9	1, 2, 1				

表12-4　　　　　　　　　　　　顧客及配送中心的時間窗

顧客	時間窗	顧客	時間窗	配送中心	時間窗
1	7:30　8:30	10	14:30　15:30	A	9:00　16:30
2	8:30　9:00	11	12:00　15:30	B	9:00　16:30
3	9:00　10:00	12	9:30　10:00	C	9:00　16:30
4	10:00　11:00	13	11:00　13:30	D	9:00　16:30
5	11:00　15:00	14	11:00　12:30		
6	11:30　15:30	15	14:00　15:00		
7	10:30　11:30	16	9:30　10:30		
8	9:30　15:30	17	11:30　13:30		
9	15:00　16:00				

12.5.2.2　案例結果

針對某鋼鐵企業實際的仿真案例，首先結合鋼鐵企業基於時間價值並滿足生產流程連續作業的需求，運用有時間窗約束顧客可以被多次訪問的物流配送模型對該案例進行分析，提出求解思路和運算過程[23]，根據遺傳算法採用C語言設計原程序[24]，其中群體規模 N = 40，變異概率 Pm = 0.02，終止代數 T = 100，權重因子 M = 1,000，通過迭代100次求得最優解和車輛配送路徑。從上面的仿真案例結果可以看出，有時間窗約束顧客可以被多次訪問的物流配送模型要優於時間窗約束顧客不能多次訪問的物流配送模型。時間窗約束顧客不可被多次訪問的物流配送模型求解出的配送距離為177千米，其配送費用為414元，總體配送費用為524元；有時間窗約束顧客可以被多次訪問的物流配送模型求解出的配送距離為173千米，其配送費用為396元，總體配送費用為487元。

12.5.3　結束語

低碳經濟環境下，在滿足鋼鐵企業生產工藝流程需要的同時，設計物流配送模型的關鍵就是要合理安排配送路徑，一則降低配送成本，二則提高配送效率。本案例在國內外多數學者研究的基礎上建立有時間窗約束顧客可被多次訪問的物流配送模

型[25-27]，以適應低碳經濟對鋼鐵企業生產物流流程的需要。通過系統仿真案例表明，顧客可被多次訪問的物流配送模型要優於顧客不能被多次訪問的物流配送模型。但該模型的應用和實際環境的多因素影響還有些差距，因此還要綜合考慮鋼鐵企業的生產條件、物流裝備水準、物流自動化程度以及是否合理組織鋼鐵生產流程情況等因素[28]。

參考文獻

［1］夏文匯. 現代物流運作管理［M］. 第 2 版. 成都：西南財經大學出版社，2010：74-88.

［2］，［17］蔡九菊. 中國鋼鐵工業能源資源節約技術及其發展趨勢［J］. 世界鋼鐵，2009（4）：1-11.

［3］Dantzig G B, Ramser J H. The truck dispatching problem［J］. Management Science. 1959（6）：80-91.

［4］李軍，郭耀煌. 物流配送車輛優化調度理論［M］. 北京：中國物資出版社，2001：34-45.

［5］Huang Lan, Wang Kang ping, zhou chun guang. Hybrid approach based on ant alogorithm for solving traveling salesman problem［J］. Journal of Jinling University, 2002, 40 (4): 369-373.

［6］張強，荊剛，陳建嶺. 車輛路線問題研究現狀及發展方向［J］. 交通科技，2004（1）：60-62.

［7］Balinski M, Quand R. On an integer Program for a Delivery Problem［J］. Operations Research, 1962: 300-304.

［8］Eilon S, Watson - Gandy, etc. Distribution management: mathematical modeling and practical analysis［M］. London: Griffin, 1971.

［9］Gillett B, Miller L A. Heuristic algorithm for the vehicle dispatch problem［J］. Operations Research, 1974 (22): 340-349.

［10］Fisher M L. Optimal solution of vehicle routing problems using minimum k - trees［J］. Operation Research, 1994, 42 (4): 626-642.

［11］Willard. Vehicle Routing using P - optimal tabu search. M. S. thesis. Management School, Imperial College, London, 1989: 40-47.

［12］Gendreau M. Hertz A, etc. A tabu search heuristic for the vehicle routing problem. Montreal: Publication#777, Centre de recherche sur les transpors, 1991: 110-118.

［13］Lawrence S, Mohammad A. Parametric experimentation with a genetic algorithmic configuration for solving the vehicle routing problem. Proceedings - Annual Meeting of the Decision sciences Institute. Decision Sciences Institute. 1996: 68-78.

［14］Osman I H. Meta - strategy simulated annealing and tabu search algorithms for the vehicle routing problem［J］. Annals of Operations research, 1993 (41): 77-86.

［15］Savelsbergh M. Local search for routing problems with time Windows. Anneal of Operations Research［J］. 1985 (4): 285-305.

［16］、［18］段瑞鈺. 關於鋼鐵製造流程與能源轉換功能——論進一步推進鋼廠節

能減排［C］. 全國能源與熱工 2008 學術年會論文集，2008：1-9.

［19］常亞平，呂彪. 基於 B2C 環境的物流配送模型改進［J］. 工業工程與管理，2008（4）：3-6.

［20］周明，孫樹棟. 遺傳算法原理及應用［M］. 北京：國防工業出版社，2000：41-50.

［21］陳國良，王煦法，莊鎮泉，等. 遺傳算法及其應用［M］. 北京：人民郵電出版社，1999：52-59.

［22］蔣忠中，汪定偉. B2C 電子商務中物流配送路徑優化的模型與算法［J］. 信息與控制，2005：481-485.

［23］黃嵐，龐巍，王康平. 基於遺傳算法求解帶時間窗的車輛路由問題［J］. 小型微型計算機系統，2005，2（2）：214-217.

［24］胡運權. 運籌學［M］. 北京：清華大學出版社，2003.

［25］張學志，陳功玉. 車輛路線安排的改進節約算法［J］. 系統工程，2008（11）：67-70.

［26］劉燕，郭英. 改進模擬退火算法在矢量量化編碼中的應用［J］. 通信技術，2008，2（41）：81-82，88.

［27］王洪剛，曾建潮. 遺傳算法的改進及應用［J］. 太原重型機械學院學報，1996，12（4）：283-288.

［28］夏文匯，基於低碳經濟的鋼鐵生產物流配送模型研究［J］. 重慶理工大學學報：社會科學版，2010（10）：47-54.

國家圖書館出版品預行編目（CIP）資料

中國物流管理案例與實訓 / 夏文匯 主編. -- 第一版.
-- 臺北市：財經錢線文化發行：崧博出版，2019.12
　　面；　公分
POD版

ISBN 978-957-735-956-8(平裝)

1.物流管理 2.物流業 3.個案研究 4.中國

496.8　　　　　　　　　　　　108018188

書　　　名：中國物流管理案例與實訓
作　　　者：夏文匯 主編
發 行 人：黃振庭
出 版 者：崧博出版事業有限公司
發 行 者：財經錢線文化事業有限公司
E - m a i l：sonbookservice@gmail.com
粉 絲 頁：　　　　　　網　址：
地　　　址：台北市中正區重慶南路一段六十一號八樓815室
8F.-815, No.61, Sec. 1, Chongqing S. Rd., Zhongzheng
Dist., Taipei City 100, Taiwan (R.O.C.)
電　　　話：(02)2370-3310 傳　真：(02) 2388-1990
總 經 銷：紅螞蟻圖書有限公司
地　　　址：台北市內湖區舊宗路二段 121 巷 19 號
電　　　話:02-2795-3656 傳真:02-2795-4100　　網址：
印　　　刷：京峯彩色印刷有限公司（京峰數位）

　本書版權為西南財經大學出版社所有授權崧博出版事業股份有限公司獨家發行電子
　書及繁體書繁體字版。若有其他相關權利及授權需求請與本公司聯繫。

定　　價：350 元
發行日期：2019 年 12 月第一版
◎ 本書以 POD 印製發行